建筑安装工程技术丛书

钢筋工程安全·操作·技术

秦大可　编著

中国建材工业出版社

图书在版编目（CIP）数据

钢筋工程安全·操作·技术/秦大可编著—北京：中国建材工业出版社，2007.2

（建筑安装工程技术丛书）

ISBN 978-7-80227-242-2

Ⅰ.钢… Ⅱ.秦… Ⅲ.建筑工程—钢筋—工程施工—基本知识 Ⅳ.TU755.3

中国版本图书馆 CIP 数据核字（2007）第 018691 号

内 容 简 介

本书介绍了混凝土结构中钢筋工程常用的工艺标准以及新工艺、新技术和新材料，主要内容包括适用范围、施工准备、操作工艺、质量标准、成品保护、应注意的质量问题和质量记录等。

本书内容丰富，专业技术性强，是根据国家最新规范、标准编写而成。该书可作为建筑施工单位指导钢筋分项工程进行施工的参考依据。通过阅读能够掌握钢筋的品种、规格、性能和技术质量要求；钢筋放样和下料长度计算，钢筋代换计算以及编制混凝土结构的钢筋配料单；掌握钢筋加工工艺理论和操作技能；掌握一般预应力钢筋张拉工艺操作；掌握钢筋质量的检测校正及评定方法等。

该书适用于建筑施工企业钢筋工程的设计人员、施工人员、监理人员及管理人员阅读使用，亦可作为钢筋工岗位培训教材。

钢筋工程安全·操作·技术

秦大可 编著

出版发行：中国建材工业出版社

地 址：北京市西城区车公庄大街 6 号

邮 编：100044

经 销：全国各地新华书店

印 刷：北京鑫正大印刷有限公司

开 本：787mm×1092mm 1/16

印 张：15.25

字 数：364 千字

版 次：2007 年 2 月第 1 版

印 次：2007 年 2 月第 1 次

书 号：ISBN 978-7-80227-242-2

定 价：28.00 元

网上书店：www.ecool100.com

本书如出现印装质量问题，由我社发行部负责调换。联系电话：（010）88386906

《建筑安装工程技术丛书》

编委会

前　言

目前，我国正处于经济高速发展时期，建筑工程如雨后春笋蓬勃发展，建筑安装工程的新技术、新工艺、新材料不断涌现和更新，加之近几年，国家先后对建筑设计、施工、监理、质量验收规范及建筑标准进行了大量修订，各省、市地方标准亦进行了修订，原有技术体系已不适合现代建筑事业发展的要求。

为了适应这种快速发展的形势，全面提高建筑安装业职工队伍整体素质与水平，以适应当代建筑发展的需求，建设出更多、更好的优质工程，我们借修订辽宁省地方标准（建筑安装工程施工技术操作规程：DB21/900.1～25—2005）之机，从中选择部分相关工种专业，特组织辽宁省内既有理论又有现场施工经验的专家来共同编写《建筑安装工程技术丛书》。

在《丛书》编写时，以现行国家规范、标准、工艺和新技术推广等内容为依据，从材料选择、施工（安装）工艺、质量要求为重点进行编写。同时，为了避免在施工（安装）过程中出现伤亡事故，有针对性地编入了安全施工方面的相关内容，使《丛书》既有相对独立性又有系统性。

《丛书》突出操作技能，注重实际应用。全套《丛书》内容丰富，深入浅出，通俗易懂，图文并茂，广泛适用于建筑工程施工（安装）操作者的使用和职业岗位培训，也适用于技术和管理人员使用。

《丛书》包括模板工程、混凝土工程、钢筋工程、砌筑工程、脚手架工程、防水工程、门窗工程、给排水与采暖工程、室内装饰装修工程、通风与空调工程、锅炉安装工程、起重吊装工程和电气工程。

建筑钢筋是钢筋混凝土不可缺少的重要构成材料，在混凝土受拉区配置适当数量的建筑钢筋构件，所构成钢筋混凝土不仅承载力高，而且整体性、耐久性、耐火性能好，抗震能力强，维修费用少。因此，钢筋混凝土结构在建筑工程中广泛采用。

在现代建筑工程中，混凝土结构工程占主导地位。随着高层建筑、大跨度建筑、多层工业厂房及大型特种结构的发展，在混凝土结构中，现浇结构的比重日益增大，作为钢筋制作成型、绑扎安装任务的工程技术人员和钢筋工就显得非常重要。

钢筋工主要任务是按设计图和有关设计文件，准确无误地在混凝土结构中配置、绑扎和安装钢筋。混凝土结构质量的好坏，钢筋工程的质量是关键因素之一。作为一名优秀的钢筋工，不仅能按图施工，还能及时发现图纸上存在的问题，并能系统地掌握钢筋工艺理论知识和操作技能。

在《钢筋工程安全·操作·技术》一书中，侧重介绍了建筑钢筋的工艺理论知识和操作技能，如：钢筋基本知识、钢筋的除锈与调直、钢筋冷加工、钢筋的焊接、钢筋的配料和代换、钢筋弯曲成型、钢筋绑扎的基本训练、模内钢筋的绑扎、复杂结构钢筋的绑扎、预应力钢筋施工工艺等。

在编写《丛书》的过程中，得到辽宁省建设厅、沈阳市建委、辽宁省质量技术监督局、建筑设计院等领导和相关专家的大力支持与指导，相关施工单位在编写此书的过程中也提出许多宝贵意见和建议，从而保证了该《丛书》的编写质量。在此，借《丛书》出版机会，对于热情关心和支持我们的领导、专家、相关单位，以及出版社的编辑一并致以诚挚的谢意。

在编写过程中，我们力求编写完整，以提高建筑业安装技术水平，满足建筑施工人员对技术的要求，但社会在进步，技术总在不停发展，加之我们编写经验不足，书中难免有不足、疏漏或错误之处，恳请读者提出宝贵意见，以资改进。

《丛书》编委会

2007.1

目 录

第一章　基本知识

一、钢筋种类

常用热轧钢筋按强度级别分为 HPB235、HRB335、HRB400、HRB500 四级。

钢筋混凝土结构中所用钢筋有热轧钢筋、余热处理钢筋、钢绞线、冷轧带肋钢筋、冷拉钢筋、冷拔钢丝、冷轧扭钢筋等。

（一）热轧钢筋

热轧钢筋是经热轧成型并自然冷却的成品钢筋，分为热轧光圆钢筋与热轧带肋钢筋。

热轧光圆钢筋为 HPB235 级钢筋；热轧带肋钢筋有月牙肋钢筋和等高肋钢筋，月牙肋钢筋为 HRB335、HRB400 级钢筋；等高肋钢筋为 HRB500 级钢筋。

月牙肋钢筋的横肋纵断面呈月牙形，且与纵肋不相交，如图 1-1 所示。

等高肋钢筋的横肋纵断面高度相等，且与纵肋相交，如图 1-2 所示。

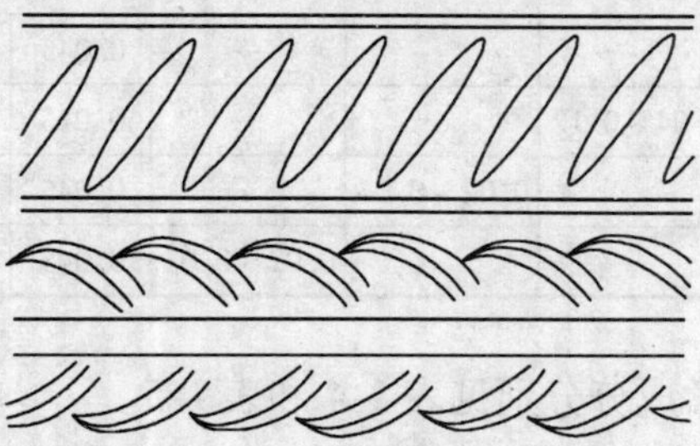

图 1-1　月牙肋钢筋外形

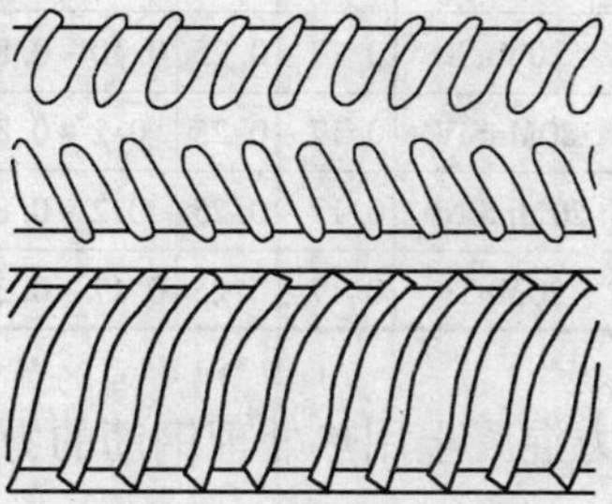

图 1-2　等高肋钢筋外形

带肋钢筋的横肋与钢筋轴线夹角不应小于 45°；横肋的间距不得大于钢筋公称直径的 0.7 倍。

热轧钢筋的力学性能和化学成分分别见表 1-1 和表 1-2。

表 1-1　热轧光圆钢筋和带肋钢筋力学性能（GB 1499—1998）

钢筋类型	符号	公称直径（mm）	屈服点 σ_s（MPa）	抗拉强度 σ_b（MPa）	伸长率 δ_{10}（%）	冷弯	
			不小于			弯曲角度	弯心直径
HPB235（Q235）	Φ	8～20	235	370	25	180°	$d=a$
HRB335（20MnSi）	Φ	6～25 28～50	335	490	16	180°	$d=3a$
						180°	$d=4a$
HRB400（20MnSiV 20MnTi 25MnSiNb）	Φ	6～25 28～50	400	570	14	180°	$d=4a$
						180°	$d=5a$
HRB500	Φ	6～25 28～50	500	630	12	180°	$d=6a$
						180°	$d=7a$

表 1-2 热轧钢筋化学成分（GB 1499—1998）

钢筋类型	符号	化学成分（%）					
		碳（C）	硅（Si）	锰（Mn）	磷（P）	硫（S）	碳当量 Ceq
					不大于		
HPB235（Q235）		0.12～0.22	0.12～0.30	0.30～0.65	0.045	0.050	
HRB335		0.25	0.8	1.6	0.045	0.045	0.52
HRB400		0.25	0.8	1.6	0.045	0.045	0.54
HRB500		0.25	0.8	1.6	0.045	0.045	0.55

注：1. 各牌号钢筋的化学成分及其范围可参照国标表 3.1.1。

2. 碳当量 Ceq（%）值可按下式计算：Ceq = C + Mn/6 + （Cr + V + Mo）/5 + （Cu + Ni）/15。

（二）热处理钢筋

热处理钢筋的化学成分见表 1-3。

表 1-3 HRB335、HRB400 钢筋的化学成分（熔炼分析）表

牌号	原牌号	化学成分（%）							
		C	Si	Mn	V	Nb	Ti	P	S
								不大于	
HRB335	20MnSi	0.17～0.25	0.40～0.80	1.20～1.60	—		—	0.045	0.045
HRB400	20MnSiV	0.17～0.25	0.2～0.8	1.20～1.60	0.04～0.12		—	0.045	0.045
	20MnSiNb	0.17～0.25	0.2～0.8	1.20～1.60		0.02～0.04		0.045	0.045
	20MnTi	0.17～0.25	0.17～0.37	1.20～1.60	—		0.02～0.05	0.045	0.045

预应力混凝土用热处理钢筋的力学性能和化学成分分别见表 1-4 和表 1-5。

表 1-4 预应力混凝土用热处理钢筋力学性能（GB 4463—1984）

公称直径（mm）	牌号	屈服强度 $\sigma_{0.2}$（N/mm^2）	抗拉强度 σ_b（N/mm^2）	伸长率 δ_{10}（%）	钢筋代号
		不小于			
6	$40Si_2Mn$	1325	1470	6	RB150
8.2	$48Si_2Mn$				
10	$45Si_2Cr$				

表 1-5 预应力混凝土用热处理钢筋化学成分（GB 4463—1984）

牌号	化学成分（%）					
	碳（C）	硅（Si）	锰（Mn）	铬（Cr）	磷（P）	硫（S）
					不大于	
$40Si_2Mn$	0.36～0.45	1.4～1.90	0.8～1.20		0.045	0.045
$48Si_2Mn$	0.44～0.53	1.4～1.90	0.8～1.20		0.045	0.045
$45Si_2Cr$	0.41～0.51	1.55～1.95	0.4～0.70	0.3～0.6	0.045	0.045

（三）预应力混凝土用钢绞线

钢绞线的力学性能见表 1-6。

表 1-6　钢绞线的力学性能

钢绞线结构	钢绞线公称直径 D_n（mm）	抗拉强度 R_m（MPa）不小于	整根钢绞线的最大力 F_m（kN）不小于	规定非比例延伸率 $F_{p0.2}$（kN）不小于	最大力总伸长率（$L_0 \geqslant 400$mm）A_{gt}（%）不小于	应力松弛性能：初始负荷相当于公称最大力的百分数（%）	应力松弛性能：1000h 后应力松弛率 r（%）不大于
1×3	6.20	1570	31.1	28.0	对所有规格	对所有规格	对所有规格
		1720	34.1	30.7			
		1860	36.8	33.1			
		1960	38.8	34.9			
	6.50	1570	33.3	30.0			
		1860	39.4	35.5			
		1960	41.6	37.4		60	1.0
	8.60	1470	55.4	49.9			
		1570	59.2	53.3			
		1720	64.8	58.3	3.560		
		1860	70.1	63.1			
		1960	73.9	66.5			
	8.74	1570	60.6	54.5			
		1670	64.5	58.5			
		1860	71.8	64.6			
	10.80	1470	86.6	77.9			
		1570	92.5	83.3			
		1720	101	90.9			
		1860	110	99.0			
		1960	115	104			
	12.90	1470	125	113		80	4.5
		1570	133	120			
		1720	146	131			
		1860	158	142			
		1960	166	149	3.5		
1×3Ⅰ	8.74	1570	60.6	54.5			
		1670	64.5	58.1			
		1860	71.8	64.6			

续表

钢绞线结构	钢绞线公称直径 D_n（mm）	抗拉强度 R_m（MPa）不小于	整根钢绞线的最大力 F_m（kN）不小于	规定非比例延伸率 $F_{p0.2}$（kN）不小于	最大力总伸长率（$L_0 \geq 400mm$）A_{gt}（%）不小于	应力松弛性能	
						初始负荷相当于公称最大力的百分数（%）	1000h后应力松弛率 r（%）不大于
1×7	9.50	1720	94.3	84.9	对所有规格	对所有规格	对所有规格
		1860	102	91.8			
		1960	107	96.3			
	11.10	1720	128	115		60	1.0
		1860	138	124			
		1960	145	131			
	12.70	1720	170	153			
		1860	184	166	3.5	70	2.5
		1960	193	174			
	15.20	1470	206	185			
		1570	220	198			
		1670	234	211			
		1720	241	217			
		1860	260	234		80	4.5
		1960	274	247			
	15.70	1770	266	239			
		1860	279	251			
	17.8	1720	327	294			
		1860	353	318			
(1×7) C	12.70	1860	208	187			
	15.20	1820	300	207			
	18.00	1720	384	346			

注：1. 规定非比例延伸力 $F_{p0.2}$ 值不小整根钢绞线公称最大力 F_m 的90%。

2. I—指刻痕钢丝捻制的钢绞线。

3. C—指捻制又经模拔的钢绞线。

（四）预应力混凝土用钢丝

1. 钢丝的分类

（1）按加工状态分类

钢丝按加工状态分为冷拉钢丝和消除应力钢丝两类。消除应力钢丝按松弛性能又分为低松弛级钢丝和普通松弛级钢丝，其代号为：

冷拉钢丝　　　　　　WCD
低松弛钢丝　　　　　WLR
普通松弛钢丝　　　　WNR

（2）按外形分类

钢丝按外形分为光圆、螺旋肋、刻痕三种，其代号为：

光圆钢丝　　　　　　P
螺旋肋钢丝　　　　　H
刻痕钢丝　　　　　　I

2. 标记

（1）直径为4.00mm，抗拉强度为1670MPa冷拉光圆钢丝，其标记为：预应力钢丝4.00-1670-WCD-P-GB/T 5223—2002

（2）直径为7.00mm，抗拉强度为1570MPa低松弛的螺旋肋钢丝，其标记为：预应力钢丝7.00-1570-WLR-H-GB/T 5223—2002

3. 力学性能

（1）冷拉钢丝的力学性能见表1-7。

表1-7　冷拉钢丝的力学性能（GB/T 5223—2002）

<table>
<tr><th>公称直径
d_n（mm）</th><th>抗拉强度
σ_b（MPa）
不小于</th><th>规定非比例
伸长应力
$\sigma_{p0.2}$（MPa）
不小于</th><th>最大力下
总伸长率
（L_0=200mm）
δ_{gt}（%）
不小于</th><th>弯曲次数
（次/180°）
不小于</th><th>弯曲半径
R（mm）</th><th>断面收缩率
ψ（%）
不小于</th><th>每210mm
扭距的扭转
次数N
不小于</th><th>初始应力相当
于70%公称
抗拉强度时
1000h后应力
松弛率r（%）
不大于</th></tr>
<tr><td>3.00</td><td rowspan="3">1470
1570
1670
1770</td><td rowspan="3">1100
1180
1250
1330</td><td rowspan="6">1.5</td><td>4</td><td>7.5</td><td>—</td><td>—</td><td rowspan="6">8</td></tr>
<tr><td>4.00</td><td>4</td><td>10</td><td rowspan="3">35</td><td>8</td></tr>
<tr><td>5.00</td><td>4</td><td>15</td><td>8</td></tr>
<tr><td>6.00</td><td rowspan="3">1470
1570
1670
1770</td><td rowspan="3">1100
1180
1250
1330</td><td>5</td><td>15</td><td>7</td></tr>
<tr><td>7.00</td><td>5</td><td>20</td><td rowspan="2">30</td><td>6</td></tr>
<tr><td>8.00</td><td>5</td><td>20</td><td>5</td></tr>
</table>

（2）消除应力光圆及螺旋肋钢丝的力学性能见表1-8。

表 1-8　消除应力光圆及螺旋肋钢丝的力学性能

公称直径 d_n（mm）	抗拉强度 σ_b（MPa）不小于	规定非比例伸长应力 $\sigma_{P0.2}$（MPa）不小于		最大应力下总伸长率（L_0 = 200mm）δ_{gt}（%）不小于	弯曲次数（次/180°）不小于	弯曲半径 R（mm）	应力松弛性能		
							初始应力相当于公称抗拉强度的百分数（%）	1000h 后应力松弛率 r（%）不大于	
		WLR	WNR					WLR	WNR
							对所有规格		
4.00	1470	1290	1250		3	10			
	1570	1380	1330						
4.80	1670	1470	1410		4	15			
	1770	1560	1500						
5.00	1860	1640	1580				60	1.0	4.5
6.00	1470	1290	1250		4	15			
6.25	1570	1380	1330						
	1670	1470	1410	3.5	4	20	70	2.0	8
7.00	1770	1560	1500		4	20			
8.00	1470	1290	1250		4	20	80	4.5	12
9.00	1570	1380	1330		4	25			
10.00	1470	1290	1520		4	25			
12.00					4	30			

（3）消除应力的刻痕钢丝的力学性能见表 1-9。

表 1-9　消除应力的刻痕钢丝力学性能

公称直径 d_n（mm）	抗拉强度 σ_b（MPa）不小于	规定非比例伸长应力 $\sigma_{P0.2}$（MPa）不小于		最大应力下总伸长率（L_0 = 200mm）δ_{gt}（%）不小于	弯曲次数（次/180°）不小于	弯曲半径 R（mm）	应力松弛性能		
							初始应力相当于公称抗拉强度的百分数（%）	1000h 后应力松弛率 r（%）不大于	
		WLR	WNR					WLR	WNR
							对所有规格		
≤5.0	1470	1290	1250			15			
	1570	1380	1330				60	1.5	4.5
	1670	1470	1410						
	1770	1560	1500						
	1860	1640	1580	3.5	3		70	2.5	8
>5.0	1470	1290	1250			20			
	1570	1380	1330						
	1670	1470	1410				80	4.5	12
	1770	1560	1500						

（五）冷拉热轧钢筋和冷拔低碳钢丝

1. 冷拉热轧钢筋

冷拉热轧钢筋的力学性能见表 1-10。

表 1-10　冷拉热轧钢筋的力学性能（GB 50204—1992）

项次	钢筋类型	公称直径（mm）	符号	屈服强度（N/mm²）	抗拉强度（N/mm²）	伸长率 δ_{10}（%）	冷弯	
				不小于			弯曲角度	弯曲直径
1	HPB235	$d \leqslant 12$	Φ^{L}	280	370（310）	11（10）	180°	$3d$
2	HRB335	$d \leqslant 25$	Φ^{L}	450	510（480）	10（5.5）	90°	$3d$
3		$d \leqslant 28 \sim 0$		430	490（460）	10（5.5）	90°	$4d$
4	HRB400	$d = 8 \sim 40$	Φ^{L}	500	570（530）	8（5）	90°	$5d$
5	HRB500	$d = 10 \sim 28$	Φ^{L}	700	835（730）	6（4）	90°	$5d$

注：1. 抗拉强度栏中括号内数值为测定冷拉率时钢筋的冷拉应力。
2. 直径大于 12mm 的 HPB235 级钢筋，不得利用其冷拉后提高的强度。
3. 钢筋直径大于 25mm 的冷拉 HRB335、HRB400 级钢筋，冷弯弯曲直径应增加 $1d$。
4. 表中屈服强度即为冷拉控制应力，伸长率括号值为最大冷拉率值。

2. 冷拔低碳钢丝

冷拔低碳钢丝的力学性能见表 1-11。

表 1-11　冷拔低碳钢丝的力学性能

项次	钢丝级别	公称直径（mm）	符号	抗拉强度（N/mm²） Ⅰ组	Ⅱ组	伸长率（标距 100mm）（%）	反复弯曲（180°）次数
				不小于			
1	甲级		$\varnothing^{b}$	700	650	2.5	4
			$\varnothing^{b}$	650	600	3	
2	乙级		$\varnothing^{b}$	550		2.0	4

（六）冷轧带肋钢筋的力学性能和化学成分

1. 冷轧带肋钢筋的力学性能

冷轧带肋钢筋的力学性能见表 1-12。

表 1-12　冷轧带肋钢筋力学性能

牌号	不小于 σ_b（MPa）不小于	伸长率（%）不小于 σ_{10}	σ_{100}	弯曲试验 180°	反复弯曲次数	松弛率初始应力 $\sigma_{con} = 0.7\sigma_b$ 1000h（%）不大于	10h（%）不大于
CRB550	550	8.0	—	$D = 3d$	—	—	—
CRB650	650	—	4.0	—	3	8	5
CRB800	800		4.0	—	3	8	5
CRB970	970		4.0	—	3	8	5
CRB1170	1170		4.0	—	3	8	5

2. 冷轧带肋钢筋盘条的化学成分

冷轧带肋钢筋盘条的化学成分见表 1-13。

表 1-13　冷轧带肋钢筋盘条的化学成分（GB 13788—2000）

钢筋牌号	盘条牌号	化学成分（%）					
		C	Si	Mn	V、Ti	S	P
CRB550	Q215	0.09～0.15	≤0.30	0.25～0.55	—	≤0.050	≤0.045
CRB650	Q235	0.14～0.22	≤0.30	0.30～0.65	—	≤0.050	≤0.045
CRB800	24MnTi	0.19～0.27	0.17～0.37	1.20～1.60	Ti：0.01～0.05	≤0.045	≤0.045
	20MnSi	0.17～0.25	0.40～0.80	1.20～1.60	—	≤0.045	≤0.045
CRB970	41MnSiV	0.37～0.45	0.60～1.10	1.00～1.40	V：0.05～0.12	≤0.045	≤0.045
	60	0.57～0.65	0.17～0.37	0.5～0.8	—	≤0.035	≤0.035
CRB1170	70Ti	0.66～0.70	0.17～0.37	0.6～1.00	Ti：0.01～0.05	≤0.045	≤0.045
	70	0.67～0.75	0.17～0.37	0.5～0.8	—	≤0.035	≤0.035

3. 弯曲试验的弯曲半径

弯曲试验的弯曲半径见表 1-14。

表 1-14　弯曲试验的弯曲半径

钢筋公称直径（mm）	4	5	6
弯曲半径（mm）	10	15	15

二、钢筋机械

（一）钢筋调直机

1. 调直机的性能

钢筋调直机用于将成盘的钢筋和经过冷拔的低碳钢丝调直和切断。按其传动方式可分为机械传动和数控两类。其主要技术性能见表 1-15。GT4-8 型钢筋调直机外形见图 1-3。

表 1-15　常用钢筋调直机主要技术性能

性能参数	型　号		
	GT4-8	GT4-14	数控钢筋调直切断机
调直钢筋直径（mm）	4～8	4～14	4～8
自动切断长度（m）	0.3～6	0.3～7.0	<10
调直速度（m/min）	40	30～54	30
调直筒转数（r/min）	2800	1800	
调直用电动机型号	JO_2-42-4	JO_2-41-4	JO_2-31-4
功率（kW）	5.5	4	2.2
转速（r/min）	1440	1440	1430
曳引轮直径（mm）	90	110	
曳引轮转数（r/min）	142		
剪切刀数目（对）		3	
切断用电机型号		JO_2-52-8	JO_2-31-4
功率（kW）		5.5	2.2
转速（r/min）		710	1430
最大切断数量（根/h）			4000
光电脉冲频率			500
根数控制范围（根）			9999
计数器接收频率			<1000
三相制动电磁铁型号			MZS_1A-80H
切断长度误差（mm）	<3	3	<2

续表

性能参数		型　号		
		GT4-8	GT4-14	数控钢筋调直切断机
外形尺寸（mm）	长	7250	8860	
	宽	550	1010	
	高	1220（1150）	1365	
总　重（kg）		1000（700）	1420	

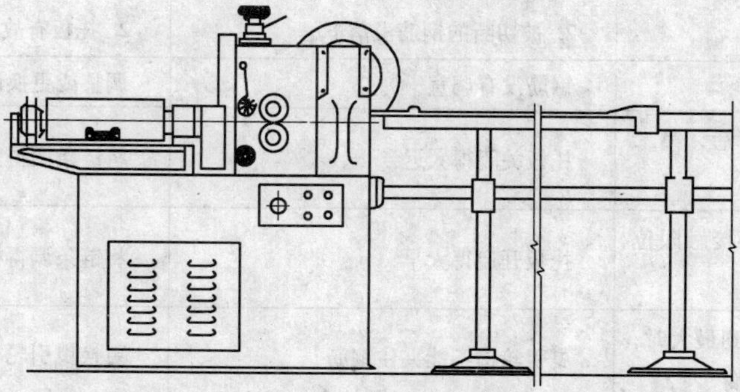

图 1-3　GT4-8 型钢筋调直切断机

2. 调直机安装使用时的安全注意事项

（1）安装承受架时，承受架料槽中心线应对准导向筒、调直筒和剪切齿轮槽中心线，并保持平直。

（2）安装后，应先检查电气系统及其元件有无损坏，连接零件是否牢固可靠，各传动部分是否灵活，确认正常后，方可进行试运转。

（3）调直机试运转时，应先空载运行 2h，然后检查轴承温度，查看锤头、切刀及剪切齿轮等工件是否正常。确认无异常状况时，方可进料进行调直和切断。

（4）工作前，应根据钢筋直径选用适当的调直块、曳引轮槽及传动速度，调直块的孔径应比钢筋直径大 2～5mm，曳引轮槽宽和所需调直钢筋的直径相符。

（5）必须注意调整调直块。调直筒内一般设有 5 个调直块，第 1、第 5 两个调直块必须放在中心线上，中间三个可偏离中心线。先使钢筋偏移 3mm 左右的偏移量，经过调直，如钢筋仍有缓弯，可逐渐增加偏移量直到调直为止。

（6）工作中，应经常注意机轴的温度，以手背接触轴瓦试温，感到烫手（约达 60℃）时，应停机查明原因。

（7）每盘钢筋尾部通过调直机前，需用手或夹具握住最后 1m 左右的筋头，以防钢筋碰打机械和伤人。

（8）当调直切断连续作业时，工作前要认真调好定尺板位置。首根切断经检查无误后，方可大批加工。

3. 钢筋调直机常见故障及排除方法

钢筋调直机常见故障及排除方法见表 1-16。

表 1-16　钢筋调直机常见故障及排除方法

故　障	原　因	排除方法
钢筋切口不准确，带有压扁痕迹	1. 安装切断齿轮时，切刀齿的啮合不正确 2. 上、下刀片间隙过大	1. 被动切断齿轮切刀齿需装在主动切断齿轮切刀齿的前面 2. 调整间隙
在切长钢筋时，有时被切短了	1. 限位开关装得太低 2. 离合器棘齿损坏 3. 推动离合器弹簧弹力不足	1. 将限位开关装高一点 2. 将棘齿修好 3. 调整弹簧
连续切短料	1. 限位开关的凸轮杠杆被卡住 2. 被切断的钢筋没落下	1. 将限位开关修好 2. 托板有故障须停机检查并消除
钢筋从承受架上钻出	钢筋没有调直	调整或更换调直块
第一根钢筋切断落下后，第二根亦落下而被托板卡住	托板关闭得太迟	将链条调得紧一些
进入承受架内的钢筋接触限位开关后未被切断即落下	托板开启得太早	将链条调得松一些
当手轮压缩上曳引轮到最大时，曳引轮供应的钢筋不均衡	曳引轮槽不能夹住钢筋	更换曳引轮
齿轮有噪声	上下曳引轮槽没有对正，有轴偏移	更换或修理曳引轮

（二）钢筋切断机

1. 钢筋切断机的类型

钢筋切断机有机械传动和液压传动两种类型。

（1）机械传动式钢筋切断机

机械传动式钢筋切断机的主要技术性能见表 1-17。

表 1-17　机械传动式钢筋切断机的主要技术性能

型　式		卧　式						立　式
型　号	新	GQ40	GQ40	GQ40	GQ40	GQ40	GQ32	GQ40L
	旧	GJ_5-40	GJ_{40}-1	GJ_{40}-2	GJ_{40}-A	GJ_{40}-B	GJ_{40}-32	
切断钢筋直径（mm）		6～40	6～40	6～40	6～40	6～40	32	40
每分钟切断次数		32	28	32	28	28	40	32
电动机	型号	Y_{132}M-4	Y_{132}S-4	Y_{132}S-4	Y_{132}S-4	Y_{132}S-4	JO_2-32-2	$Y_{100}L_2$-4-B_2
	功率（kW）	7.5	5.5	5.5	5.5	5.5	3	3
	转速（r/min）	1440	1440	1440	1440	1440	2860	1420
外形尺寸（mm）	长	1700	1485	1720	1400	1620	1650	685
	宽	695	615	630	580	580	520	575
	高	828	750	790	760	760	750	934
总　重（kg）		950	670	700	670	670	438	650

GQ40 型钢筋切断机外形见图 1-4，该机每次可切断的钢筋根数见表 1-18。

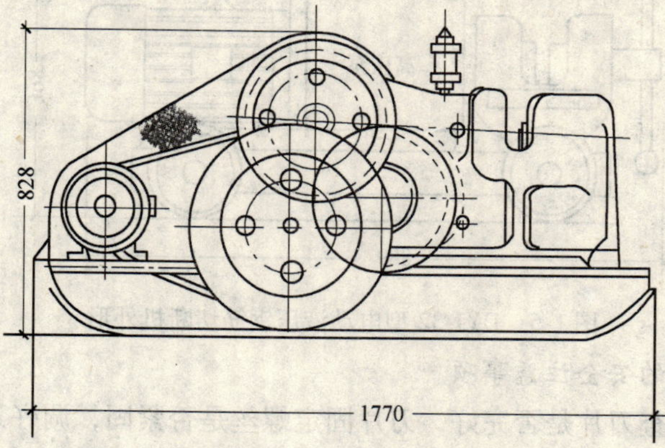

图 1-4　GQ40 型钢筋切断机外形

表 1-18　GQ40 型钢筋切断机每次可切断钢筋根数

钢筋直径（mm）	6～8	10～12	14～16	18～20	22～40	备　注
每次可切断根数	12～8	6～4	3	2	1	热轧钢筋

（2）液压钢筋切断机

液压钢筋切断机主要技术性能见表 1-19，DYJ-32 型电动液压钢筋切断机外形见图 1-5。

表 1-19　液压传动式钢筋切断机主要技术性能

型　式		电　动		手　动	
型　号		DYJ-32	SYJ-16	GQ-12	GQ-20
切断钢筋直径（mm）		8～32	16	6～12	6～20
工作总压力（kN）		320	80	100	150
活塞直径（mm）		95	36		
最大行程（mm）		28	30		
液压泵柱塞直径（mm）		12	8		
工作压力（MPa）		45.5	79	34	34
液压泵输油率（L/min）		4.5			
压杆长度（mm）			438		
压杆作用力（N）			220		
贮油量（kg）			35		
电动机	型　号	Y 型		单相串激	单相串激
	功率（kW）	3		0.567	0.750
	转速（r/min）	1440			
外形尺寸（mm）	长	889	680	367	420
	宽	396		110	218
	高	398		180	130
总　重（kg）		145	6.5	7.5	14

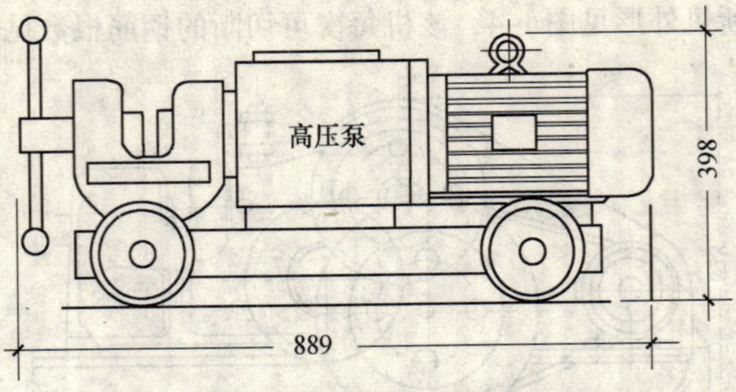

图 1-5　DYJ-32 型电动液压钢筋切断机外形

2. 切断机使用时的安全注意事项

（1）工作前要检查刀片是否完好，刀片固定螺丝是否紧固，调好刀片间距。在机械起动后未达到正常转速时，不得切料，并禁止切断超过规定直径的钢筋。

（2）操作时，应注视刀片来往间隙，乘刀片张口时双手紧握钢筋迅速送入刀口内，并向固定刀片一侧用力压紧，躲开挡板。长钢筋两端须有人握住，防止摆动伤人。

（3）多根钢筋一次切断时，必须估计钢筋截面。

（4）切断短料时，防止回弹打人，手与刀片至少保持 15cm 距离。

（5）机械运转时，严禁用手直接清除刀口附近的断头和杂物。钢筋摆动范围内及刀口附近，非操作人员不准停留。

（6）固定式或移动式切断机工作前，须检查油箱内是否漏油，并应观察油标，若油位低于油阀应注油。

（7）操作前，须检查刀片中有无障碍物，回油弹簧位置正确与否，工作中应防止短钢筋头掉入回油弹簧中挤坏弹簧。

（8）切断不同直径钢筋时，应用手摇把调整刀片间距离。

（9）若回油弹簧被挤住，立即打开回油阀，使油回到油箱，再关闭回油阀继续工作。

（10）加油前须将机械擦干净，防止杂物混入油中。

3. 钢筋切断机常见故障及排除方法

钢筋切断机常见故障及排除方法见表 1-20。

表 1-20　钢筋切断机常见故障及排除方法

故　障	原　因	排除方法
剪切不顺利	1. 刀片安装不牢固，刀口损伤 2. 刀片侧间隙过大	1. 紧固刀片或修磨刀片 2. 调整间隙
切刀或衬刀打坏	1. 一次切断钢筋太多 2. 刀片松动 3. 刀片质量不好	1. 减少钢筋数量 2. 调整垫铁，拧紧刀片螺栓 3. 更换
切细钢筋时切口不直	1. 刀片过钝 2. 上下刀之间间隙过大	1. 更换或修磨 2. 调整间隙
轴承及连杆瓦发热	1. 润滑不良，油路不通 2. 轴承不清洁	1. 加油 2. 清洗
连杆发出撞击声	1. 轴瓦磨损，间隙过太 2. 连接螺栓松动	1. 研磨或更换轴瓦 2. 紧固螺栓
齿轮传动有噪声	1. 齿轮损伤 2. 齿轮啮合部位不清洁	1. 修复齿轮 2. 清洁齿轮，重新加油

（三）钢筋弯曲机

1. 钢筋弯曲机的种类

钢筋弯曲机常用的有单头、双头、四头三种，还有从拉伸平直到切断弯曲（能自动交换角度位置）自动联合生产线。

GJB7-40 钢筋弯曲机外形见图 1-6。

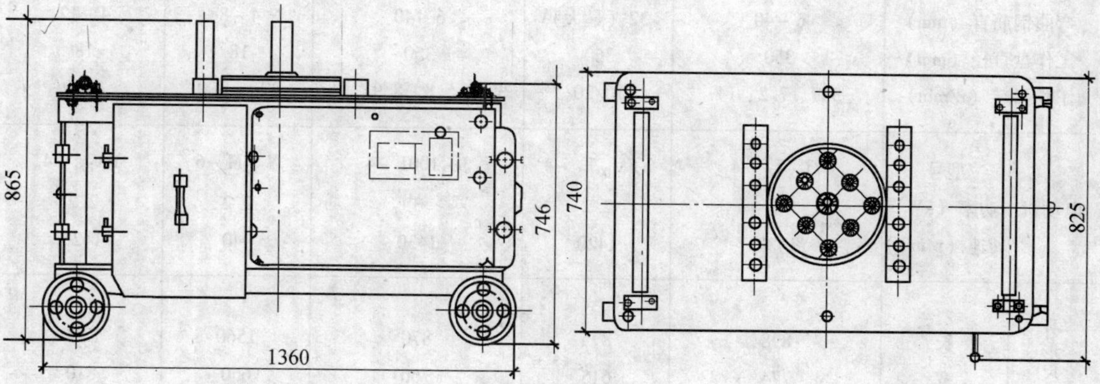

图 1-6　GJB7-40 型钢筋弯曲机外形

四头钢筋弯曲机是由一台电动机通过三级变速带动圆盘，再通过圆盘上的偏心铰带动连杆与齿条，使 4 个工作盘转动，每个工作盘上装有心轴与成型轴，工作盘按事先调整好的角度反复转动，可同时弯制四根钢箍。四头弯曲机的主要技术参数：电机功率为 3kW，转速为 960r/min，工作盘反复动作次数为 31r/min。该机能弯曲直径 4 ~ 12 钢筋，弯曲角度可在 0° ~180°范围内变动。

四头钢筋弯曲机外形如图 1-7 所示。

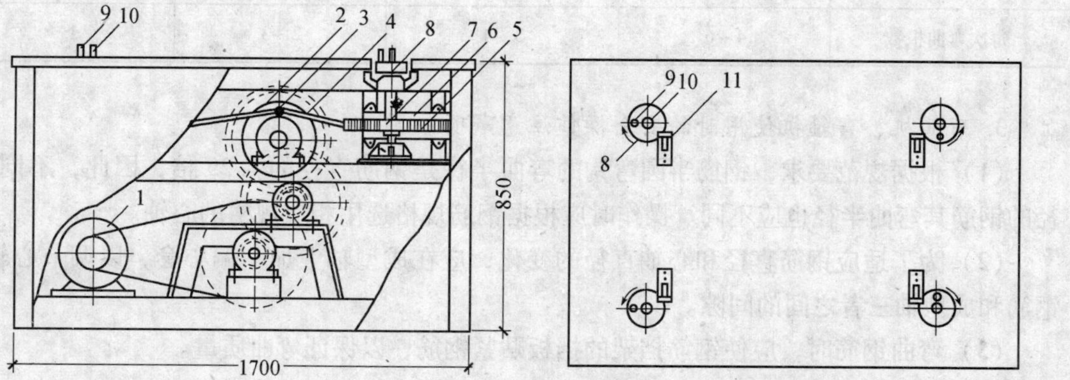

图 1-7　四头弯筋机

1—电动机；2—偏心圆盘；3—偏心角；4—连杆；
5—齿条；6—滑道；7—正齿轮；8—工作盘；
9—成型轴；10—心轴；11—挡铁

2. 钢筋弯曲机、弯箍机的技术性能

钢筋弯曲机、弯箍机主要技术性能见表 1-21。

表 1-21 钢筋弯曲机、弯箍机主要技术性能

类别		弯曲机			弯箍机	
型号		GW40 (GC40)	GW32	GJB7-40	SGWK8B	GJG12/4
弯曲钢筋直 (mm)		6~40	32 (最大)	6~40	4~8	4~12
工作盘直径 (mm)		350	360	350	18	18
工作盘转 (r/min)		3.7、7.2、14	10/20	3.7、5.8、8.9、14	270~300	1080
电动机	型号	$Yl_{100}L_2-4$	$YEJ_{100}L_1-4$	$JO_3100L-4$	$Y_{112}M-6$	$YA_{100}-4$
	功率 (kW)	3	2.2	3	2.2	2.2
	转速 (r/min)	1430	1420	1430	940	1420
外形尺寸 (mm)	长	898	875	870	1560	1280
	宽	774	615	760	650	810
	高	728	945	710	1550	790
总重 (kg)		448	340	435	800	

注：工作盘转数：当钢筋直径 $d<18$ 时，取高速；当 $d=18\sim22$ 时，取中速；当 $d>22$ 时，取低速。

GJB7-40 型钢筋弯曲机每次弯曲根数见表 1-22。

表 1-22 GJB7-40 型钢筋弯曲机每次弯曲根数

钢筋直径 (mm)	10~12	14~16	18~20	22~40
每次弯曲根数	4~6	3~4	2~3	1

3. 弯曲机、弯箍机使用时的安全操作注意事项

(1) 根据规范要求，钢筋半圆弯钩的弯曲半径是钢筋直径的 1.25 倍，因此，不同直径的钢筋其弯曲半径也应不同。操作时应根据钢筋规格选用相应规格的心轴。

(2) 为了适应钢筋直径和心轴直径的变化，应在成型轴上加一偏心套，以调节心轴、钢筋和成型轴三者之间的间隙。

(3) 弯曲钢筋时，应使钢筋挡架的挡板贴紧钢筋，以保证弯曲质量。

(4) 操作时应注意钢筋放入插头的位置和回转方向，不要开错。

(5) 转盘倒向时，必须把电器开关拨在中间停车挡上，等前一种转向停止后，方可给电倒转。更换转盘上的固定心轴和弯曲成型轴时，必须安牢。

(6) 如用固定角度弯曲机，弯曲大直径钢筋时，操作人员应站在钢筋弯曲相反方向或采取妥善措施，以防伤人。

4. 钢筋弯曲机的常见故障及排除方法

钢筋弯曲机的常见故障及排除方法见表 1-23。

表 1-23 钢筋弯曲机常见故障及排除方法

故 障	原 因	排除方法
弯曲的钢筋角度不合适	运用心轴和成型轴不合理	按规定选用心轴和成型轴
弯曲大直径钢筋时无力	传动皮带松弛	调整皮带紧度
弯曲多根钢筋时，最上面的钢筋在机器开动后跳出	钢筋没把住	将钢筋用力把住并保持一致
立轴上部与轴套配合处发热	1. 润滑油路不畅，有杂物阻塞，不过油 2. 轴套磨损	1. 清除杂物，疏通润滑油路 2. 更换轴套
传动齿轮噪声大	1. 齿轮磨损 2. 弯筋的直径大，转速太快	1. 更换磨损齿轮 2. 按规定调整转速

（四）钢筋刻痕机

刻痕机是以电动机通过齿轮减速器带动一对带有齿痕的轧轮，钢丝通过轧轮刻痕成型，根据所要刻痕钢丝规格，调好两轧轮间距离，刻痕深度不超过 0.1mm，长度不超过 3mm，刻痕最好是圆形。

（五）钢筋拔丝机

1. 钢筋拔丝机的种类

拔丝机可分为立式与卧式两种。

（1）立式拔丝机

立式拔丝机按其性能可分为单次式（1/750 型）、直线式（4/650 型）、滑轮式（4/550 型、D5C 型）等。该机占地小，机械卸丝，宜用于专业拔丝厂拔丝。为了提高拔丝效率，可将 3 ~5 台拔丝机连接成连续拔丝机。

（2）卧式拔丝机

卧式拔丝机构造简单，人工卸丝方便，宜用于建筑工地拔粗丝。这类拔丝机有单卷筒和双卷筒之分。

2. 拔丝机安装、使用时的安全操作注意事项

（1）安装机械机架和轴承架要保持水平，使主轴和滚筒轴转动正常。

（2）机械工作台上卷筒周围要有防护罩（其高度应是滚筒长度的 1.5 倍左右），防止钢筋弹出打人。

（3）工作前，应用轧头机将钢筋头部轧细。使用轧头机前应检查两个轧辊其凹槽是否对正，并做必要的调整。轧头时手要离开轧头机辊子 10cm 左右，头部先轧扁再轧圆，以便通过拔丝模。

（4）操作中，钢筋只剩 2 ~3 圈即将拔完时，操作人员应从旋转架上取下剩余钢筋，防止钢筋自动脱离旋转架，以利安全。钢筋剩 1m 左右时，关闭电源利用卷筒惯性拔完。

（5）在拔制过程中，经常检查钢筋直径，如发现钢筋直径超过规定误差或表面有结疤、折叠时，拔丝模必须更换。

（6）在拔制模架中，要加满润滑剂，使钢筋通过拔丝模前，加以润滑。

（六）钢筋冷拉机

1. 冷拉采用的设备

钢筋冷拉多采用慢速卷扬机或液压冷拉机，冷拉控制采用双控（应力及延伸率）或单控（延伸率）两种。

2. 冷拉机安装、使用时的安全操作注意事项

（1）冷拉所用的卷扬机，地锚必须经过验算，埋设牢固，不准用开口滑轮卷扬机，司机在操作时必须随时察看整个现场，发现异常情况立即停车。

（2）冷拉时必须有专人指挥卷扬机司机及所有操作人员，必须注意指挥人员的信号。

（3）钢筋冷拉过程中，严禁在钢筋对面站人或跨过冷拉线。两旁危险区域内，不得有人停留。

（4）冷拉所用的夹具，必须夹齿完好，磨损打滑的夹具不得使用。夹具必须夹紧，以免钢筋滑出伤人或打坏冷拉设备。滑车拖拉车均应润滑。

（5）卷扬机应徐缓起车缓慢张拉，回车时应以制动装置控制缓慢回车。

（6）若用千斤顶以油压表控制冷拉应力时，每班工作完后，应打开油阀将活塞压缩进去，以免活塞腐蚀。千斤顶油压表应经常校对，以保证应力准确。如冷拉过程中，由于钢筋突然断裂油压表受冲击，应立即送试验室校对，否则不得使用。

（7）冷拉前要检查油封、油量、油压表及油压管路等，保证运转完好畅通。

（8）油缸活塞及拉杆都应充分润滑，并设置防尘防湿套，以免腐蚀生锈。

（9）定期换油，注油时根据气温调节油号并要过滤。

（七）预应力张拉设备

用于张拉预应力钢筋的设备有：油压千斤顶、油压双作用千斤顶、慢速卷扬机（配以弹簧测力计）、人工绞磨、拉伸机（配以高压油泵）、螺旋张拉器以及电热张拉设备等。

1. 慢速卷扬机

（1）卷扬机的起重能力应符合张拉要求。工作前，应检查钢丝绳的接头是否牢固，离合器、制动器必须保证灵活、可靠。

（2）卷扬机应用钢丝绳锚件将其牢固地连接在固定位置上。

（3）钢丝绳应顺序缠绕在卷筒上，排列应紧密整齐，不得重叠或相互错叠。使用时，滚筒上钢丝绳最少保留3圈。

（4）卷扬机起动必须慢速平稳，待拉到需要的吨位时，预应力钢丝用锚具锚在台座或模板上后，再缓慢回车。测定应力所用弹簧测力计应经常标定，以确保张拉应力之准确性。

2. 预应力钢筋拉伸机

（1）预应力钢筋拉伸机的种类

预应力钢筋拉伸机有机械式、液压式和电热式3种。常用的为液压式，由千斤顶、高压油泵和油管三部分组成。

预应力千斤顶按其作用形式分为单作用（张拉）、双作用（张拉、顶锚）和三作用

（张拉、顶锚、退楔）3 种；按结构可分为拉杆式、穿心式、锥锚式和台座式 4 种。

拉杆式主要用于张拉带螺杆锚具或夹具的钢筋、钢丝束，也可用于模外先张、后张自锚等工艺中。

穿心式用于张拉并顶锚带夹片锚具的钢筋束和钢绞线束。

锥锚式用于张拉带有钢质锥形锚具的钢丝束和钢绞线束。

高压油泵有手动和电动两种。电动油泵又可分为轴向式和径向式两种。轴向式比径向式具有结构简单、工料节省等优点而成为主要型式。

（2）液压千斤顶使用要点

1）千斤顶不允许在任何情况下超载和超过行程范围使用。

2）千斤顶在使用时要保证活塞外露部分的洁净，随时清除灰尘和杂物。使用后要将各油缸回程到底，并保证进、出口处的清洁，有条件的要加封闭，妥善保管。

3）千斤顶张拉时，应观察千斤顶位置是否偏斜，必要时应回油调整。进油升压必须徐缓、均匀、平稳，回油降压时应缓慢松开回油阀，并使各油缸回程到底。

4）双作用千斤顶在张拉过程中，应使顶压油缸全都回油。在顶压过程中，张拉油缸应予持荷，以保证恒定的张拉力，待顶压锚固完成时，张拉缸再回油。

5）千斤顶和油压表必须定期标定。油压表表盘读数以 50 ~ 60N/mm^2 为宜。油压表精度不宜低于 1.5 级。所用千斤顶和油压表必须定期进行校正，校正期一般不超过 2 个月，每次校正后的张拉次数，一般不超过 200 根（束）预应力筋。

施工过程中，遇有下列情况之一时，须对油表进行重新校验：

①张拉时，预应力筋连续断裂；

②千斤顶油封损坏，漏油严重；

③油压表指针不退回零点；

④实测预应力筋伸长值与计算值相差过大；

⑤千斤顶调换新油压表。

（3）高压油泵使用要点

1）油泵宜采用 10 号或 20 号机油，在灌入油箱前，油液要经过滤清。对于经常使用的油泵，油应每月过滤一次，间断使用的每 3 个月过滤一次，油箱应定期清洗。油箱内一般要保持 85% 左右的油位，添加油的标号应与存油相同。

2）油泵不宜在超负荷下工作，安全阀须按设备额定油压调整，严禁任意调整。

3）高压油泵运转前，应将各油路调节阀松开，然后开动油泵，待空载运转正常后，再紧闭回油阀，逐渐旋拧进油阀杆，增大载荷，并注意压力表指针是否正常。

4）油泵停止工作时，应先将回油阀缓缓松开，待压力表慢慢退回零位后，方可卸开千斤顶的油管接头螺母。严禁在载荷时拆换油管或压力表。

（4）常见的几种液压千斤顶及高压油泵的操作

YL60 型液压千斤顶的操作见表 1-24，YC60 型液压千斤顶的操作见表 1-25，YC18 型液压千斤顶的操作见表 1-26，锥锚式液压千斤顶的操作见表 1-27，ZB4/500 型电动油泵控制阀的操作见表 1-28。

表 1-24　YL60 型液压千斤顶的操作

顺　序	工序名称		进、回油情况		动 作 情 况
			A 油嘴	B 油嘴	
1	张拉前准备		回油	回油	1. 油泵停车或空载运转 2. 连接头拧入螺丝端杆 3. 千斤顶对中就位
2	张拉工作		进油	回油	1. 油缸和撑脚顶住构件端面 2. 活塞拉杆左移张拉钢筋 3. 钢筋张拉到设计张拉值后持荷，拧紧螺丝端上的螺母
3	液压差动回程	单路进油回程	关闭	进油	1. 差动阀活塞杆顶开锥阀，A、B 油腔连通，活塞拉杆右移回程 2. 复位后打开油泵上的控制阀 3. 油泵停车或空载运转 4. 卸下连接头
		双路进油回程	（卸荷后）进油	进油	
		带压双路进油回程	进油	进油	

表 1-25　YC60 型液压千斤顶的操作

顺　序	工序名称	进、回油情况		动 作 情 况
		A 油嘴	B 油嘴	
1	张拉前准备	回油	回油	1. 油泵停车或空载运转 2. 安装锚具，穿筋后安装工具锚 3. 千斤顶就位对中
2	张拉工作	进油	回油	1. 顶压缸和撑套右移顶住锚环 2. 张拉缸左移张拉钢筋
3	顶压锚固	关闭	进油	1. 张拉持荷，稳定在设计的张拉力 2. 顶压活塞右移，将夹片强力顶入锚环内 3. 顶压活塞回程弹簧压缩
4	张拉缸液压回程	回油	进油	张拉缸（或顶压缸）右移（或左移）复位，工具锚松脱
5	顶压活塞弹簧回程	回油	回油	1. 油泵停车或空载运转 2. 在弹簧力作用下，顶压活塞左移复位 3. 卸下工具锚和千斤顶

表 1-26　YC18 型液压千斤顶（穿心式）的操作

顺　序	工序名称	进、回油情况			分流阀	动 作 情 况
		A 油嘴	B 油嘴	C 油嘴		
1	张拉工作	进油	回油	回油	开	1. 活塞杆、顶压器顶住套筒 2. 油缸、夹具左移，张拉预应力筋
2	顶压锚固	关闭	关闭	进油	关	1. 张拉缸持荷在设计的张拉力 2. 顶压活塞右移顶锚夹片 3. 顶压活塞回程弹簧压缩
3	张拉缸回程	回油	进油	进油	开	张拉缸右移复位
4	顶压器活塞回程	回油	回油	回油	开	1. 油泵停车或空载运转 2. 在弹簧力作用下，顶压活塞左移回程

表 1-27　锥锚式液压千斤顶（三作用）的操作

顺　序	工序名称	进、回油情况		动 作 情 况
		A 油嘴	B 油嘴	
1	张拉前准备	回油	回油	1. 油泵停车或空载运转 2. 安装锚环、对中套、千斤顶 3. 将顶压油缸伸出一定长度，供退楔用 4. 将钢丝按顺序嵌入卡盘槽内，用楔块夹紧
2	张拉工作	进油	回油	1. 顶压缸右移顶住对中套、锚环 2. 张拉缸带动卡盘左移张拉钢丝束
3	顶压锚塞	关闭	进油	1. 张拉缸持荷，稳定在设计张拉力内 2. 顶压活塞杆右移，将锚塞强力顶入锚环内 3. 弹簧压缩
4	液压退楔 （张拉缸回程）	回油	进油	1. 张拉缸（或顶压缸）右移（或左移）回程复位 2. 退楔翼板顶住楔块使之松脱
5	顶压活塞杆弹簧回程	回油	回油	1. 油泵停车或空载运转 2. 在弹簧作用下，顶压活塞杆左移复位

表 1-28　ZB4/500 型电动油泵控制阀的操作

工 作 情 况	阀　门				应 用 举 例
	节流阀		截止阀		
	左	右	左	右	
	操　作				
空载运转	开	关	开或关	开或关	初运转，排气，中间空运转
左（右）路进油 右（左）路回油	关（开）	开（关）	关（开）	开（关）	千斤顶张拉，液压回程
左、右路同时进油 （限压 40MPa）	关	关	关	关	千斤顶压锚固，张拉缸持荷
卸荷回程	开	开	开	开	千斤顶卸荷，弹簧回程
左（右）路单路进油	关（开）	开（关）	关	关	LD10 型镦头器镦头及卸荷，其他单路液压机具加荷及卸荷
右（左）路单路回油	开	开	开	开	

注：1. 保持油路系统压力不降，油缸作用力稳定的持荷方法有三种：（1）停车持荷；（2）开车持荷；（3）补压持荷。

2. 系统降压方法：将截止阀适当左旋，降压至所要求的数值后再关阀。

（5）液压千斤顶及高压油泵的常见故障及排除方法

液压千斤顶及高压油泵常见故障及排除方法见表 1-29、表 1-30。

表 1-29　液压千斤顶常见故障及其排除方法

故　障	原　因	排除方法
千斤顶张拉活塞不动或运动困难	1. 操作阀用错 2. 回程阀没有回油 3. 张拉缸漏油 4. 油量不足 5. 活塞密封圈胀得太紧	1. 正确使用操作阀 2. 使回程回油 3. 根据漏油原因排除 4. 加足油量 5. 检查密封圈规格，选择正确的更换
活塞不回程或回程困难	1. 操作阀用错 2. 张拉缸没有回油 3. 回程缸漏油 4. 回程时油量不足	1. 正确使用操作阀 2. 使张拉缸回油 3. 根据漏油原因排除 4. 加足油量
千斤顶活塞运行不平稳或爬行	油缸中存有空气	空载往复运行几次排除空气
千斤顶缸体、活塞刮伤	1. 密封圈损坏 2. 密封圈上混有铁屑或砂粒 3. 缸体变形	1. 更换密封圈 2. 清除杂物，修复缸体或活塞 3. 检查缸体，修复或更换
漏油	1. 油封失灵 2. 油嘴连接部位密封不严	1. 更换油封 2. 修理连接油嘴或更换垫片
千斤顶连接油管爆裂	1. 油管拆卸次数过多，使用过久 2. 压力过高 3. 焊接不良	1. 注意装卸，避免弯折，不易修复时应更换油管 2. 检查油压表是否失灵，压力是否超过规定压力 3. 焊接牢固

表 1-30　高压油泵常见故障及其排除方法

故　障	原　因	排除方法
不出油、出油不足或波动	1. 泵体内存在空气 2. 漏油 3. 油箱液面太低 4. 油太稀、太稠、太脏 5. 泵体油网堵塞 6. 泵体的柱塞卡住、吸油弹簧失效和柱塞与套磨损 7. 泵体的进排油阀密封不严、配合不好	1. 旋拧各手柄排除空气 2. 检查漏油部位，排除漏油 3. 加新油至规定油位 4. 适当调整或更换 5. 清洗去污 6. 清洗柱塞与套或更换损坏件 7. 清洗阀口或更换阀座、弹簧和密封圈
压力表读数达不到规定压力	1. 泵体内存有空气 2. 漏油 3. 安全阀口损坏或阀失灵 4. 送油阀口损坏或阀杆锥端损坏 5. 泵体的进排油阀密封不严 6. 泵体的柱塞与套筒过度磨损	1. 旋拧各手柄排除空气 2. 检查漏油部位，排除漏油 3. 锉平阀口并配研或更换损坏件 4. 锉平接合处阀口、修换阀杆 5. 清洗阀口或更换阀座、弹簧和密封圈 6. 更换新件
持压时表针回降	1. 外漏 2. 控制阀上的持压单向阀失灵 3. 回油阀密封失灵	1. 检查泄漏部位，排除外漏 2. 清洗和修刮阀口、敲击钢球或更换新件 3. 清洗和修好回油阀口和阀杆
噪声	1. 进排油路有局部堵塞 2. 轴承或其他件损坏和松动 3. 吸油管混入空气	1. 除去堵塞物，使油路畅通 2. 换件或拧紧 3. 排除空气

3. 电热张拉设备

（1）电热张拉设备可采用低压变压器或电弧焊机等。选择变压器时，应符合下列要求：

1）一次电压为220～380V，二次电压为30～65V；

2）二次额定电流值，即钢筋中的电流密度不宜小于下列数值：冷拉 HRB335 钢筋为 120A/cm²；冷拉 HRB400 钢筋为 150A/cm²；

3）变压器功率一般宜大于45kVA。

（2）预应力钢筋与导线的接头处必须去污除锈、接触紧密。

（3）电热法张拉用的导线长度应尽量缩短。初级导线截面积应根据有关规定进行选择。次级导线截面当采用铜线时，其电流密度不宜超过 5A/mm²；当采用铝线时，不宜超过 3A/mm²。

（4）冷拉钢筋用作预应力筋时，其反复电热次数不宜超过3次。

4. 螺旋张拉器

（1）螺旋张拉器一般配以弹簧测力计张拉预应力钢丝。张拉时，应将螺旋张拉器、弹簧测力计及夹具与张拉方向同在一直线上。

（2）舵轮逆时针转动时，用钳形夹具将钢丝夹紧；顺时针转动，开始张拉，待弹簧测力计读数达到设计吨位时，用锚具锚固预应力筋，逆时针转动舵轮即完成一个张拉过程。

（3）弹簧测力计每半年进行一次校验，精度为10kg。

（八）焊接机械设备

1. 点焊机

（1）点焊机的分类

点焊机广泛应用于点焊钢筋网片。有多种分类法，按结构形式可分为固定式和悬挂式；按电源类别可分为工频、电容储能、次级整流和直流冲击波4种；按压力传动方式可分为杠杆式、气压式和液压式3种；按电极类型可分为单头、双头和多头。常用的有 DN7 系统多头点焊机、DN 系列短臂固定式和 DN3 系列长臂固定式点焊机。

选用点焊机的型号时，应在确保焊接质量和提高劳动生产率的条件下，根据钢筋直径、焊接工作量以及电源、压缩空气的供应等具体情况来确定。

（2）点焊机使用前准备工作

1）焊接前，须根据钢筋直径、点焊机功率等选择合理的工艺参数（包括焊接电流、通电时间和电极压力等）。

2）点焊不同直径钢筋时，基本上按直径较小的钢筋选择焊接参数，并且大小钢筋直径应符合如下的比例关系：

①当较小钢筋直径小于10mm时，大小钢筋直径之比不宜大于3；

②当较小钢筋直径为12mm、14mm时，大小钢筋直径之比不宜大于2。

若大于上述数值时，则应适当改变焊接参数。

3）焊接16锰及25锰硅钢筋时，通电时间应延长20%～25%，当电源的电压降达到5%左右时，应提高变压器级次1级，以保证焊接质量。

（3）点焊机的使用与维护

1）点焊机通电后，应检查电气设备、操作机构、冷却系统、气路系统及机体外壳有无漏电现象。

2）起动前先接通控制线路的转换开关和焊接电流的小开关，安插好级数调节开关的闸刀位置，接通水源、气源，调整好控制箱上各调节旋钮，最后接通电源，进行工作。

3）点焊机工作时，气路系统、水冷却系统应畅通。气体必须保持干燥，排水温度不应超过40℃，排水量可根据季节调整。

4）上电极的工作行程调节完后，调节气缸下面的两个螺母，必须拧紧，电极压力可通过旋转减压阀手柄来调节。

5）在点焊过程中发现焊接质量不合格时，应按以下措施处理：

①在焊点周围没有熔化的金属挤出，呈未焊透现象时，应增大焊接电流；

②焊区出现熔点过大，造成炭化时，可适当减小焊接电流，缩短通电时间；

③发现焊点的压入深度不够时，可调整并增大电极的压力；

④焊点熔化金属飞溅，表面出现“咬肉”、烧伤现象时，应清洁电极和钢筋接触表面，并适当增大电极压力，减小焊接电流。

（4）点焊机的维护与保养

1）工作前必须清除油渍及污物，否则将降低电极的使用期限，影响焊接质量。

2）点焊机的轴承、铰链和气缸的活塞衬环、滑块、导轨等活动部位应定期润滑。

3）经常检查电极触点磨损情况，如有磨损，可用砂布或细锉刀修光。

4）焊机停止工作，应切断电源、气源，最后关闭水源，清除杂物和焊渣溅末。冬季停用时，要用压缩空气吹除冷却系统的存水，以防管路冻裂。

5）控制箱如长期不用，为了防潮，每月应通电加热30min；若更换闸流管，也应预热30min。焊机长期停用，应在易锈部位涂上防锈油脂。

（5）点焊机常见故障及排除方法

点焊机常见故障及排除方法见表1-31。

表1-31　点焊机常见故障及排除方法

故　障	原　因	排除方法
焊接时无焊接电流	1. 焊接程序循环停止 2. 继电器接触不良或电阻断路 3. 无引燃脉冲或幅值很小 4. 气温低，引燃管不工作	1. 检查时间调节器电路 2. 清除接触点或更换电阻 3. 逐级检查电路和管脚是否松动 4. 外部加热
焊件大，电流烧穿	1. 电极下降速度太慢 2. 焊接压力未加上 3. 上下电极不对中心 4. 焊件表面有污尘或内部夹杂物 5. 引燃管冷却不良而引起温度增高失控 6. 继电器触点间隙太小或继电器接触不良	1. 检查导轨的润滑情况，气阀是否正常，气缸活塞是否张紧 2. 检查电极间距离是否太大；气路压力是否正常 3. 校正电极 4. 清理焊件 5. 畅通冷却水 6. 调整间隙，清理触点
引燃管失控、自动闪弧	1. 引燃管不良 2. 闸流管损坏 3. 引燃管电路无栅偏压	1. 更换引燃管 2. 更换闸流管 3. 测量检查栅偏压
焊接时电极不下降	1. 脚踏开关损坏 2. 电磁气阀卡死或线圈开路 3. 压缩空气压力调节过低 4. 气缸活塞卡死	1. 修理脚踏开关 2. 修理和重绕线圈 3. 调高气压 4. 拆修气缸活塞

2. 电焊机

(1) 电焊机的技术性能

常见的交流弧焊机（焊接变压器）、直流弧焊机（焊接发电机）的技术性能见表1-32、表1-33。

表1-32　交流弧焊机（焊接变压器）的技术性能

项目		单位	型号 BX_3-120-1	BX_3-300-2	BX_3-500-2	BX_2-1000（原BC-1000）
额定焊接电流		A	120	300	500	1000
初级电压		V	220/380	380	380	220/380
次级空载电压		V	70~75	70~78	70~75	69~78
额定工作电压		V	25	32	40	42
额定初级电流		A	41/23.5	61.9	101.4	340/196
焊接电流调节范围		A	20~160	40~400	60~600	400/1200
额定持续率		%	60	60	60	60
额定输入功率		kV·A	9	23.4	38.6	76
各持续率时功率	100%	kV·A	7	18.5	30.5	
	额定持续率		9	23.4	38.6	76
各持续率时焊接电流	100%	A	93	232	388	775
	额定持续率		120	300	500	1000
功率因数						0.62
效率		%	80	82.5	87	90
质量		kg	100	183	225	560
外形尺寸	长	mm	485	730	730	744
	宽		470	549	540	950
	高		680	900	900	1220

表1-33　直流弧焊机（焊接发电机）的技术性能

项目			AN_1-165	AX_4-300-1	AX-320	AX_5-500	AX_3-500
弧焊发电机	额定焊接电流	(A)	165	300	320	500	500
	焊接电流调节范围	(A)	40~200	45~375	45~320	60~600	60~600
	空载电压	(V)	40~60	55~80	50~80	65~92	55~75
	工作电压	(V)	30	22~35	30	23~44	25~40
	额定持续率	(%)	60	60	50	60	60
	各持续率时功率	100% (kW)	3.9	6.7	7.5	13.6	15.4
		额定持续率	5.0	9.6	9.6	20	20
	各持续率时焊接电流	100% (A)	130	230	250	385	385
		额定持续率 (A)	165	300	320	500	500
使用焊条直径（mm）			ϕ5以下	ϕ3~7	ϕ3~7		ϕ3~7
电动机	功率	(kW)	6	10	14	20	26
	电压	(V)	220/380	380	380	380	220/380
	电流	(A)	21.3/12.3	20.8	27.6	50.9	89/51.5
	频率	(Hz)	50	50	50	50	50
	转速	(r/min)	2900	2900	1450	1450	2900
	功率因数		0.87	0.88	0.87	0.88	0.90
	机组效率	(%)	52	52	53	54	54
外形尺寸（长×宽×高）（mm）			932×382×720	1140×500×825	1202×590×992	1128×590×1000	1078×600×805
机组质量（kg）			210	250	560	700	415

(2) 电焊机使用时的安全注意事项

1) 电焊机应设在干燥通风的工作室内或防雨棚内，防止受潮。经常挪动的电焊机须设防雨罩；其裸露导线和转动部分须有防护罩。

2) 焊机必须接地，以保证操作人员安全。焊机的导线、夹钳都必须绝缘良好。导线不得设在交通运输、人行道上。

3) 交流电焊机的工作电压为25~40V，电焊机运转时，温度不超过60℃；接地电阻不大于4Ω。

4) 操作人员须戴防护手套，穿绝缘鞋。打火时应戴好防护面具；配合工作者，须戴防护镜。

5) 离开工作地点或工作完后，应切断电源，锁好闸箱，并检查有无余火，确认无误后，方可离开。

6) 多台电焊机同时作业时，各台之间留有足够的操作距离，并设安全隔板。

7) 严禁在易燃品上或附近焊接操作。如有特殊情况必须采取绝对可靠措施，防止火灾发生，并设专人监视操作地点。

3. 对焊机

(1) 对焊机的技术性能与外形

对焊机的主要技术性能见表1-34；图1-8为UN_1-75型对焊机的外形。

表1-34 对焊机的主要技术性能

项目		单位	型号				
			原LP-50	UN_1-75（原LP-75）	UN_1-100（原LP-100）	UN_2-150（原LM-150-2）	UN_{17}-150-1
额定容量		kV·A	50	75	100	150	150
初级电压		V	220/380	220/380	380	380	380
次级电压调节范围		V	2.9~5.0	3.52~7.04	4.5~7.6	4.05~8.1	3.8~7.6
次级电压调节级数		级	6	8	8	16	16
额定持续率		%	25	20	20	20	50
钳口夹紧力		kN	19.6	19.6	39.2	98.1	157
最大顶锻力		kN	29.6	29.4	39.2	63.7	78.4
钳口最大距离		mm	80	80	80	100	90
动钳口最大行程		mm	30	30	50	27	80
动钳口最大烧化行程		mm					20
焊件最大预热压缩量		mm				10	
连续闪光焊时钢筋最大直径		mm	10~12	12~16	16~20	20~25	20~25
预热闪光焊时钢筋最大直径		mm	20~22	32~36	40	40	40
生产率		次/h		75	20~30	80	120
冷却水消耗量		L/h	200	200	200	200	500
压缩空气	压力	MPa				0.54	0.59
	消耗量	m^3/h				15	5
焊机质量		kg	360	445	465	2500	1900
外形尺寸	长	mm		1520	1800	2140	2300
	宽			550	550	1360	1100
	高			1080	1150	1380	1820

（2）对焊机使用时的安全注意事项

1）对焊机应设在没有燃品的耐火的作业场所里。闪光区域内须设遮挡，焊接时禁止非操作人员停留，以防止火花烫伤。操作人员必须戴防护镜和手套。

2）操作前，检查对焊机的手柄、压力杠夹具等机件是否灵活、牢固，用气压、液压传动的夹具还应检查气压、液压设备是否正常。

3）正确调整和使用二次电压，使其与所焊的钢筋截面相适应，禁止焊接超机械负荷的直径钢筋。

4）断路器的接触点，每隔2~3d用砂纸擦净。电极用锉刀锉光，二次电路的全部螺栓接合应定期拧紧，以免出现发热现象，随时注意冷却系统是否堵塞和漏水。水温不得超过4℃。

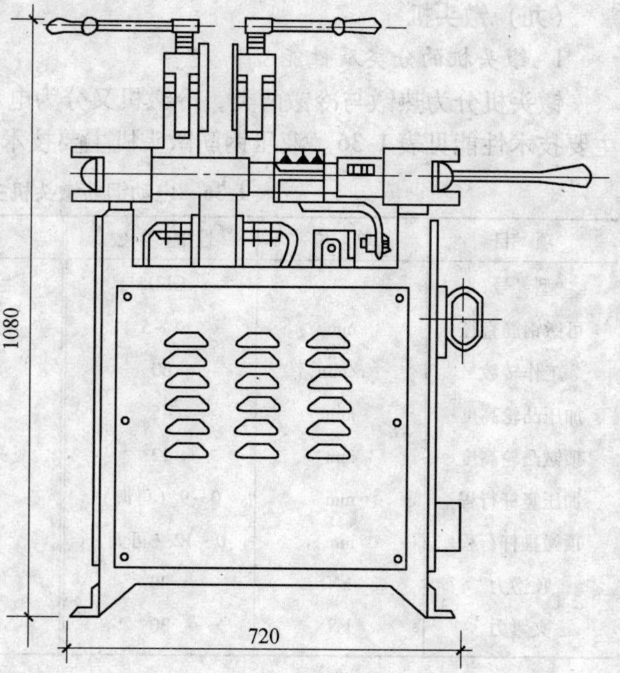

图1-8 UN_1-75型对焊机的外形

5）焊接较长的钢筋应附设平稳的操作台，配台工作人员应注意火花烫伤和焊头烫手。焊后接头部位不准放在易燃物附近。对焊机应设单独电路，以防对焊时其他机械用电干扰影响焊接质量，也可采用倒班作业办法。

（3）对焊机的常见故障及排除方法

对焊机的常见故障及排除方法见表1-35。

表1-35 对焊机的常见故障及排除方法

故 障	原 因	排 除 方 法
焊接时次级没有电流，焊件不能熔化	1. 继电器接触点不灵活，不能随按钮动作，接触器接触不良 2. 按钮开关不灵	1. 修理继电器接触点，清除积垢灰尘，使接触点接触良好 2. 修理或更换按钮
焊件熔接后不能自动断路	限制行程开关失效不能动作	修理开关的接触部分或更换
变压器通路，但焊接时不能良好焊牢	1. 电极和焊件接触不良，有氧化物 2. 焊件间接触不良	1. 修理电极钳口，把氧化物用砂纸打光，使接触良好 2. 清除焊件端部的氧化皮和污物
焊接时零件熔化过快，不能良好接触	电流过大	改变接触组插头位置，调整电流
焊接时零件熔接不好，焊不牢，有粘点现象	电流太小	改变接触组插头位置，调整电压

（九）镦头机

1. 镦头机的分类及性能

镦头机分为热镦与冷镦两类，冷镦机又分为电动与液压两种传动式。电动钢筋镦头机主要技术性能见表1-36。液压钢筋镦头机主要技术性能见表1-37。

表1-36 电动钢筋镦头机主要技术性能

项 目	单 位	性能参数	项 目	单 位	性能参数
型 号		GLD5	生 产 率	头/min	16～18
可镦钢筋直径	mm	4～5	电动机型号		JO_2-41-6
工作转数	r/min	60	功 率	kW	3
加压凸轮高度	mm	45	转 数	r/min	960
顶镦凸轮高度	mm	12	外形尺寸		
加压竖杆行程	mm	0～9（可调）	长	mm	1110
顶镦推杆行程	mm	0～12（可调）	宽	mm	1000
顶镦力	kN	20	高	mm	900
夹紧力	kN	30	质 量	kg	500

表1-37 液压钢筋镦头机主要技术性能

项 目	单 位	性能参数		
型 号		YLD45	LD10	LD13
可镦钢筋直径	mm	12	5	7
最大镦头力	kN	450	90	130
最大切断力	kN		176	226
最大夹紧力	kN	320		
预夹紧力	kN		25	
镦头活塞行程	mm	25	8	8
夹紧活塞行程	mm	32	12	
切断动刀片行程	mm		20	
最大切断力	kN		170	
生产率	头/min	4～5	4～6	4～6
额定油压	MPa	40	40	40
外形尺寸（直径×长）	mm	Φ150×347	Φ98×279（镦） Φ98×326（切）	Φ115×280
质 量	kg	36	11	16

2. 电动镦头机的操作要点

（1）凸轮和拖轮工作属强力负载摩擦，故必须保持表面的润滑。

（2）压紧螺杆要随时注意调整，防止上下夹块滑动移位。

（3）工作前要注意电动机转动方向，行轮应顺时针方向转动。

（4）夹块的夹紧槽要根据加工料的直径而定，压紧杆的调整要适当。

（5）调整时凸块与夹块的工作距离不得大于1.5mm，空位调整按镦帽直径大小而定。

3. 液压镦头机的操作要点

（1）镦头器应配用额定油压在40MPa以上的高压油泵。

（2）镦头器油缸体积小，升压快，使用前必须将油泵安全阀从零调整到保证镦头尺寸所需的压力，以免突然升压过高，损坏机件。

（3）镦头部件（锚环）和切断部件（刀架）与外壳的螺纹连接，必须拧紧。应注意在锚环或刀架未装上时，不允许承受高压，否则将损坏弹簧座与外壳连接螺纹。

（4）使用切断器时，应将镦头器用锚环夹片取下，换上刀架。刀架上的定刀片应随切断钢筋的粗细而更换。

4. *液压镦头机的维护*

（1）工作油液：在一般情况下，冬季宜选用10号机油，夏季则选用20号机油，在特殊严寒及酷热地区应适当调整。要注意保持油液清洁，并定期更换。

（2）新油管应用轻油将管内清洗干净后再投入使用，油管接头部位应保持清洁。

（3）镦头部位各零件应经常保持清洁，定时拆洗除锈，夹片与锚环锥形接触面要经常加油润滑。

（4）夹片的相对位置不能互换，拆洗后应按规定记号次序位置装配。重装后要经过空载运行后再使用，以调整夹片间的均匀间隙。

5. *液压镦头机常见故障及排除方法*

液压镦头机常见故障及排除方法见表1-38。

表1-38　液压镦头机常见故障及排除方法

故　障	原　因	排除方法
钢丝镦头取不出来	钢丝镦头过大	将锚环拧松，直至取出钢丝
镦头器在运行时滑行不够平稳	机身留有空气	空运转数次后即会正常
漏油及渗油	1. 连接处松动 2. 密封件失效	1. 检查连接处并拧紧 2. 换密封件
切断器切不断钢丝或切口处有压扁现象	1. 切断刀片磨钝 2. 油泵压力不足	1. 更换刀片 2. 调整油泵压力

三、构件中钢筋的名称和作用

（一）构件中钢筋的名称

1. *梁中的钢筋*

梁中主要布置四种钢筋，即纵向受力钢筋、箍筋、弯起钢筋和架立钢筋。梁中的钢筋布置如图1-9所示。

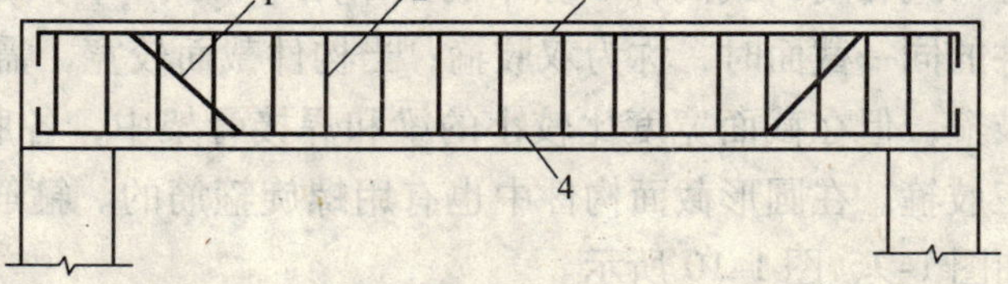

图1-9　梁中的钢筋布置

1—弯起钢筋；2—箍筋；3—受压钢筋；4—受拉钢筋

2. 柱中的钢筋

柱中主要布置纵向受力钢筋、箍筋。柱中的钢筋布置如图 1-10 所示。

3. 板中的钢筋

板（墙）中一般布置两种钢筋，即受力钢筋和分布钢筋。

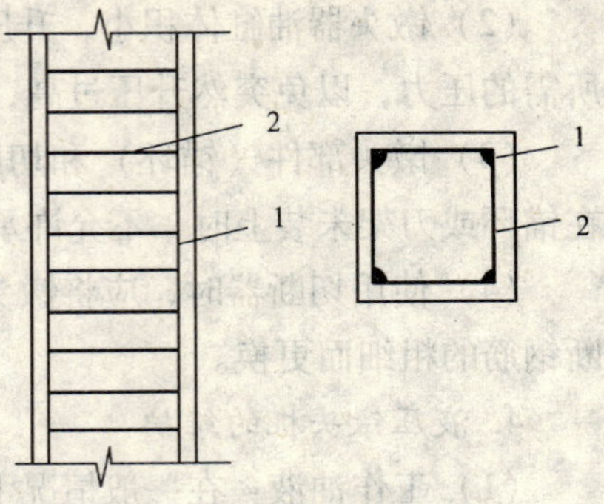

图 1-10 柱中钢筋的布置

1—纵向受力钢筋；2—箍筋

（二）钢筋在构件中的作用

钢筋在构件中的位置不同则所起的作用也不同。根据其在构件中所起的作用，钢筋一般划分为两种，一种是受力钢筋，又称主筋，是通过计算得出的构件受力所需要的主要钢筋，如受拉钢筋、弯起钢筋、受压钢筋等；另一种是构造钢筋，一般是指构件中不通过计算，但考虑了计算中未能全部概括而从略的那些因素，并为满足构件的构造要求、施工条件而配置的钢筋，如分布钢筋、箍筋、架立筋、腰筋等。

1. 受拉钢筋

受拉钢筋一般配置在钢筋混凝土构件的受拉区以承受拉力。在简支梁（板）中受拉钢筋放在梁（板）的下部；在悬臂梁（板）中，由于受力条件不同，受拉钢筋应放在梁（板）的上部；在钢筋混凝土屋架中，受拉钢筋要放在屋架的下弦和受拉腹杆中。

2. 弯起钢筋

弯起钢筋是受拉钢筋的一种特殊形式。因梁、板等构件受力后，往往在端部附近出现斜的拉力，故根据受力条件将部分受拉钢筋在合适的位置加以弯起，以承受斜向拉力。

3. 受压钢筋

受压钢筋一般配置在受压构件中，如柱、桩或屋架的受压腹杆内。在截面高度受到限制的梁类构件的受压区也可配置受压钢筋，使其与混凝土共同承担压力。

4. 分布钢筋

分布钢筋一般在单向板或墙板结构中使用。除用以固定受力钢筋位置外，分布钢筋的作用是当构件受力时可将集中荷载均匀地传布给受力钢筋，同时，分布钢筋还能抵抗混凝土硬化过程中的收缩和温度变化时板面出现的拉力。

5. 箍筋

箍筋是为了固定梁、柱和屋架等构件中的钢筋的位置，使钢筋形成坚固的骨架而设置的。同时又可以承受剪力，以满足斜截面强度的需要，对限制斜裂缝的宽度、防止斜截面的破坏比较有效。

箍筋的形式有开口式和闭口式两种。除单筋梁中用开口式外，一般常用的是闭口式。当单个箍筋用在构件的同一截面时，称为双肢箍；当构件截面较宽，需要两个箍筋拼在一起使用时，则称四肢箍。但在截面宽度比较小的梁和焊接骨架中，各肢箍筋都是独立的，因此就有单肢箍和三肢箍。在圆形截面构件中也有用螺旋箍筋的。箍筋的直径一般为 4 ~ 8mm，其构造形式如图 1-9、图 1-10 所示。

6. 架立钢筋

架立钢筋只用于梁类构件中。它的作用是便于钢筋骨架成型，使受力钢筋和箍筋保持正确位置，以形成钢筋骨架。架立筋直径一般为 8～12mm。

7. 腰筋及其他钢筋

当梁的腹板高度超过450mm 时，为了保证受力钢筋的箍筋整体骨架的稳定以及承受构件中部混凝土收缩或温度变化所产生的拉力，在梁的两侧面沿高度每隔200mm 设置一根直径不小于 12mm 的纵向构造钢筋即腰筋。腰筋要用拉筋连系。拉筋直径一般为6～8mm。

由于安装混凝土构件的需要，在预制构件中根据构件的体形和质量，在一定位置设置有吊环钢筋。在构件和墙体连接处还预埋有锚固筋。

（三）钢筋混凝土的保护层

为了保护钢筋，防止钢筋锈蚀，保证钢筋与混凝土之间有足够的粘结力，因此，在钢筋混凝土结构中的钢筋必须有足够厚度的混凝土保护层。钢筋的混凝土保护层厚度（指从钢筋外皮至混凝土表面的距离）应符合设计要求。

四、建筑结构图的识图

钢筋绑扎前必须看懂配筋图后才能施工，现在建筑结构施工图已实现全国统一的平法绘制，平法的表达形式就是把结构构件的尺寸和配筋等，按照平面整体表示方法制图规则，整体直接表达在各类构件的结构平面布置图上，再与标准构造详图相配合，即构成一套新型完整的结构设计。主要的钢筋混凝土结构图集包括 03G101—1、03G101—2、04G101—3、04G101—4 等，下面做简要的介绍。

03G101—1 图集包括常用的现浇混凝土柱、墙、梁三种构件的平法制图规则和标准构造详图两大部分内容。

（一）柱平法施工图的表示方法

柱平法施工图系在柱平面布置图上采用列表注写方式或截面注写方式表达柱几何尺寸及配筋的方法。

1. 列表注写方式

在柱平面布置图上采用适当比例绘制的一张柱平面布置图，其中包括框架柱、框支柱、梁上柱和剪力墙上柱，分别在同一编号的柱中选一个（有时需要选择几个）截面标明几何参数代号：在柱表中的柱号、柱段起止标高、几何尺寸（含柱截面对轴线的偏心情况）与配筋的具体数值，并配以各种柱截面形状及其箍筋类型图。

柱表注写包括如下内容：

（1）柱编号

柱编号由类型代号和序号组成，见表 1-39。

表 1-39　柱编号

柱类型	代　号	序　号
框架柱	KZ	XX
框支柱	KZZ	XX
芯　柱	XZ	XX
梁上柱	LZ	XX
剪力墙上柱	QZ	XX

施工图的柱编号，当柱的总高、分段截面尺寸和配筋均对应相同，仅分段截面与轴线的关系不同时，仍将其编为同一柱号。

(2) 柱的起止标高

各段柱的起止标高，从柱根部往上以变截面位置或截面未变但配筋改变处为界分段注写。框架柱和框支柱的根部标高是指基础顶面标高；芯柱的根部标高是指根据结构实际需要而定的起始位置标高；梁上柱的根部标高是指梁顶面标高；剪力墙上柱的根部标高分两种：当柱纵筋锚固在墙顶部时，其根部标高为墙顶面标高；当柱与剪力墙重叠一层时，其根部标高为墙顶面往下一层的结构层楼面标高。

2. *截面注写方式*

截面注写方式，就是在分标准层绘制的柱平面布置图的柱截面上，分别在同一编号的柱中选择一个截面，以直接注写截面尺寸和配筋具体数值的方式来表达柱平法施工图。

施工图对除芯柱之外的所有柱截面按规定进行编号，从相同编号的柱中选择一个截面，按另一种比例原位放大绘制柱截面配筋图，并在各配筋图上在其编号后再注写截面尺寸 $b \times h$、角筋或全部纵筋、箍筋的具体数值，以及在柱截面配筋图上标注柱截面与轴线关系 b_1、b_2、h_1、h_2 的具体数值。

当纵筋采用两种直径时，图中注写截面各边中部筋的具体数值（对于采用对称配筋的矩形截面柱，仅注写在一侧中部筋，对称边省略不注）。

(二) 剪力墙平法施工图的表示方法

剪力墙平法施工图是在剪力墙平面布置图上采用列表注写方式或截面注写方式表达。

剪力墙平面布置图一般采用适当比例单独绘制，有时与柱或梁平面布置图合并绘制。当剪力墙较复杂或采用截面注写方式时，还按标准层分别绘制剪力墙平面布置图。

在剪力墙平法施工图中，按规定注明了结构层的楼面标高、结构层高及相应的结构层号。对于轴线未居中的剪力墙（包括端柱），标注偏心定位尺寸。

1. *列表注写方式*

为表达清楚、简便，剪力墙可视为由剪力墙柱、剪力墙身和剪力墙梁三类构件构成。

列表注写方式，系分别在剪力墙柱表、剪力墙身表和剪力墙梁表中，对应于剪力墙平面布置图上的编号，用绘制截面配筋图并注写几何尺寸与配筋具体数值的方式，来表达剪力墙平法施工图。

(1) 编号规则

将剪力墙按剪力墙柱、剪力墙身、剪力墙梁（简称为墙柱、墙身、墙梁）三类构件分别编号。

(2) 墙柱编号

墙柱编号由墙柱类型代号和序号组成，见表 1-40。

表 1-40　墙柱编号

墙柱类型	代　号	序　号
约束边缘暗柱	YAZ	XX
约束边缘端柱	YDZ	XX
约束边缘翼墙（柱）	YYZ	XX
约束边缘转角墙（柱）	YJZ	XX
构造边缘端柱	GDZ	XX
构造边缘暗柱	GAZ	XX
构造边缘翼墙（柱）	GYZ	XX
构造边缘转角墙（柱）	GJZ	XX
非边缘暗柱	AZ	XX
扶壁柱	FBZ	XX

（3）墙身编号

墙身编号由墙身代号、序号以及墙身所配置的水平与竖向分布钢筋的排数组成，其中，排数注写在括号内。表达形式为：QXX（X 排）。

在编号中：如若干墙柱的截面尺寸与配筋均相同，仅截面与轴线的关系不同时，可将其编为同一墙柱号；又如若干墙身的厚度尺寸和配筋均相同，仅墙厚与轴线的关系不同或墙身长度不同时，也可将其编为同一墙身号。

对于分布钢筋网的排数规定：

非抗震：当剪力墙厚度大于 160 时，应配置双排；当其厚度不大于 160 时，宜配置双排。

抗震：当剪力墙厚度不大于 400 时，应配置双排；当剪力墙厚度大于 400，但不大于 700 时，宜配置三排；当剪力墙厚度大于 700 时，宜配置四排。

各排水平分布钢筋和竖向分布钢筋的直径与间距应保持一致。

当剪力墙配置的分布钢筋多于两排时，剪力墙拉筋两端应同时钩住外排水平纵筋和竖向纵筋，还应与剪力墙内排水平纵筋和竖向纵筋绑扎在一起。

（4）墙梁的编号

墙梁编号由墙梁类型代号和序号组成，表达形式见表 1-41。

表 1-41　墙梁编号

墙梁类型	代　号	序　号
连梁（无交叉暗撑及无交叉钢筋）	LL	XX
连梁（有交叉暗撑）	LL（JC）	XX
连梁（有交叉钢筋）	LL（JG）	XX
暗　梁	AL	XX
边框梁	BKL	XX

（5）剪力墙柱表的内容

1）墙柱编号和该墙柱的截面配筋图

①对于约束边缘端柱 YDZ，还标注几何尺寸 $bc \times hc$。该柱在墙身部分的几何尺寸如设计不标注，则按图集 YDZ 的标准构造详图取值。当设计采用与该构造详图不同的做法时，另行注明。

②对于构造边缘端柱 GDZ，标注其几何尺寸 $bc \times hc$。

③对于约束边缘暗柱 YAZ、翼墙（柱）YYZ、转角墙（柱）YJZ，如设计不标注，其几何尺寸按图集 YAZ、YYZ、YJZ 的标准构造详图取值。当设计采用与该构造详图不同的做法时，另行注明。

④对于构造边缘暗柱 GAZ、翼墙（柱）GYZ、转角墙（柱）GJZ，如设计不标注，其几何尺寸按图集 GAZ、GYZ、GJZ 的标准构造详图取值。当设计采用与该构造详图不同的做法时，另行注明。

⑤对于非边缘暗柱 AZ，图中标注几何尺寸。

⑥对于扶壁柱 FBZ，图中标柱几何尺寸。

2）墙柱的起止标高

各段墙柱的起止标高，自墙柱根部往上以变截面位置或截面未变但配筋改变处为界在图中分段注写。墙柱根部标高指基础顶面标高（如为框支剪力墙结构则为框支梁顶面标高）。

3）墙柱的纵向钢筋和箍筋

各段墙柱的纵向钢筋和箍筋，注写值应与表中绘制的截面配筋图对应一致。纵向钢筋注总配筋值，墙柱箍筋的注写方式与柱箍筋相同。对于约束边缘端柱 YDZ、约束边缘暗柱 YAZ、约束边缘翼墙（柱）YYZ、约束边缘转角墙（柱）YJZ，除注写相应标准构造详图中所示阴影部位内的箍筋外，也需注写非阴影区内布置的拉筋（或箍筋）及所有墙柱纵向钢筋搭接长度范围内的箍筋间距。

（6）剪力墙身表的内容

1）注写墙身编号（含水平与竖向分布钢筋的排数）。

2）注写各段墙身起止标高，自墙身根部往上以变截面位置或截面未变但配筋改变处为界分段注写。墙身根部标高系指基础顶面标高（框支剪力墙结构则为框支梁的顶面标高）。

3）注写水平分布钢筋、竖向分布钢筋和拉筋的具体数值。注写数值为一排水平分布钢筋和竖向分布钢筋的规格与间距，具体设置几排已经在墙身编号后面表达。

（7）剪力墙梁表的内容

1）注写墙梁编号。

2）注写墙梁所在楼层号。

3）注写墙梁顶面标高高差，系指相对于墙梁所在结构层楼面标高的高差值，高于者为正值，低于者为负值，当无高差时不注。

4）注写墙梁截面尺寸 $b \times h$，上部纵筋、下部纵筋和箍筋的具体数值。

5）当连梁设有斜向交叉暗撑时［代号为LL（JC）XX，且连梁截面宽度不小于400mm］，注写一根暗撑的全部纵筋，并标注×2，表明有两根暗撑相互交叉，还标注箍筋的具体数值（用斜线分隔斜向交叉暗撑箍筋加密区与非加密区的不同间距）。暗撑截面尺寸按构造确定，并按标准构造详图施工，设计不标注；当设计者采用与本构造详图不同的做法时，应另行注明。

6）当连梁设有斜向交叉钢筋时［代号为LL（JG）XX，且连梁截面宽度小于400mm但大于等于200mm］，注写一道斜向钢筋的配筋值，并标注×2，表明有两道斜向钢筋相互交叉。

（8）施工时的注意事项

施工时应注意：设置在墙顶部的连梁，其箍筋构造和斜向交叉暗撑、斜向交叉钢筋构造与非顶部的连梁有所不同，应按各自相应的构造详图施工。

墙梁侧面纵筋的配置，当墙身水平分布钢筋满足连梁、暗梁及边框梁的梁侧面纵向构造钢筋的要求时，该筋配置同墙身水平分布钢筋，表中不标注，施工按标准构造详图的要求即可；当不满足时，设计者将在表中注明梁侧面纵筋的具体数值。

2. *截面注写方式*

原位注写方式，系在分标准层绘制的剪力墙平面布置图上，以直接在墙柱、墙身、墙梁上注写截面尺寸和配筋具体数值的方式来表达剪力墙平法施工图。

选用适当比例原位放大绘制剪力墙平面布置图，对墙柱绘制配筋截面图；对所有墙柱、墙身、墙梁分别规定进行编号，并分别在相同编号的墙柱、墙身、墙梁中选择一根墙柱、一道墙身、一根墙梁进行注写，其注写方式如下。

（1）选择一根墙柱

设计图纸从相同编号的墙柱中选择一个截面，标注了全部纵筋及箍筋的具体数值。

1）对于约束边缘端柱YDZ，需增加标注几何尺寸$bc \times hc$。该柱在墙身部分的几何尺寸按本图集YDZ的标准构造详图取值，设计不标注。当设计者采用与该构造详图不同的做法时，应另行注明。

2）对于构造边缘端柱GDZ，需增加标注几何尺寸$bc \times hc$。

3）对于约束边缘暗柱YAZ、翼墙（柱）YYZ、转角墙（柱）YJZ，其几何尺寸按本图集YAZ、YYZ、YJZ的标准构造详图取值，设计不标注。当设计者采用与该构造详图不同的做法时，应另行注明。

4）对于构造边缘暗柱GAZ、翼墙（柱）GYZ、转角墙（柱）GJZ，其几何尺寸按本图集GAZ、GYZ、GJZ的标准构造详图取值，设计不标注。当设计者采用与该构造详图不同的做法时，应另行注明。

5）对于非边缘暗柱AZ，增加标注几何尺寸。

6）对于扶壁柱FBZ，增加标柱几何尺寸。

（2）选择一道墙身

从相同编号的墙身中选择一道墙身，按顺序引注墙身编号（包括注写在括号内墙身所配置的水平与竖向分布钢筋的排数）、墙厚尺寸，水平分布钢筋、竖向分布钢筋和拉筋的具体数值。

（3）选择一根墙梁

从相同编号的墙梁中选择一根墙梁，按顺序引注的内容为：

1）当连梁无斜向交叉暗撑时，注写墙梁编号、墙梁截面尺寸 $b \times h$、墙梁箍筋、上部纵筋、下部纵筋和墙梁顶面标高高差的具体数值。

2）当连梁设有斜向交叉暗撑时，还要以 JC 打头附加注一根暗撑的全部纵筋，并标注×2，表明有两根暗撑相互交叉，还标注箍筋的具体数值（用斜线分隔斜向交叉暗撑箍筋加密区与非加密区的不同间距）。交叉暗撑的截面尺寸按构造确定，并按标准构造详图施工。

3）当连梁设有斜向交叉钢筋时，还要以 JG 打头附加注一道斜向钢筋的配筋值，并标注×2，表明有两道斜向钢筋相互交叉。

4）当墙身水平分布钢筋不能满足连梁、暗梁及边框梁的梁侧面纵向构造钢筋的要求时，应补充注明梁侧面纵筋的具体数值，注写时，以大写字母 G 打头，接续注写直径与间距。

例：Gϕ10@150，表示墙梁两个侧面纵筋对称配置为：Ⅰ级钢筋，直径 10mm，间距为 150mm。

3. *剪力墙洞口的表示方法*

无论采用列表注写方式还是截面注写方式，剪力墙上的洞口均可在剪力墙平面布置图上原位表达。

洞口的具体表示方法：

（1）在剪力墙平面布置图上绘制洞口示意，并标注洞口中心的平面定位尺寸。

（2）在洞口中心位置引注洞口编号、洞口几何尺寸、洞口中心相对标高、洞口每边补强钢筋共四项内容。具体规定如下：

1）洞口编号：矩形洞口为 JDXX（XX 为序号），圆形洞口为 YDXX（XX 为序号）。

2）洞口几何尺寸：矩形洞口为洞宽×洞高（$b \times h$），圆形洞口为洞口直径 D。

3）洞口中心相对标高：系相对于结构层楼（地）面标高的洞口中心高度。当其高于结构层楼面时为正值，低于结构层楼面时为负值。

4）洞口每边补强钢筋：补强钢筋的位置及直径。

（三）梁平法施工图的表示方法

梁平法施工图系在梁平面布置图上采用平面注写方式或截面注写方式表达。

梁平面布置图，分别按梁的不同结构层（标准层），将全部梁和与其相关联的柱、墙、板一起采用适当比例绘制。

在梁平法施工图中，按规定注明了各结构层的顶面标高及相应的结构层号。

对于轴线未居中的梁，标注了其偏心定位尺寸（贴柱边的梁不注）。

1. *平面注写方式*

平面注写方式，系在梁平面布置图上，分别在不同编号的梁中各选一根梁，在其上注写截面尺寸和配筋具体数值的方式来表达梁平法施工图。

平面注写包括集中标注与原位标注，集中标注表达梁的通用数值，原位标注表达梁的特殊数值。当集中标注中的某项数值不适用于梁的某部位时，则将该项数值原位标注，施工时，原位标注取值优先（如图 1-11 所示）。

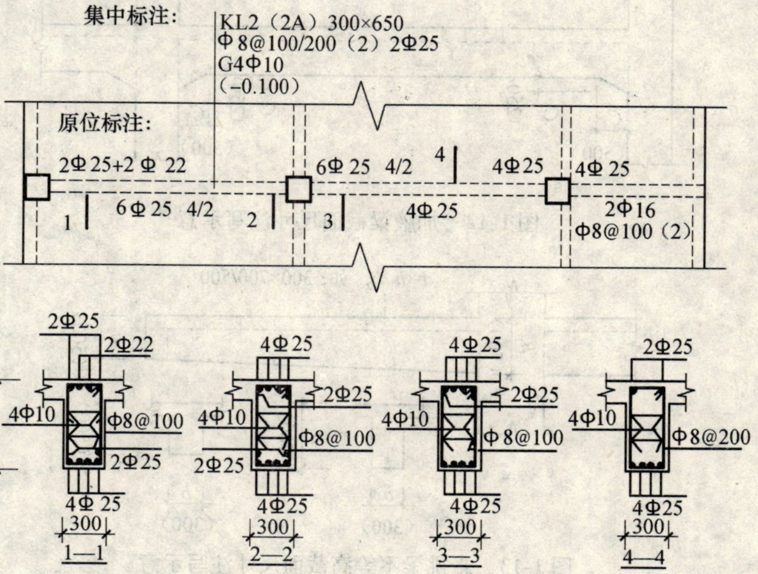

图 1-11　平面注写方式示例

注：本图四个梁截面系采用传统表示方法绘制，用于对比按平面注写方式表达的同样内容。实际采用平面注写方式表达时，不需绘制梁截面配筋图和图中的相应截面号。

梁编号由梁类型代号、序号、跨数及有无悬挑代号几项组成，表示方法见表 1-42。

表 1-42　梁编号

梁类型	代号	序号	跨数及是否带有悬挑
楼层框架梁	KL	XX	（XX）、（XXA）或（XXB）
屋面框架梁	WKL	XX	（XX）、（XXA）或（XXB）
框支梁	KZL	XX	（XX）、（XXA）或（XXB）
非框架梁	L	XX	（XX）、（XXA）或（XXB）
悬挑梁	XL	XX	
井字梁	JZL	XX	（XX）、（XXA）或（XXB）

注：（XXA）为一端有悬挑，（XXB）为两端有悬挑，悬挑不计入跨数。

例：KL—7（5A）表示第 7 号框架梁，5 跨，一端有悬挑；

L—9（7B）表示第 9 号非框架梁，7 跨，两端有悬挑。

梁集中标注的内容，有五项必注值及一项选注值（集中标注可以从梁的任意一跨引出）。

（1）梁编号

按表 1-42 的内容标注。

（2）梁截面尺寸

当为等截面梁时，用 $b \times h$ 表示；当为加腋梁时，用 $b \times h\mathrm{Y}c_1 \times c_2$ 表示，其中 c_1 为腋

长，c_2 为腋高（图 1-12）；当有悬挑梁且根部和端部的高度不同时，用斜线分隔根部与端部的高度值，即为 $b \times h_1/h_2$（图 1-13）。

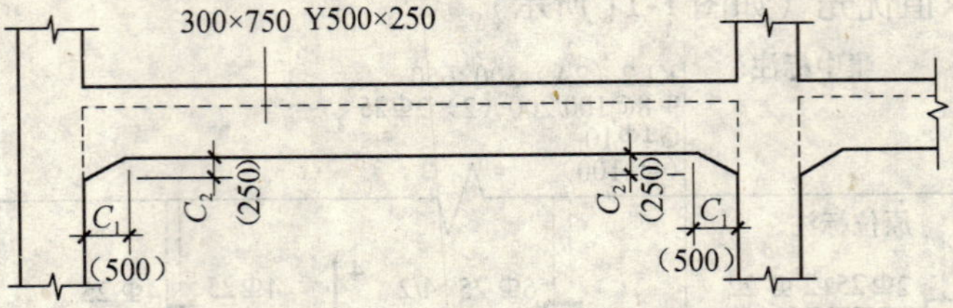

图 1-12　加腋梁截面尺寸注写示意

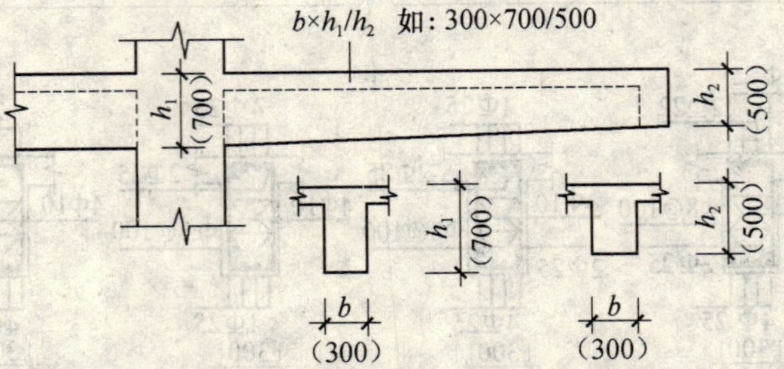

图 1-13　悬挑梁不等高截面尺寸注写示意

（3）梁箍筋

包括钢筋级别、直径、加密区与非加密区间距及肢数，箍筋加密区与非加密区的不同间距及肢数需用斜线“/”分隔；当梁箍筋为同一种间距及肢数时，则不需用斜线；当加密区与非加密区的箍筋肢数相同时，则将肢数注写一次；箍筋肢数应写在括号内。加密区范围见相应抗震级别的标准构造详图。

例：ϕ10@100/200（4），表示箍筋为Ⅰ级钢筋，直径 10mm，加密区间距为 100mm，非加密区间距为 200mm，均为四肢箍。

ϕ8@100（4）/150（2），表示箍筋为Ⅰ级钢筋，直径 8mm，加密区间距为 100mm，四肢箍；非加密区间距为 150mm，两肢箍。

当抗震结构中的非框架梁、悬挑梁、井字梁及非抗震结构中的各类梁采用不同的箍筋间距及肢数时，也用斜线“/”将其分隔开来。先注写的是梁支座端部的箍筋（包括箍筋的箍数、钢筋级别、直径、间距与肢数），在斜线后注写的是梁跨中部分的箍筋间距及肢数。

例：13ϕ10@150/200（4），表示箍筋为Ⅰ级钢筋，直径 10mm；梁的两端各有 13 个四肢箍，间距为 150mm；梁跨中部分间距为 200mm，四肢箍。

18ϕ12@150（4）/200（2），表示箍筋为Ⅰ级钢筋，直径 12mm；梁的两端各有 18 个四肢箍，间距为 150mm；梁跨中部分，间距为 200mm，双肢箍。

（4）梁上部通长筋或架立筋配置

梁上部通长筋或架立筋配置（通长筋可为相同或不同直径采用搭接连接、机械连接或对焊连接的钢筋），所注规格与根数应根据结构受力要求及箍筋肢数等构造要求而定。当同排纵筋中既有通长筋又有架立筋时，应用加号“+”将通长筋和架立筋相连。注写时须将角部纵筋写在加号的前面，架立筋写在加号后面的括号内，以示不同直径及与通长筋的区别。当全部采用架立筋时，则将其写入括号内。

例：2Φ22 用于双肢箍：2Φ22 +（4Φ12）用于六肢箍，其中 2Φ22 为通长筋，4Φ12为架立筋。

当梁的上部纵筋和下部纵筋为全跨相同，且多数跨配筋相同时，此项可加注下部纵筋的配筋值，用分号“;”将上部与下部纵筋的配筋值分隔开来。

例：3Φ22；3Φ20，表示梁的上部配置3Φ22 的通长筋，梁的下部配置3Φ20 的通长筋。

（5）梁侧面纵向构造钢筋或受扭钢筋配置

当梁腹板高度 $h_w \geqslant 450$mm 时，须配置纵向构造钢筋，所注规格与根数应符合规范规定。此项注写值以大写字母 G 打头，接续注写设置在梁两个侧面的总配筋值，且对称配置。

例：G4ϕ12，表示梁的两个侧面共配置4ϕ12 的纵向构造钢筋，每侧各配置2ϕ12。

当梁侧面需配置受扭纵向钢筋时，此项注写值以大写字母 N 打头，接续注写配置在梁两个侧面的总配筋值，且对称配置。受扭纵向钢筋应满足梁侧面纵向构造钢筋的间距要求，且不再重复配置纵向构造钢筋。

例：N6Φ22，表示梁的两个侧面共配置6Φ22 的受扭纵向钢筋，每侧各配置3Φ22。

注：1. 当为梁侧面构造钢筋时，其搭接与锚固长度可取为15d。
2. 当为梁侧面受扭纵向钢筋时，其搭接长度为 l_l 或 l_{lE}（抗震）；其锚固长度与方式同框架梁下部纵筋。

（6）梁顶面标高高差（该项为选注值）

梁顶面标高高差系指相对于结构层楼面标高的高差值，对于位于结构夹层的梁，则指相对于结构夹层楼面标高的高差。有高差时，须将其写入括号内，无高差时不注。

注：当某梁的顶面高于所在结构层的楼面标高时，其标高高差为正值，反之为负值。例如：某结构层的楼面标高为44.950m 和48.250m，当某梁的梁顶面标高高差注写为（-0.050）时，即表明该梁顶面标高分别比楼面标高（44.950m 和48.250m）低0.05m。

2. 梁原位标注的内容

（1）梁支座上部纵筋的注写方法

该部位含通长筋在内的所有纵筋。

1）当上部纵筋多于一排时，用斜线“/”将各排纵筋自上而下分开。

例：梁支座上部纵筋注写为6Φ25 4/2，则表示上一排纵筋为4Φ25，下一排纵筋为2Φ25。

2）当同排纵筋有两种直径时，用加号“+”将两种直径的纵筋相连，注写时将角部纵筋写在前面。

例：梁支座上部有四根纵筋，2Φ25 放在角部，2Φ22 放在中部，在梁支座上部应注写为2Φ25 +2Φ22。

3）当梁中间支座两边的上部纵筋不同时，须在支座两边分别标注；当梁中间支座两边的上部纵筋相同时，可仅在支座的一边标注配筋值，另一边省去不注。如图1-14 所示。

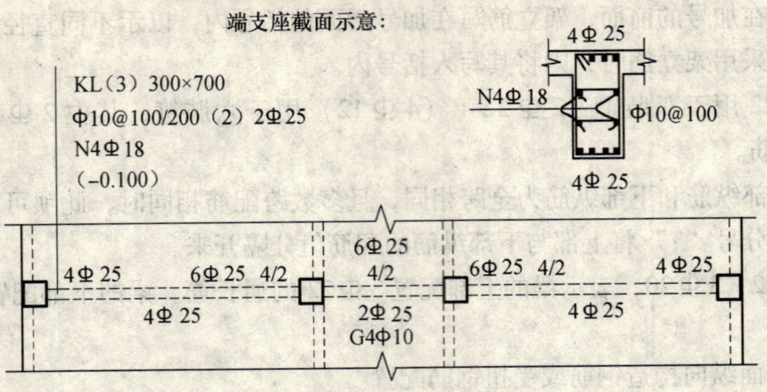

图1-14　大小跨梁的注写示例

（2）梁下部纵筋的注写方法

1）当下部纵筋多于一排时，用斜线“/”将各排纵筋自上而下分开。例：梁的下部纵筋注写为6Φ25 2/1，则表示上一排纵筋为2Φ25，下一排纵筋为4Φ25，全部伸入支座。

2）当同排纵筋有两种直径时，用加号“+”将两种直径的纵筋相连，注写在前面位置的是角筋。

3）当梁下部纵筋不全部伸入支座时，将梁支座下部纵筋减少的数量写在括号内。

例：梁下部纵筋注写为6Φ25（-2）/4，则表示上排纵筋为2Φ25且不伸入支座；下一排纵筋为4Φ25，全部伸入支座。

梁下部纵筋注写为2Φ25+3Φ22（-3）/5Φ25，则表示上排纵筋为2Φ25和3Φ22，其中3Φ22不伸入支座；下一排纵筋为5Φ25，全部伸入支座。

4）当梁的集中标注中已分别注写了梁上部和下部均为通长的纵筋值时，则不需在梁下部重复做原位标注。

（3）附加箍筋或吊筋的注写方法

附加箍筋或吊筋，将其直接画在平面图中的主梁上，用线引注总配筋值（附加箍筋的肢数注在括号内），当多数附加箍筋或吊筋相同时，可在梁平法施工图上统一注明，少数与统一注明值不同时，再原位引注，如图1-15所示。

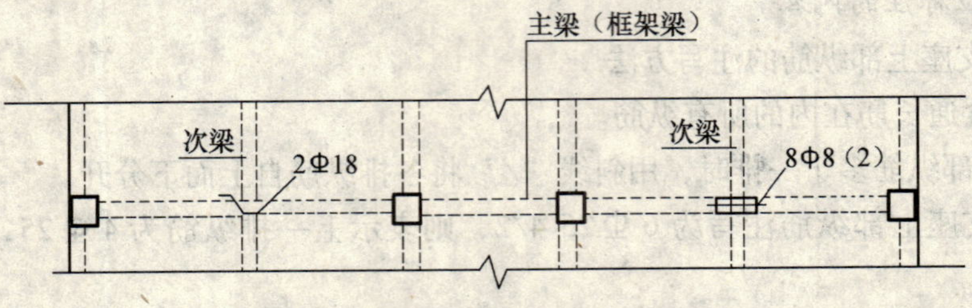

图1-15　附加箍筋和吊筋的画法示例

施工时应注意：附加箍筋或吊筋的几何尺寸应按照标准构造详图，结合其所在位置的主梁和次梁的截面尺寸而定。

（4）不适于集中标注的内容

当在梁上集中标注的内容（即梁截面尺寸、箍筋、上部通长筋或架立筋，梁侧面纵向构造钢筋或受扭纵向钢筋，以及梁顶面标高高差中的某一项或几项数值）不适用于某跨或某悬挑部分时，则将其不同数值原位标注在该跨或该悬挑部位，施工时应按原位标注数值取用。当在多跨梁的集中标注中已注明加腋，而该梁某跨的根部却不需要加腋时，则应在该跨原位标注等截面的 $b \times h$，以修正集中标注中的加腋信息，如图 1-16 所示。

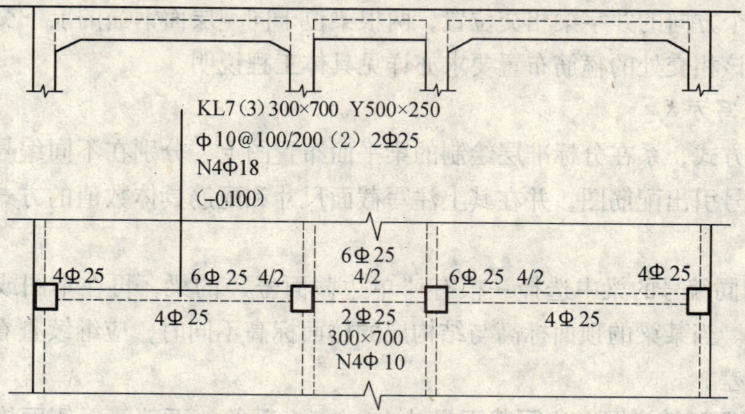

图 1-16　梁加腋平面注写方式表达示例

井字梁通常由非框架梁构成，并以框架梁为支座（特殊情况下以专门设置的非框架大梁为支座）。在此情况下，为明确区分井字梁与框架梁或作为井字梁支座的其他类型梁，井字梁用单粗虚线表示（当井字梁顶面高出板面时可用单粗实线表示），框架梁或作为井字梁支座的其他梁用双细虚线表示（当梁顶面高出板面时可用双实细线表示）。

井字梁系指在同一矩形平面内相互正交所组成的结构构件，井字梁所分布范围称为"矩形平面网格区域"（简称"网格区域"）。当在结构平面布置中仅有由四根框架梁框起的一片网格区域时，所有在该区域相互正交的井字梁均为单跨；当有多片网格区域相连时，贯通多片网格区域的井字梁为多跨，且相邻两片网格区域分界处即为该井字梁的中间支座。对某根井字梁编号时，其跨数为其总支座数减 1；在该梁的任意两个支座之间，无论有几根同类梁与其相交，均不作为支座（图 1-17）。

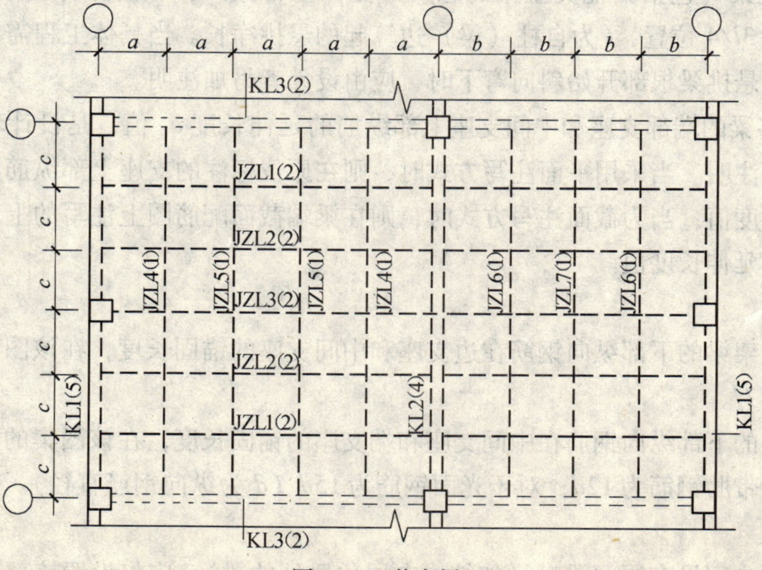

图 1-17　井字梁

施工时还应注意纵横两个方向梁相交处同一层面钢筋的上下交错关系（指梁上部或下部的同层面交错钢筋何梁在上何梁在下），以及在该相交处两方向梁箍筋的布置要求。井字梁支座上部钢筋外伸长度的具体数值、梁的几何尺寸与配筋数值详见具体工程设计。另外，在纵横两个方向的井字梁相交位置，两根梁位于同一层面钢筋的上下交错关系以及两方向井字梁在该相交处的箍筋布置要求亦详见具体工程说明。

3. 截面注写方式

截面注写方式，系在分标准层绘制的梁平面布置图上，分别在不同编号的梁中各选择一根梁用剖面号引出配筋图，并在其上注写截面尺寸和配筋具体数值的方式来表达梁平法施工图。

（1）从相同编号的梁中选择一根有“单边截面号”的梁，再在本图或其他图上查看截面配筋详图。当某梁的顶面标高与结构层的楼面标高不同时，应继续查看梁编号后注写梁顶面标高高差。

（2）在截面配筋详图上注写截面尺寸 $b \times h$、上部筋、下部筋、侧面构造筋或受扭筋以及箍筋的具体数值时，其表达形式与平面注写方式相同。

（3）截面注写方式有时单独使用，有时与平面注写方式结合使用。

在梁平法施工图的平面图中，当表达异形截面梁的尺寸与配筋时，用截面注写方式相对比较方便。

4. 梁支座上部纵筋的长度规定

（1）为方便施工，凡框架梁的所有支座和非框架梁（不包括井字梁）的中间支座上部纵筋的延伸长度 a_0 值在标准构造详图中统一取值为：第一排非通长筋及与跨中直径不同的通长筋从柱（梁）边起延伸至 $l_n/3$ 位置；第二排非通长筋延伸至 $l_n/4$ 位置。l_n 的取值规定为：对于端支座，l_n 为本跨的净跨值；对于中间支座，l_n 为支座两边较大一跨的净跨值。

（2）悬挑梁（包括其他类型梁的悬挑部分）上部第一排纵筋延伸至梁端头并下弯，第二排延伸至 $3l/4$ 位置，l 为自柱（梁）边算起的悬挑净长。当具体工程需将悬挑梁中的部分上部筋从悬挑梁根部开始斜向弯下时，应由设计者另加注明。

（3）井字梁的端部支座和中间支座上部纵筋的延伸长度 a_0 值，是设计者在原位加注具体数值予以注明。当采用平面注写方式时，则在原位标注的支座上部纵筋后面括号内加注具体延伸长度值；当为截面注写方式时，则在梁端截面配筋图上注写的上部纵筋后面括号内加注具体延伸长度值。

5. 其他

非抗震框架梁的下部纵向钢筋在边支座和中间支座的锚固长度，在该图集的标准构造详图中均定为 l_a。

非框架梁的下部纵向钢筋在中间支座和端支座的锚固长度，在该图集的构造详图中分别规定：对于带肋钢筋为 $12d$；对于光面钢筋为 $15d$（d 为纵向钢筋直径）。当有特殊要求时另行变更。

当两楼层之间设有层间梁时（如结构夹层位置处的梁），应将设置该部分梁的区域划出另行绘制梁结构布置图，然后在其上表达梁平法施工图。

（四）现浇混凝土板式楼梯

03G101—2 图集适用于现浇混凝土结构与砌体结构，所包含的具体内容为九种常用的现浇混凝土板式楼梯，均按非抗震构件设计。

它包括现浇混凝土楼梯制图规则和标准构造详图两大部分内容。

第一组板式楼梯有 5 种类型，分别为 AT、BT、CT、DT、ET 型。第二组板式楼梯有 6 种类型，分别为 FT、GT、HT、JT、KT、LT 型。两组共 11 种楼梯类型。

1. 第一组 AT ~ ET 型板式楼梯具备的特征

（1）AT ~ ET 每个代号代表一跑梯板。梯板的主体为踏步段，除踏步段之外，梯板可包括低端平板、高端平板以及中位平板。

（2）AT ~ ET 各型梯板的截面形状为：AT 型梯板全部由踏步段构成；BT 型梯板由低端平板和踏步段构成；CT 型梯板由踏步段和高端平板构成；DT 型梯板由低端平板、踏步段和高端平板构成；ET 型梯板由低端踏步段、中位平板和高端踏步段构成。

（3）AT ~ ET 型梯板的两端分别以（低端和高端）梯梁为支座，该组板式楼梯的楼梯间内部既设置楼层梯梁，也设置层间梯梁（其中 ET 型梯板两端均为楼层梯梁），以及与其相连的楼层平台板和层间平台板。

（4）AT ~ ET 型梯板的下部纵向钢筋按照 AT ~ ET 型楼梯平面注写方式注明；梯板支座端上部纵向钢筋按梯板下部纵向钢筋的 1/2 配置，且不小于ϕ8@200；上部纵向钢筋自支座边缘向跨内延伸的水平投影长度统一取大于等于 1/4 梯板净跨，梯板的分布钢筋注写在楼梯平面图的图名下方。对于工业建筑楼梯，梯板支座端上部纵向钢筋的配置量与延伸长度应另行注明。

（5）ET 型楼梯的低端平板或高端平板的净长、中位平板的位置及净长因具体工程而异。因此，当梯板上部纵向钢筋统一满足 1/4 梯板净跨的外伸长度值时，将会出现四种不同组合的配筋构造形式，施工人员应根据楼梯平法施工图中标注的几何尺寸，按照构造详图中的规定，选用相应的配筋构造形式进行施工。

2. 第二组 FT ~ LT 型板式楼梯具备的特征

（1）FT ~ LT 每个代号代表两跑相互平行的踏步段和连接它们的楼层平板及层间平板。

（2）FT ~ LT 型梯板的构成分两类：

第一类：包括 FT、GT、HT 和 JT 型，由层间平板、踏步段和楼层平板构成。采用 FT ~ JT型梯板时，楼梯间内部不需要设置楼层梯梁及层间梯梁。

第二类：包括 KT 型和 LT 型，由层间平板和踏步段构成。采用 KT 型或 LT 型梯板时，楼梯间内部需要设置楼层梯梁及楼层平台板，但不需要设置层间梯梁及层间平台板。

（3）FT ~ LT 型梯板的支承方式如下：

1）FT 型梯板的支承方式为：梯板一端的层间平板采用三边支承，另一端的楼层平板也采用三边支承。

2）GT 型梯板的支承方式为：梯板一端的层间平板采用单边支承，另一端的楼层平板采用三边支承。

3）HT 型梯板的支承方式为：梯板一端的层间平板采用三边支承，另一端的楼层平板采用单边支承。

4）JT 型梯板的支承方式为：梯板一端的层间平板采用单边支承，另一端的楼层平板也采用单边支承。

5）KT 型梯板的支承方式为：梯板一端的层间平板采用三边支承，另一端的踏步段采用单边支承（在梯梁上）。

6）LT 型梯板的支承方式为：梯板一端的层间平板采用单边支承，另一端的踏步段也采用单边支承（在梯梁上）。

各型梯板的支承方式见表 1-43。

表 1-43　FT～LT 型梯板支承方式

梯板类型	层间平板端	踏步段端（在楼层高度）	楼层平板端
FT	三边支承		三边支承
GT	单边支承		三边支承
HT	三边支承		单边支承
JT	单边支承		单边支承
KT	三边支承	单边支承（在楼梯间内的梯梁上）	
LT	单边支承	单边支承（在楼梯间内的梯梁上）	

（4）FT～LT 型梯板上部纵向与横向配筋、下部纵向与横向配筋、上部横向配筋的外伸长度，均由设计者按照 FT～LT 型楼梯的平面注写方式分别注明；梯板的分布钢筋由设计者注写在楼梯平面图的图名下方。梯板上部纵向配筋向跨内延伸的水平投影长度详见相应的标准构造详图，设计不标注，但设计者应予以校核；当标准构造详图规定的水平投影长度不满足具体工程要求时，应由设计者另行注明。

3. 平面注写方式

（1）平面注写方式，系在楼梯平面布置图上注写截面尺寸和配筋具体数值的方式来表达楼梯平法施工图。

（2）平面注写内容，包括集中标注和外围标注。集中标注表达梯板的类型代号及序号、梯板的竖向几何尺寸和配筋；外围标注表达梯板的平面几何尺寸以及楼梯间的平面尺寸。具体要求详见本图集“AT～JT 型楼梯平面注写方式与适用条件”。

注：在“AT～JT 型楼梯平面注写方式与适用条件”的同一页上，既有设计者按楼梯平法施工图设计的具体规则，也有施工、监理等人员按其相应的楼梯构造详图进行施工、监理的依据。

（3）在楼梯平法施工图上需绘制楼梯竖向布置简图，其所标注的内容包括：各跑梯板类型代号及序号（AT～FT）、各层梯板类型代号及序号（ET～LT）、楼层平台板代号及序号（AT～ET、KT、LT）、层间平台板代号及序号（AT～DT）、楼层结构标高、层间结构标高等。

4. 各种型号楼梯注写方式

（1）AT 型楼梯平面注写方式如图 1-18 所示。其中：集中注写的内容有 4 项，第 1 项为梯板类型代号与序号 ATXX，第 2 项为梯板厚度 h，第 3 项为踏步段总高度 H_s [$=h_s\times(m+1)$，式中 h_s 为踏步高，$m+1$ 为踏步数目]，第 4 项为梯板配筋；梯板的分布钢筋注写在图名的下方。

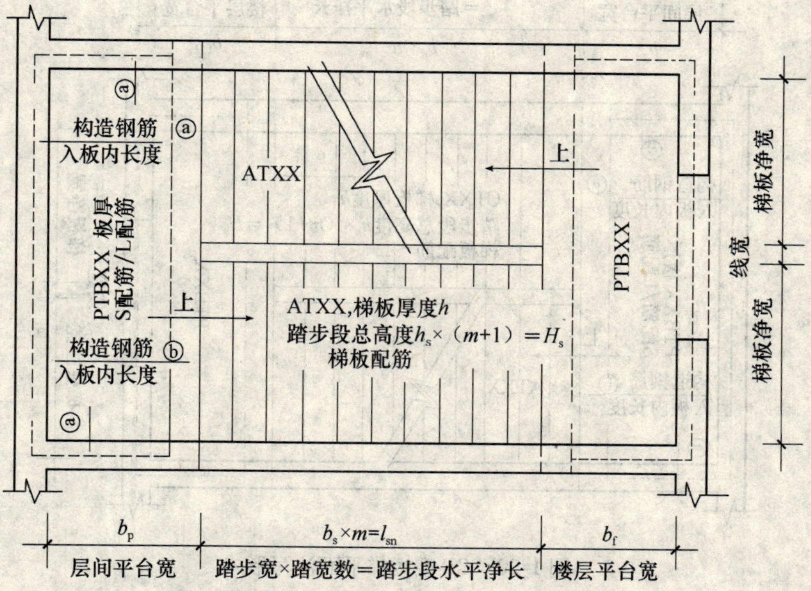

图 1-18　AT 型楼梯平面注写方式

（2）BT 型楼梯平面注写方式如图 1-19 所示。其中：集中注写的内容有 4 项，第 1 项为梯板类型代号与序号 BTXX，第 2 项为梯板厚度 h，第 3 项为踏步段总高度 H_s [$=h_s\times(m+1)$，式中 h_s 为踏步高，$m+1$ 为踏步数目]，第 4 项为梯板配筋；梯板的分布钢筋注写在图名的下方。

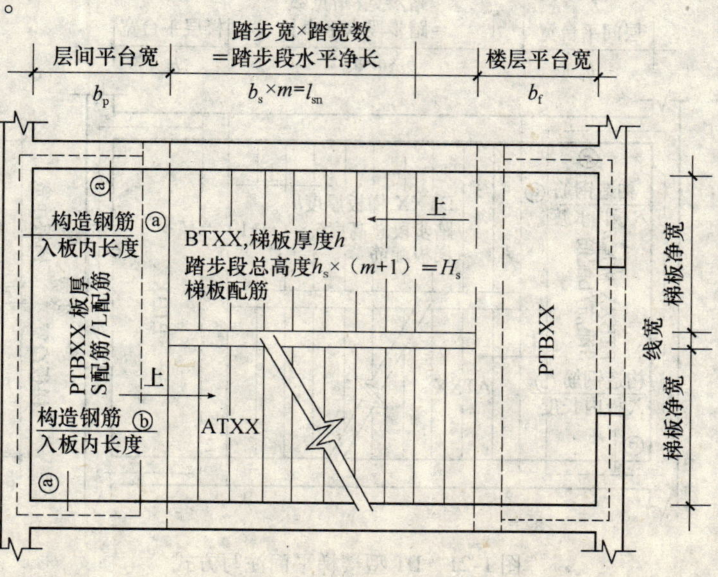

图 1-19　BT 型楼梯平面注写方式

(3) CT 型楼梯平面注写方式如图 1-20 所示。其中：集中注写的内容有 4 项，第 1 项为梯板类型代号与序号 CTXX，第 2 项为梯板厚度 h，第 3 项为踏步段总高度 H_s［$=h_s\times(m+1)$，式中 h 为踏步高，$m+1$ 为踏步数目］，第 4 项为梯板配筋；梯板的分布钢筋注写在图名的下方。

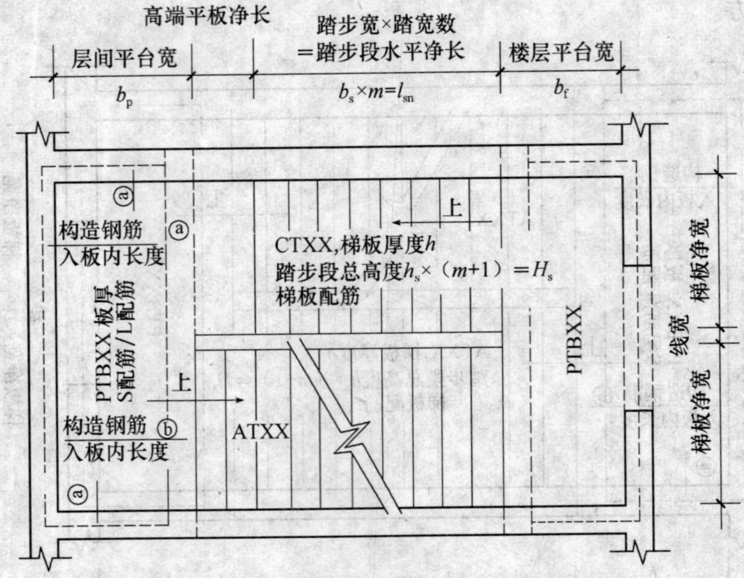

图 1-20　CT 型楼梯平面注写形式

(4) DT 型楼梯平面注写方式如图 1-21 所示。其中：集中注写的内容有 4 项，第 1 项为梯板类型代号与序号 DTXX，第 2 项为梯板厚度 h，第 3 项为踏步段总高度 H_s［$h_s\times(m+1)$，式中 h_s 为踏步高，$m+1$ 为踏步数目］，第 4 项为梯板配筋；梯板的分布钢筋注写在图名的下方。

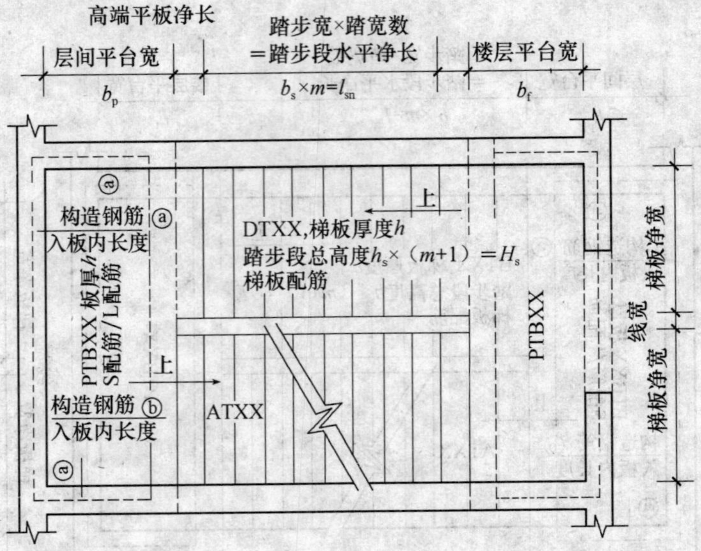

图 1-21　DT 型楼梯平面注写方式

（5）ET 型楼梯平面注写方式如图 1-22 所示。其中：集中注写的内容有 4 项，第 1 项为梯板类型代号与序号 ETXX，第 2 项为梯板厚度 h，第 3 项为踏步段总高度 H_s [$=h_s\times(m_l+m_h+2)$，式中：h_s 为踏步高，m_l+1 为低端踏步段踏步数目，m_h+1 为高端踏步段踏步数目]，第 4 项为梯板配筋；梯板的分布钢筋注写在图名的下方。

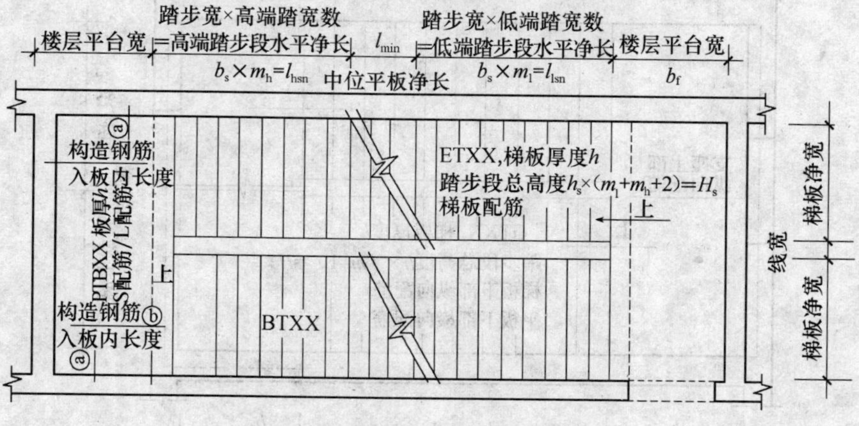

图 1-22 ET 型楼梯平面注写方式

（6）FT 型楼梯平面注写方式如图 1-23 所示。其中：集中注写的内容有 5 项，第 1 项为梯板类型代号与序号 FTXX；第 2 项为梯板厚度 h；第 3 项为踏步段总高度 H_s [$=h_s\times(m+1)$，式中 h_s 为踏步高，$m+1$ 为踏步数目]；第 4 项为梯板下部纵向配筋；第 5 项为平板下部横向配筋。原位注写的内容为楼层与层间平板支座上部纵向与横向配筋，横向配筋的外伸长度。当加注“通长”二字时，则表示平板上部横向钢筋贯通配置。

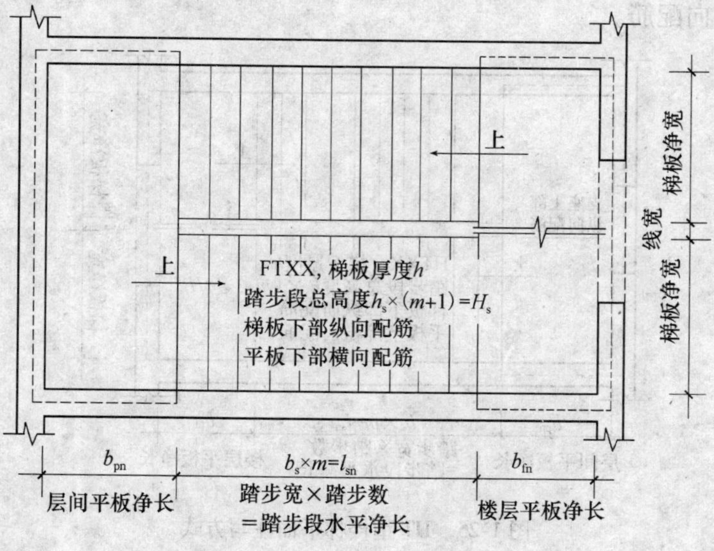

图 1-23 FT 型楼梯平面注写方式

（7）GT 型楼梯平面注写方式如图 1-24 所示。其中：集中注写的内容有 5 项：第 1 项为梯板类型代号与序号 GTXX；第 2 项为梯板厚度 h；第 3 项为踏步段总高度 H_s [$=h_s\times(m+1)$，式中 h_s 为踏步高，$m+1$ 为踏步数目]，第 4 项为梯板下部纵向配筋；第 5 项为楼层平板下部横向配筋。原位注写的内容为楼层与层间平板支座上部纵向配筋，楼层平板支座上部横向配筋及外伸长度。当楼层平板上部横向钢筋贯通配置时，仅需在一侧支座标注，并加注“通长”二字，对面一侧支座不注，梯板的分布钢筋注写在图名下方。

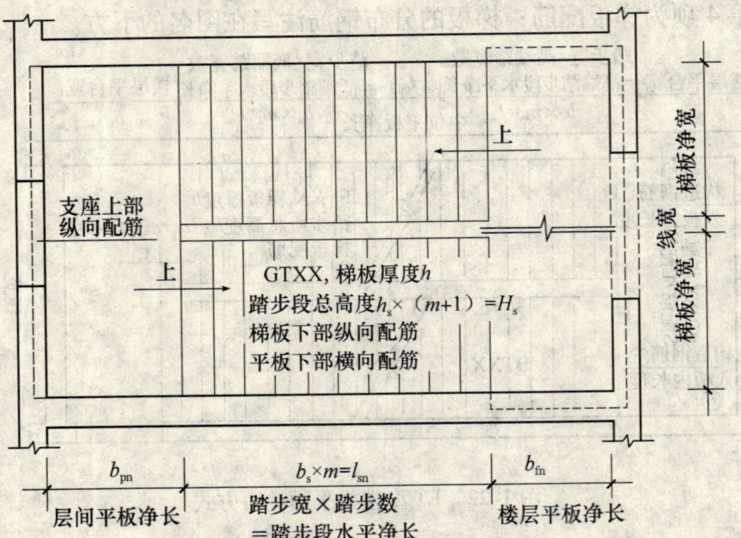

图 1-24 GT 型楼梯平面注写方式

（8）HT 型楼梯平面注写方式如图 1-25 所示。其中：集中注写的内容有 5 项，第 1 项为梯板类型代号与序号 HTXX；第 2 项为梯板厚度 h；第 3 项为踏步段总高度 H_s [$=h_s\times(m+1)$，式中 h_s 为踏步高，$m+1$ 为踏步数目]，第 4 项为梯板下部纵向配筋；第 5 项为层间平板下部横向配筋。

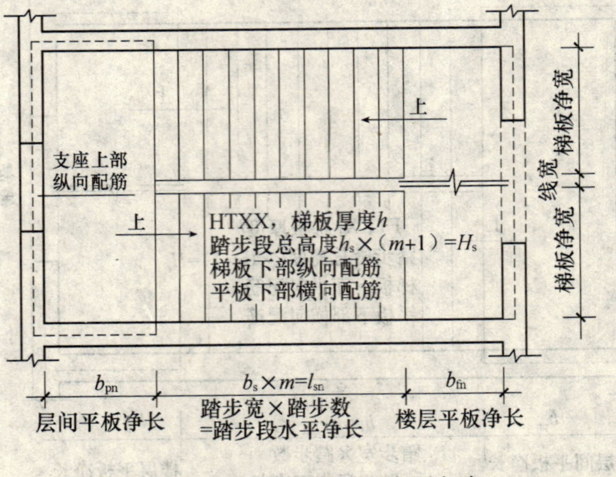

图 1-25 HT 型楼梯平面注写方式

原位注写的内容为楼层与层间平板支座上部纵向配筋，层间平板支座上部横向配筋及外伸长度。当层间平板上部横向配筋贯通配置时，仅需在一侧支座标注，并加注“通长”二字，对面一侧支座不标注，梯板的分布钢筋注写在图名的下方。

（9）JT 型楼梯平面注写方式如图 1-26 所示。其中：集中注写的内容有 4 项，第 1 项为梯板类型代号与序号 JTXX；第 2 项为梯板厚度 h；第 3 项为踏步段总高度 H_s [$=h_s\times(m+1)$，式中 h_s 为踏步高，$m+1$ 为踏步数目]，第 4 项为梯板下部纵向配筋。原位注写的内容为楼层与层间平板支座上部纵向配筋，梯板的分布钢筋注写在图名的下方。

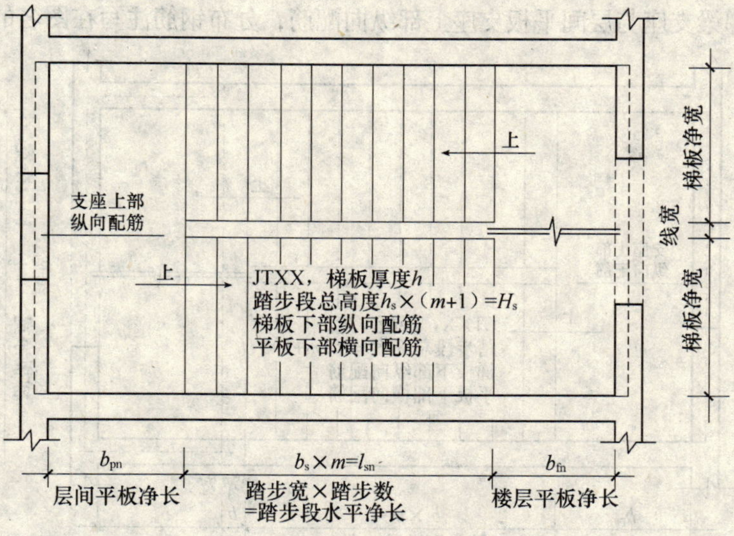

图 1-26　JT 型楼梯平面注写方式

（10）KT 型楼梯平面注写方式如图 1-27 所示。其中：集中注写的内容有 5 项，第 1 项为梯板类型代号与序号 KTXX；第 2 项为梯板厚度 h；第 3 项为踏步段总高度 H_s[$=h_s\times(m+1)$，式中 h_s 为踏步高，$m+1$ 为踏步数目]；第 4 项为梯板下部纵向配筋；第 5 项为层间平板下部横向配筋。原位注写的内容为踏步段楼层梯梁支座及层间平板支座上部纵向配筋，层间平板支座横向配筋及外伸长度。当层间平板上部横向配筋贯通配置时，仅需在一侧支座标注，并加注“通长”二字，对面一侧支座不注，分布钢筋注写在图名的下方。

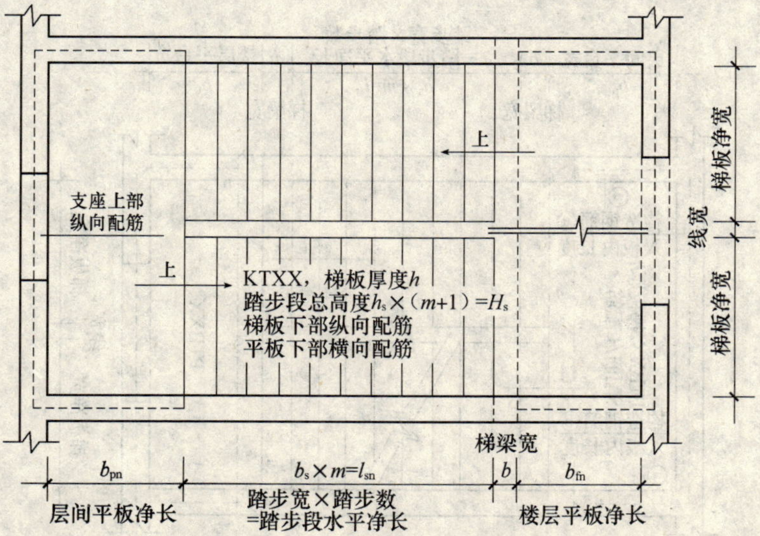

图 1-27　KT 型楼梯平面注写方式

（11）LT 型楼梯平面注写方式如图 1-28 所示。其中：集中注写的内容有 4 项，第 1 项为梯板类型代号与序号 LTXX；第 2 项为梯板厚度 h；第 3 项为踏步段总高度 H_s［$=h_s\times(m+1)$，式中 h_s 为踏步高，$m+1$ 为踏步数目］；第 4 项为梯板下部纵向配筋。原位注写的内容为踏步段楼层梯梁支座与层间平板支座上部纵向配筋，分布钢筋注写在图名的下方。

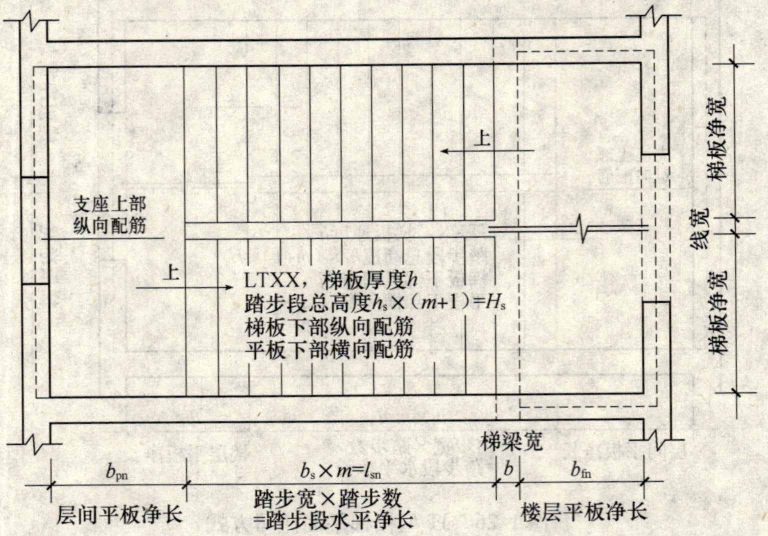

图 1-28　LT 型楼梯平面注写方式

楼层、层间平台板的平面注写方式如图 1-29 所示。其中：在板中部注写的内容有 4 项，第 1 项为平台板代号与序号 PTBXX；第 2 项为平台板厚度 h；第 3 项为平台板下部短跨方向配筋（S 配筋）；第 4 项为平台板下部长跨方向配筋（L 配筋）。S 配筋与 L 配筋用斜线分隔。在板内四周原位注写的内容为构造配筋与伸入板内的长度。平台板的分布钢筋继楼梯板分布钢筋之后注写在图名的下方。

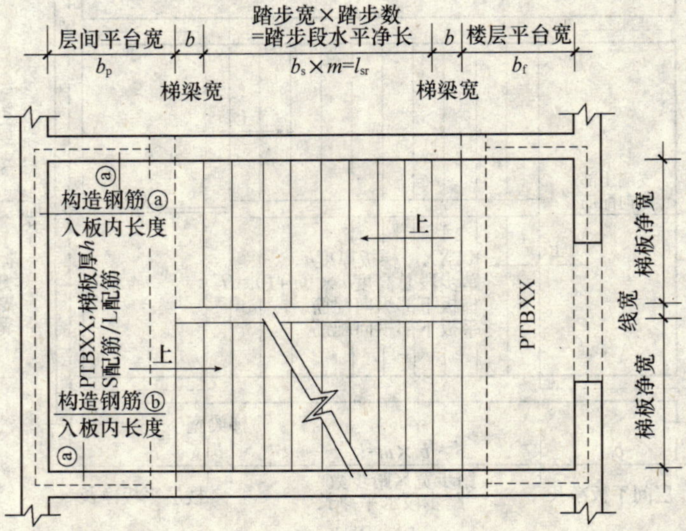

图 1-29　楼层、层间平台板的平面注写方式

（五）钢筋混凝土筏形基础

04G101—3图集适用于钢筋混凝土筏形基础施工图设计和施工，其中包括基础以上的主体结构为混凝土结构、钢结构、砌体结构及混合结构根部与基础的连接。

按平法设计绘制结构施工图按照各类构件的平法制图规则，在基础平面布置图上直接表示各构件的尺寸、配筋和所选用的标准构造详图。在平面布置图上表示筏形基础的尺寸和配筋，以平面注写方式为主，截面注写方式为辅。

按平法设计绘制的筏形基础施工图是将所有的构件进行编号，编号中含有类型代号和序号等，其主要作用是指明所选用的标准构造详图。在标准构造详图上，已经按照其所属构件类型注明代号，以明确该详图与平法施工图中相同构件的互补关系，使两者结合构成完整的基础结构设计施工图。

按平法设计绘制的基础结构施工图，是采用表格或其他方式注明筏形基础平板的底面标高，当基础平板的底面标高多于一个时，还指定了其中的一个标高为基准标高，其余不同标高应注明其相对正负关系及其所在范围。

梁板式筏形基础平法施工图，即在基础平面布置图上采用平面注写方式进行表达。

绘制出的基础平面布置图，已将其所支承的混凝土结构、钢结构、砌体结构及混合结构的柱、墙平面与基础平面一起绘制出来。

按规定注明的筏形基础平板的底面标高，是通过选注基础梁底面与基础平板底面的标高高差来表达两者间的位置关系，可以明确其“高板位”（梁顶与板顶相平）、“低板位”（梁底与板底相平）以及“中板位”（板在梁的中部）三种不同位置组合的筏形基础。

对于轴线未居中的基础梁，图纸标注其偏心定位尺寸。

1. 梁板式筏形基础构件的类型与编号

梁板式筏形基础由基础主梁，基础次梁，基础平板等构成，编号方式见表1-44。

表1-44　梁板式筏形基础构件编号

构件类型	代　号	序　号	跨数及有否外伸
基础主梁（柱下）	JZL	XX	（XX）或（XXA）或（XXB）
基础次梁	JCL	XX	（XX）或（XXA）或（XXB）
梁板筏形基础平板	LPB	XX	

注：1.（XXA）为一端有外伸，（XXB）为两端有外伸，外伸不计入跨数。

例：JZL7（5B）表示第7号基础主梁5跨，两端有外伸。

2. 对于梁板式筏形基础平板，其跨数及是否有外伸分别在X、Y两向的贯通纵筋之后表达。图面从左至右为X向，从下至上为Y向。

（1）基础主梁与基础次梁的平面标注

1）基础主梁JZL与基础次梁JCL的平面注写，分集中标注与原位标注两部分内容。

2）基础主梁JZL与基础次梁JCL的集中标注，在第一跨（X向为左端跨，Y向为下端跨）引出，标注内容如下：

①注写基础梁的编号。

②注写基础梁的截面尺寸。以 $b \times h$ 表示梁截面宽度与高度；当为加腋梁时，用$b \times h$ Y$c_1 \times c_2$ 表示，其中 c_1 为腋长，c_2 为腋高。

3）注写基础梁的箍筋。

①当具体设计采用一种箍筋间距时，注写钢筋级别、直径、间距与肢数（写在括号内）。

②当具体设计采用两种或三种箍筋间距时，先注写梁两端的第一种或第一二种箍筋，并在前面加注箍筋道数；再依次注写跨中部的第二种或第三种箍筋（不需加注箍筋道数）；不同箍筋配置用斜线“/”相分隔。

例：11Φ14@150/250（6），表示箍筋为Φ14，从梁端到跨内，间距150mm设置11道（即分布范围为150mm×10=1500mm），其余间距为250mm，均为六肢箍。

例：9Φ16@100/12Φ16@150/Φ16@200（6），表示箍筋为Φ16，从梁端向跨内，间距100mm设置9道，间距150mm设置12道，其余间距为200mm，均为六肢箍。

施工时应注意：两向基础主梁相交的柱一区域，应有一向截面较高的基础主梁按梁端箍筋全面贯通设置。

4）注写基础梁的底部与顶部贯通纵筋。具体内容为：

①先注写梁底部贯通纵筋（B打头）的规格与根数（不应少于底部受力钢筋总截面面积的1/3）。当跨中所注根数少于箍筋肢数时，需要在跨中加设架立筋以固定箍筋，注写时，用加号“+”将贯通纵筋与架立筋相连，架立筋注写在加号后面的括号内。

②再注写顶部贯通纵筋（T打头）的配筋值。注写时用分号“；”将底部与顶部纵筋分隔开来，如有个别跨与其不同者，按有关原位注写的规定处理。

例：B4Φ32；T7Φ32表示梁的底部配置4Φ32的贯通纵筋，梁的顶部配置7Φ32的贯通纵筋。

③当梁底部或顶部贯通纵筋多于一排时，用斜线“/”将各排纵筋自上而下分开。

例：梁底部贯通纵筋注写为B8Φ28　3/5，则表示上一排纵筋为3Φ28，下一排纵筋为5Φ28。

a. 基础主梁与基础次梁的底部贯通纵筋，可在跨中1/3跨度范围内采用搭接连接、机械连接或对焊连接。

b. 基础主梁的顶部贯通纵筋，可在距柱根1/4跨度范围内采用搭接连接，或在柱根附近采用机械连接或对焊连接（均应严格控制接头百分率）。

c. 基础次梁的顶部贯通纵筋，每跨两端应锚入基础主梁内，或在距中间支座（基础主梁）1/4跨度范围采用机械连接或对焊连接（均应严格控制接头百分率）。

5）注写基础梁的侧面纵向构造钢筋。当梁腹板高度 $h_w \geq 450$mm 时，根据需要配置纵向构造钢筋。设置在梁两个侧面的总配筋值以大写字母G打头注写，且对称配置。

例：G8Φ16，表示梁的两个侧面共配置8Φ16的纵向构造钢筋，每侧各配置4Φ16。

当基础梁一侧有基础板，另一侧无基础板时，梁两个侧面的纵向构造钢筋以G打头分别注写并用“+”号相连。

例：G6Φ16+4Φ16，表示梁腹板高度 h_w 较高侧面配置6Φ16，另一侧面配置4Φ16

纵向构造筋。

6）注写基础梁底面标高高差（系指相对于筏形基础平板底面标高的高差值），该项为选注值。有高差时须将高差写入括号内（如“高板位”与“中板位”基础梁的底面与基础平板底面标高的高差值），无高差时不注（如“低板位”筏形基础的基础梁）。

（2）基础主梁与基础次梁的原位标注

1）注写梁端（支座）区域的底部全部纵筋，包括已经集中注写过的贯通纵筋在内的所有纵筋。

①当梁端（支座）区域的底部纵筋多于一排时，用斜线“/”将各排纵筋自上而下分开。

例：梁端（支座）区域底部纵筋注写为 10Φ25　4/6，则表示上一排纵筋为 4Φ25，下一排纵筋为 6Φ25。

②当同排纵筋有两种直径时，用加号“+”将两种直径的纵筋相连。

例：梁端（支座）区域底部纵筋注写为 4Φ28+2Φ25，表示一排纵筋由两种不同直径钢筋组合。

③当梁中间支座两边的底部纵筋配置不同时，须在支座两边分别标注；当梁中间支座两边的底部纵筋相同时，可仅在支座的一边标注配筋值。

施工时应注意：当底部贯通纵筋经原位修正注写后，两种不同配置的底部贯通纵筋应在两毗邻跨中配置较小一跨的跨中连接区域连接（即配置较大一跨的底部贯通纵筋须越过其跨数终点或起点伸至毗邻跨的跨中连接区域。具体位置见标准构造详图）。

④当梁端（支座）区域的底部全部纵筋与集中注写过的贯通纵筋相同时，可不再重复做原位标注。

2）注写基础梁的附加箍筋或吊筋（反扣）。将其直接画在平面图中的主梁上，用线引注总配筋值（附加箍筋的肢数注在括号内），当多数附加箍筋或吊筋（反扣）相同时，可在基础梁平法施工图上统一注明，少数与统一注明值不同时，再原位引注。

施工时应注意：附加箍筋或吊筋（反扣）的几何尺寸应按照标准构造详图，结合其所在位置的主梁和次梁的截面尺寸而定。

3）当基础梁外伸部位为变截面高度时，在该部位原位注写 $b \times h_1/h_2$，h_1 为根部截面高度，h_2 为尽端截面高度。

4）注写修正内容。当在基础梁上集中标注的某项内容（如梁截面尺寸、箍筋、底部与顶部贯通纵筋或架立筋、梁侧面纵向构造钢筋、梁底面标高高差等）不适用于某跨或某外伸部分时，则将其修正内容原位标注在该跨或该外伸部位，根据“原位标注取值优先”原则，施工时应按原位标注数值取用。当在多跨基础梁的集中标注中已注明加腋，而该梁某跨根部不需要加腋时，则应在该跨原位标注等截面的 $b \times h$，以修正集中标注中的加腋信息。

（3）基础梁底部非贯通纵筋的长度规定

1）为方便施工，凡基础主梁柱下区域和基础次梁支座区域底部非贯通纵筋的延伸长度 a_0 值，当配置不多于两排时，在标准构造详图中统一取值为自柱中线向跨内延伸至 $l_0/3$

位置，且对于基础主梁不小于$1.2l_a+h_b+0.5h_c$（h_b为基础主梁截面高度，h_c为沿基础梁跨度方向的柱截面高度），对于基础次梁不小于$1.2l_a+h_b+0.5b_b$（h_b为基础次梁截面高度，b_b为基础次梁支座的基础主梁宽度）；当非贯通纵筋配置多于两排时，从第三排起向跨内的延伸长度值由设计者注明。l_0的取值规定为：对于基础主梁边柱和基础次梁端支座的底部非贯通纵筋，l_0取本边跨的中心跨度值；对于基础主梁中柱的底部非贯通纵筋，l_0取中柱中线两边较大一跨的中心跨度值；对于基础次梁中间支座的底部非贯通纵筋，l_0取中间支座两边较大一跨的中心跨度值。

2）基础主梁与基础次梁外伸部位底部纵筋的延伸长度a_0值，当配置不多于两排时，在标准构造详图中统一取值为：第一排延伸至梁端头后，全部上弯封边；第二排延伸至梁端头截断。

（4）梁板式筏形基础平板的平面注写

1）梁板式筏形基础平板LPB的平面注写，分板底部与顶部贯通纵筋的集中标注与板底部附加非贯通纵筋的原位标注两部分内容。当仅设置贯通纵筋而未设置附加非贯通纵筋时，则仅做集中标注。

2）梁板式筏形基础平板LPB贯通纵筋的集中标注，应在所表达的板区双向均为第一跨（X与Y双向首跨）的板上引出（图面从左至右为X向，从下至上为Y向）。

板区划分条件：①当板厚不同时，相同板厚区域为一板区。②当因基础梁跨度、间距、板底标高等不同，设计者对基础平板的底部与顶部贯通纵筋分区域采用不同配置时，配置相同的区域为一板区。各板区分别进行集中标注。

集中标注的内容，规定如下：

a. 注写基础平板的编号。

b. 注写基础平板的截面尺寸。注写h=XXXX表示板厚。

c. 注写基础平板的底部与顶部贯通纵筋及其总长度。

注写在先的是X向底部（B打头）贯通纵筋与顶部（T打头）贯通纵筋及其纵向长度范围；然后是Y向底部（B打头）贯通纵筋与顶部（T打头）贯通纵筋及其纵向长度范围（图面从左至右为X向，从下至上为Y向）。

贯通纵筋的总长度注写在括号中，注写方式为“跨数及有无外伸”，其表达形式为：（XX）（无外伸）、（XXA）（一端有外伸）或（XXB）（两端有外伸）。

3）基础平板的跨数以构成柱网的主轴线为准；两主轴线之间无论有几道辅助轴线（例如框筒结构中混凝土内筒中的多道墙体），均可按一跨考虑。

例：X：BΦ22@150；TΦ20@150；（5B）

　　Y：BΦ20@200；TΦ18@200；（7A）

表示基础平板X向底部配置Φ22间距150mm的贯通纵筋，顶部配置Φ20间距150mm的贯通纵筋，纵向总长度为5跨两端有外伸；Y向底部配置Φ20间距200mm的贯通纵筋，顶部配置Φ18间距200mm的贯通纵筋，纵向总长度为7跨一端有外伸。

4）当某向底部贯通纵筋或顶部贯通纵筋的配置，在跨内有两种不同间距时，先注写跨内两端的第一种间距，并在前面加注纵筋根数（以表示其分布的范围）；再注写跨中部的第二种间距（不需加注根数）；两者用“/”分隔。

例：X：B12Φ22@200/150；T10Φ20@200/150 表示基础平板 X 向底部配置Φ22 的贯通纵筋，跨两端间距为 200mm 配 12 根，跨中间距为 150mm；X 向顶部配置Φ20 的贯通纵筋，跨两端间距为 200mm 配 10 根，跨中间距为 150mm（纵向总长度略）。

施工时应注意的事项：当基础平板分板区进行集中标注，且相邻板区板底相平时，两种不同配置的底部贯通纵筋应在两毗邻板跨中配置较小板跨的跨中连接区域连接（即配置较大板跨的底部贯通纵筋须越过板区分界线伸至毗邻板跨的跨中连接区域，具体位置见标准构造详图）。

5）梁板式筏形基础平板 LPB 的原位标注，主要表达横跨基础梁下（板支座）的板底部附加非贯通纵筋，规定如下：

①原位注写位置：在配置相同的若干跨的第一跨下注写。

②注写内容：在规定位置水平垂直穿过基础梁绘制的一段中粗虚线代表底部附加非贯通纵筋，在虚线上注写编号、钢筋级别、直径、间距与横向布置的跨数及是否布置到外伸部位（横向布置的跨数及是否布置到外伸部位注在括号内），以及自基础梁中线分别向两边跨内的纵向延伸长度值。当该筋向两侧对称延伸时，可仅在一侧标注，另一侧不标注；当布置在边梁下时，向基础平板外伸部位一侧的纵向延伸长度与方式可按标准构造施工。底部附加非贯通筋相同者，仅在一根钢筋上注写，其他可在中粗虚线上注写编号。横向布置的跨数及是否布置到外伸部位的表达形式为：（XX）（外伸部位无横向布置或无外伸部位）、（XXA）（一端外伸部位有横向布置）或（XXB）（两端外伸部位均有横向布置）。横向连续布置的跨数及是否布置到外伸部位，不受集中标注贯通纵筋的板区限制。

例：某 3 号基础主梁 JZL3（7B），7 跨，两端有外伸。在该梁第一跨原位注写基础平板底部附加非贯通纵筋Φ18@300（4A），在第五跨原位注写底部附加非贯通纵筋Φ20@300（3A），表示底部附加非贯通纵筋第一跨至第四跨且包括第一跨的外伸部位横向配置相同，第五跨至第七跨且包括第七跨的外伸部位横向配置相同。

原位注写的底部附加非贯通纵筋，分以下几种方式：

a. “隔一布一”方式：基础平板（X 向或 Y 向）底部附加非贯通纵筋与贯通纵筋交错插空布置，其标注间距与底部贯通纵筋相同（两者实际组合后的间距为各自标注间距的 1/2）。当贯通筋为底部纵筋总截面面积的 1/2 时，附加非贯通纵筋直径与贯通纵筋直径相同；当贯通筋介于底部纵筋总截面面积的 1/2 与 1/3 之间时，附加非贯通纵筋直径大于贯通纵筋直径。

例：原位注写的基础平板底部附加非贯通纵筋为：⑤Φ22@300（3），该 3 跨范围集中标注的底部贯通纵筋应为 BΦ22@300（注写在“；”号前），在该 3 跨实际横向设置的底部纵筋合计为Φ22@150，其中 1/2 为⑤号附加非贯通纵筋，1/2 为贯通纵筋（延伸长度值略）。其他与⑤号筋相同的底部附加非贯通纵筋可仅注编号⑤。

例：原位注写的基础平板底部附加非贯通纵筋为：②Φ25@300（4），该 4 跨范围集中标注的底部贯通纵筋应为 BΦ22@300（注写在“；”号前），表示该 4 跨实际横向设置的底部纵筋为（1Φ25+1Φ22）/300，彼此间距为 150mm，其中 56%为②号附加非贯通纵筋，44%为贯通纵筋（延伸长度值略）。

b. “隔一布二”方式：基础平板（X向或Y向）底部附加非贯通纵筋为每隔一根贯通纵筋布置两根，其间距有两种，且交替布置，并用两个“@”符分隔；其中较小间距为较大间距的1/2，为贯通纵筋间距的1/3（当贯通筋为底部纵筋总截面面积的1/3时，附加非贯通纵筋直径与贯通纵筋直径相同；当贯通筋介于底部纵筋总截面面积的1/2与1/3之间时，附加非贯通纵筋直径小于贯通纵筋直径）。

例：原位注写的基础平板底部附加非贯通纵筋为：⑤Φ20@100@200（2），该两跨范围集中标注的底部贯通纵筋为BΦ20@300（在“;”号前），表示在该两跨实际横向设置的底部纵筋为Φ20@100，其中2/3为⑤号附加非贯通纵筋，1/3为贯通纵筋（延伸长度值略）。

其他部位与⑤号筋相同的附加非贯通纵筋可仅注编号⑤。

例：原位注写的基础平板底部附加非贯通纵筋为：①Φ20@120@240（3），该3跨范围集中标注的底部贯通纵筋为BΦ22@360（注写在“;”号前），表示在该3跨实际横向设置的底部纵筋为（2Φ20+1Φ22）/360，各筋间距为120mm（其中62%为①号附加非贯通纵筋，38%为贯通纵筋）。

“隔一布一”方式施工方便，仅通过调整纵筋直径即可实现贯通全跨的纵筋面积介于相应方向总配筋面积的1/3~1/2之间，因此，作为首选方式，经常被采用。

当底部附加非贯通纵筋布置在跨内有两种不同间距的底部贯通纵筋区域时，其间距应分别对应为两种，其注写形式应与贯通纵筋保持一致；即先注写跨内两端的第一种间距，并在前面加注纵筋根数（以表示其分布的范围）；再注写跨中部的第二种间距（不需加注根数）；两者用“/”分隔。

③注写修正内容：当集中标注的某些内容不适用于梁板式筏形基础平板某板区的某一板跨时，应由设计者在该板跨内以文字注明，施工时应按文字注明数值取用。

④当若干基础梁下基础平板的底部附加非贯通纵筋配置相同时（其底部、顶部的贯通纵筋可以不同），可仅在一根基础梁下做原位注写，并在其他梁上注明“该梁下基础平板底部附加非贯通纵筋同XX基础梁”。

（5）在图注中注明的其他内容

1）当在基础平板周边沿侧面设置纵向构造钢筋时，应在图注中注明。

2）应注明基础平板边缘的封边方式与配筋。

①当采用底部与顶部纵筋弯直钩封边方式时，注明底部与顶部纵筋各自设长直钩的纵筋间距（每筋必弯，或隔一弯一或其他）；

②当采用U形筋封边方式时，注明边缘U形封边筋的规格与间距；当不采用钢筋封边（侧面无筋）时，亦应注明。

3）当基础平板外伸为变截面高度时，应注明外伸部位的h_1/h_2，h_1为板根部截面高度，h_2为板尽端截面高度。

4）当某区域板底有标高高差时（系指相对于根据较大面积原则确定的筏形基础平板底面标高的高差），应注明其高差值与分布范围。

5）当基础平板厚度大于2m时，注明设置在基础平板中部的水平构造钢筋网。

6）当在板的分布范围内采用拉筋时，施工图注明拉筋的强度等级、直径、双向间距以及设置方式（双向或梅花双向）等。

7）当在基础平板外伸阳角部位设置放射筋时，施工图注明放射筋的强度等级、直径、根数以及设置方式等。

无论上部结构主体为抗震还是非抗震，梁板式筏形基础与板式筏形基础自身的钢筋连接与锚固在该图集均按非抗震处理。当上部结构为抗震时，柱（包括柱脚）和墙在基础内的插筋锚固按抗震处理。

2. *平板式筏形基础构件的类型与编号*

（1）平板式筏形基础制图规则

平板式筏形基础平法施工图即在基础平面布置图上采用平面注写方式表达。

（2）平板式筏形基础的构成与构件编号

平板式筏形基础由柱下板带，跨中板带构成；当设计不分板带时，则可按基础平板进行表达。平板式筏形基础构件编号按表1-45的规定。

表1-45　平板式筏形基础构件编号

构件类型	代　号	序　号	跨数及有否外伸
柱下板带	ZXB	XX	（XX）或（XXA）或（XXB）
跨中板带	KZB	XX	（XX）或（XXA）或（XXB）
平板筏形基础平板	BPB	XX	

（3）柱下板带、跨中板带的平面注写

1）柱下板带ZXB（视其为无箍筋的宽扁梁）与跨中板带KZB的平面注写，分板带底部与顶部贯通纵筋的集中标注与板带底部附加非贯通纵筋的原位标注两部分内容。

2）柱下板带与跨中板带的集中标注，应在第一跨（X向为左端跨，Y向为下端跨）引出，规定如下：

①注写编号。

②注写截面尺寸，注写 b = XXXX表示板带宽度（在图注中注明基础平板厚度）。确定柱下板带宽度应根据规范要求与结构实际受力需要。当柱下板带宽度确定后，跨中板带宽度亦随之确定（即相邻两平行柱下板带之间的距离）。当柱下板带中心线偏离柱中心线时，应在平面图上标注其定位尺寸。

③注写底部与顶部贯通纵筋，具体内容为：注写底部贯通纵筋（B打头）与顶部贯通纵筋（T打头）的规格与间距，用分号“;”将其分隔开来。对于柱下板带的柱下区域，通常在其底部贯通纵筋的间隔内插空设有（原位注写的）底部附加非贯通纵筋。

例：BΦ22@300；TΦ25@150表示板带底部配置Φ22间距300mm的贯通纵筋，板带顶部配置Φ25间距150mm的贯通纵筋。

柱下板带与跨中板带的底部贯通纵筋，可在跨中1/3范围内采用搭接连接、机械连接或对焊连接。

柱下板带的顶部贯通纵筋，可在柱下区域采用搭接连接、机械连接或对焊连接。

跨中板带的顶部贯通纵筋，可在柱网轴线附近1/3跨度内采用搭接连接、机械连接或对焊连接。

施工时应注意：当柱下板带的底部贯通纵筋配置在从某跨开始改变时，两种不同配置的底部贯通纵筋应在两毗邻跨中配置较小跨的跨中连接区域连接（即配置较大跨的底部贯通纵筋须越过其跨数终点或起点伸至毗邻跨的跨中连接区域）。

（4）柱下板带与跨中板带原位标注的内容

主要为底部附加非贯通纵筋，规定如下：

注写内容：以一段与板带同向的中粗虚线代表附加非贯通纵筋；对柱下板带，贯穿其柱下区域绘制；对跨中板带，横贯柱中线绘制。在虚线上注写底部附加非贯通纵筋的编号、钢筋级别、直径、间距以及自柱中线分别向两侧跨内的延伸长度值。当向两侧对称延伸时，长度值可仅在一侧标注，另一侧不标注。向外伸部位的延伸长度与方式按标准构造，设计不标注。对同一板带中底部附加非贯通纵筋相同者，可仅在一根钢筋上注写，其他可仅在中粗虚线上注写编号。

底部附加非贯通纵筋的原位注写，分下列几种方式：

1）“隔一布一”方式：柱下板带或跨中板带底部附加非贯通纵筋与贯通纵筋交错插空布置，其标注间距与底部贯通纵筋相同（两者实际组合后的间距为各自标注间距的1/2）。当贯通筋为底部纵筋总截面面积的1/2时，附加非贯通纵筋直径与贯通纵筋直径相同（当贯通筋介于1/2与1/3之间时，附加非贯通纵筋直径大于贯通纵筋直径）。

例：柱下区域注写底部附加非贯通纵筋③Φ22@300，集中标注的底部贯通纵筋也应为Φ22@300（注写在“;”号前），表示在柱下区域实际设置的底部纵筋为Φ22@150，其中1/2为③号附加非贯通纵筋，1/2为贯通纵筋（延伸长度值略）。其他部位与③号筋相同的附加非贯通纵筋仅注编号③。

例：柱下区域注写底部附加非贯通纵筋②Φ25@300，集中标注的底部贯通纵筋为BΦ22@300（注写在“;”号前），表示在柱下区域实际设置的底部纵筋为(1Φ25+1Φ22)/300，各筋间距为150mm，其中56%为②号附加非贯通纵筋，43%为贯通纵筋（延伸长度值略）。

2）“隔一布二”方式：柱下板带或跨中板带底部附加非贯通纵筋为每隔一根贯通纵筋布置两根，其间距有两种，且交替布置，并用两个“@”符分隔；其中较小间距为较大间距的1/2，为贯通纵筋间距的1/3。当贯通筋为底部纵筋总截面面积的1/3时，附加非贯通纵筋直径与贯通纵筋直径相同；当贯通筋介于1/2与1/3之间时，附加非贯通纵筋直径小于贯通纵筋直径。

例：柱下区域注写底部附加非贯通纵筋⑤Φ20@100@200，集中标注的底部贯通纵筋应为BΦ20@300（在“;”号前），表示在柱下区域实际设置的底部纵筋为Φ20@100，其中2/3为⑤号附加非贯通纵筋，1/3为贯通纵筋（延伸长度值略）。其他与⑤号筋相同的附加非贯通纵筋仅注编号⑤。

例：柱下区域注写底部附加非贯通纵筋①Φ20@100@200，集中标注的底部贯通纵筋为 B Φ22@300（注写在"；"号前），表示在柱下区域实际设置的底部纵筋为（2 Φ20 + 1 Φ22）/300，各筋间距为 100mm，其中 62% 为①号附加非贯通纵筋，38% 为贯通纵筋（延伸长度值略）。

3）当跨中板带在轴线区域不设置底部附加非贯通纵筋时，则不绘制代表附加非贯通纵筋的虚线，亦不做原位注写。

注写修正内容。当在柱下板带、跨中板带上集中标注的某些内容（如截面尺寸、底部与顶部贯通纵筋等）不适用于某跨或某外伸部分时，则将修正的数值原位标注在该跨或该外伸部位，根据"原位标注取值优先"原则，施工时应按原位标注数值取用。

（5）平板式筏形基础平板的平面注写

平板式筏形基础平板 BPB 的平面注写，分板底部与顶部贯通纵筋的集中标注与板底部附加非贯通纵筋的原位标注两部分内容。当仅设置底部与顶部贯通纵筋而未设置底部附加非贯通纵筋时，则仅做集中标注。

基础平板 BPB 的平面注写与柱下板带 ZXB、跨中板带 KZB 的平面注写为不同的表达方式，但可以表达同样的内容。当整片板式筏形基础配筋比较规律时，采用 BPB 表达方式。

（6）平板式筏形基础平板 BPB 的原位标注

主要表达横跨柱中心线下的底部附加非贯通纵筋。注写规定如下：

1）原位注写位置：在配置相同的若干跨的第一跨下注写。

2）注写内容：穿过基础梁绘制一段中粗虚线代表底部附加非贯通纵筋，在虚线上注写编号、钢筋级别、直径、间距与横向布置的跨数及是否布置到外伸部位（横向布置的跨数及是否布置到外伸部位标注在括号内），以及自基础梁中线分别向两边跨内的纵向延伸长度值。

3）当某些柱中心线下的基础平板底部附加非贯通纵筋横向配置相同时（其底部、顶部的贯通纵筋可以不同），可仅在一条中心线下做原位注写，并在其他柱中心线上注明"该柱中心线下基础平板底部附加非贯通纵筋同 XX 柱中心线"。

当底部附加非贯通纵筋横向布置在跨内有两种不同间距的底部贯通纵筋区域时，其间距分别为两种，其注写形式与贯通纵筋保持一致，即先注写跨内两端的第一种间距，并在前面加注纵筋根数，再注写跨中部的第二种间距（不需加注根数），两者用"/"分隔。

（7）平板式筏形基础平板 BPB 应在图中注明的其他内容

1）注明板厚：当整片平板式筏形基础有不同板厚时，应分别注明各板厚值及其各自的分布范围。

2）原位标注的注写位置：当柱中心线下的底部附加非贯通纵筋（与柱中心线正交）沿柱中心线连续若干跨配置相同时，则在该连续跨的第一跨下原位注写，且将同规格配筋连续布置的跨数注在括号内；当有些跨配置不同时，则应分别原位注写。外伸部位的底部附加非贯通纵筋应单独注写（当与跨内某筋相同时仅注写钢筋编号）。

3. 筏形基础相关构造制图规则

（1）筏形基础相关构造类型与表示方法

梁板式与平板式筏形基础相关构造的平法施工图设计即在基础平面布置图上采用直接引注方式表达。

筏形基础相关构造类型与编号按表1-46的规定。

表1-46　筏形基础相关构造类型与编号

构造类型	代　号	序　号	说　明
上柱墩	SZD	XX	平板筏基础上设置
下柱墩	XZD	XX	梁板、平板筏基础上设置
外包式柱脚	WZJ	XX	梁板、平板筏基础上设置
埋入式柱脚	MZJ -	XX	梁板、平板筏基础上设置
基　坑	JK	XX	梁板、平板筏基础上设置
后浇带	HJD	XX	梁板、平板筏基础上设置

注：1. 上柱墩在混凝土柱根部位，下柱墩在混凝土柱或钢柱柱根投影部位，均根据筏形基础受力与构造需要而设。

2. 外包式与埋入式柱脚为钢柱在筏形基础中的两种锚固构造方式。

（2）相关构造的直接引注

1）上柱墩直接引注的内容

上柱墩SZD系根据平板式筏形基础受剪或受冲切承载力的需要，在板顶面以上混凝土柱的根部设置的混凝土墩。上柱墩直接引注的内容如下：

①注写编号。

②注写几何尺寸。是按“柱墩向上凸出基础平板高度h_d \ 柱墩底部出柱边缘宽度c_1 \ 柱墩顶部出柱边缘宽度c_2”的顺序注写，其表达形式为“h_d \ c_1 \ c_2”。当为等截面柱墩$c_1=c_2$时，c_2不标注，表达形式为“h_d \ c_1”。无论SZD所包框架柱截面形状为矩形、圆形或多边形，c_1与c_2分别环绕柱截面等宽。

③注写配筋。按“竖向（$c_1=c_2$）或斜竖向（$c_1 \neq c_2$）纵筋的总根数、强度等级与直径 \ 箍筋强度等级、直径、间距与肢数（X向排列肢数$m \times$Y向排列肢数n）”的顺序注写（当分两行注写时，则可不用反斜线“\”），具体如下：

a. 当上柱墩为圆形截面时（包括等截面圆柱状与不等截面圆台状），所注纵筋总根数环柱截面均匀分布，并采用螺旋箍筋（L打头），其表达形式为：“XXΦxx \ Lϕxx@xxx”。

b. 当上柱墩为矩形截面时（包括等截面棱柱状与不等截面棱台状），所注纵筋总根数环正方形柱截面均匀分布，环非正方形柱截面相对均匀分布（均匀排列后距离角点较近的钢筋移至角点），其表达形式为：“XXϕxx \ ϕxx@xxx”。

例：SZD3，600 \ 350 \ 50，14Φ16 \ ϕ10@100（4×4），表示3号棱台状上柱墩；凸出基础平板顶面高度为600mm，底部出柱边缘宽度为350mm，顶部出柱边缘宽度为50mm；共配置14根Φ16斜向纵筋；箍筋直径10mm，间距100mm，X向与Y向各为4肢。

例：SZD1，600 \ 350 \ 50，16Φ16 \ Lϕ10@100，表示1号圆台状上柱墩；凸出基础平板面高度为600mm，底部出柱边缘宽度为350mm，顶部出柱边缘宽度为50mm；共配置

16 根Φ16 斜向纵筋，螺旋箍筋直径 10mm，间距 100mm。

2）下柱墩直接引注的内容

下柱墩 XZD 系根据平板式筏形基础受剪或受冲切承载力的需要，或根据梁板、平板式筏形基础埋入式钢柱柱脚的受力与构造需要，在柱的所在位置、基础平板底面以下设置的混凝土墩。下柱墩直接引注的内容规定如下：

①注写编号。

②注写几何尺寸。是按“柱墩向下凸出基础平板深度 h_d \ 柱墩顶部出柱投影宽度 c_1 \ 柱墩底部出柱投影宽度 c_2”的顺序注写，其表达形式为“h_d \ c_1 \ c_2”。当为等截面柱墩 $c_1=c_2$ 时，c_2 不标注，表达形式为“h_d \ c_1”。无论 XZD 所包框架柱是何种截面形状，c_1 与 c_2 分别环绕柱截面等宽。

③注写配筋。当下柱墩的水平截面为等截面（倒棱柱）时，按“X 方向底部纵筋 \ Y 方向底部纵筋 \ 水平箍筋”的顺序注写（图面从左至右为 X 方向，从下至上为 Y 方向），其表达形式为：“XΦxx@xxx \ YΦxx@xxx \ ϕxx@xxx”；当下柱墩为不等截面（倒棱台）时，其斜侧面由两向纵筋覆盖，不必配置水平箍筋，则其表达形式为：“XΦxx@xxx \ YΦxx@xxx”。

3）外包式柱脚直接引注内容

外包式柱脚 WZJ，用于钢结构柱与混凝土筏形基础的锚固构造。外包式柱脚直接引注的内容规定如下：

①注写编号。

②注写几何尺寸。按“柱脚向上凸出基础梁或基础平板顶面高度 h_j \ 柱脚出钢柱外轮廓线宽度 c_1”的顺序注写，其表达形式为：“h_j \ c_1”。无论钢柱是何种截面形状，c_1 环绕钢柱矩形或圆形截面（或异形截面的外接矩形）等宽。

③注写配筋。按“竖向纵筋总根数、强度等级与直径 \ 箍筋强度等级、直径与间距的顺序注写，其表达形式为：“XXΦxx \ ϕxx@xxx”；当为圆形柱脚（包圆形钢柱）时，采用螺旋箍筋，其表达形式为“XXΦxx \ Lϕxx@xxx”。当配置双层竖向纵筋时，用“+”号连接两层（外层+内层）竖向纵筋的配筋值；内、外层箍筋取同样配置，其表达形式为“XXΦxx+XXΦxx \ ϕxx@xxx”或“XXΦxx+XXΦxx \ Lϕxx@xxx”。

4）埋入式柱脚直接引注内容

埋入式柱脚 MZJ，用于钢结构柱与混凝土筏形基础的锚固构造。埋入式柱脚直接引注的内容规定如下：

①注写编号。

②注写几何尺寸。按“柱脚向下凸出基础梁或基础平板高度 h_j \ 柱脚暗柱出钢柱外轮廓线宽度 c_1”的顺序注写，其表达形式为：“h_j \ c_1”。无论钢柱是何种截面形状，c_1 环绕钢柱截面外接矩形或圆形等宽。

当基础平板板厚度 h 能够满足埋入式柱脚 MZJ 的受力要求及规范规定的埋入深度要求，不需要向下凸出基础平板底面时，其“$h_j=0$”，表达形式为“0 \ c_1”。

③注写配筋。按“竖向纵筋总根数、强度等级与直径 \ 箍筋强度等级、直径与间距的

顺序注写，其表达形式为："XX Φ xx \ ϕ xx@ xxx"；当为圆形柱脚（包圆形钢柱）时，采用螺旋箍筋，其表达形式为"XX Φ xx \ L ϕ xx@ xx/xxx"。

（六）现浇混凝土楼面与屋面板

04G101—4 图集适用于现浇混凝土楼面与屋面板的设计与施工。支承楼面与屋面板的主体结构可为非抗震和抗震设防烈度为 6 度至 9 度地区，抗震等级为特一级和一、二、三、四级的现浇混凝土框架、剪力墙、框架-剪力墙和框支剪力墙结构及砌体结构，但对于楼面与屋面板本身的各种构造则未考虑抗震措施。

1. 有梁楼盖板平法施工图表达方式

（1）有梁楼盖板平法施工图

在楼面板和屋面板布置图上，采用平面注写的表达方式。

（2）板平面注写内容

1）板块集中标注。

2）板支座原位标注。

（3）结构平面的坐标方向

1）当两向轴网正交布置时，图面从左至右为 X 方向，从下至上为 Y 方向。

2）当轴网转折时，局部坐标方向顺轴网转折角度做相应转折。

3）当轴网向心布置时，切向为 X 方向，径向为 Y 方向。

此外，对于平面布置比较复杂的区域，如轴网转折交界区域、向心布置的核心区域等，其平面坐标方向应由设计者另行规定并在图上明确表示。

（4）板块集中标注

1）板块集中标注的内容为板块编号、板厚、贯通纵筋以及当板面标高不同时的标高高差。

对于普通楼面，两向均以一跨为一板块；对于密肋楼盖，两向主梁（框架梁）均以一跨为一板块（非主梁密肋不计）。所有板块均逐一编号，相同编号的板块可择其一做集中标注，其他仅注写置于圆圈内的板编号以及当板面标高不同时的标高高差。

板块编号见表 1-47。

表 1-47　板块编号

板类型	代　号	序　号
楼面板	LB	XX
屋面板	WB	XX
延伸悬挑板	YXB	XX
纯悬挑板	XB	XX

注：延伸悬挑板的上部受力钢筋应与相邻跨内板的上部纵筋连通配置。

板厚注写为 h = XXX（为垂直于板面的厚度）；当悬挑板的端部改变截面厚度时，用斜线分隔根部与端部的高度值，注写为 h = XXX/XXX；当设计已在图注中统一注明板厚时，此项不标注。

贯通纵筋按板块的下部和上部分别注写（当板块上部不设贯通纵筋时则不标注），并以B代表下部，以T代表上部，B&T代表下部与上部；X向贯通纵筋以X打头，Y向贯通纵筋以Y打头，两向贯通纵筋配置相同时则以X&Y打头。当为单向板时，另一向贯通的分布筋可不注写，在图中统一注明。当在某些板内（例如在延伸悬挑板YXB或纯悬挑板XB的下部）配置有构造钢筋时，则X向以Xc，Y向以Yc打头注写。当Y向采用放射配筋时（切向为X向，径向为Y向），应注意配筋间距的度量位置。

板面标高高差，系指相对于结构层楼面标高的高差，注写在括号内，如不注则无高差。

例：有一楼面板块注写为：LB5　$h=110$

B：Xϕ12@120；Yϕ10@110

表示5号楼面板，板厚110mm，板下部配置的贯通纵筋X向为ϕ12@120，Y向为ϕ10@110；板上部未配置贯通纵筋。

例：设有一延伸悬挑板注写为：YXB2　$h=150/100$

B：Xc&Ycϕ8@200

表示2号延伸悬挑板，板根部厚150mm，端部厚100mm，板下部配置构造钢筋双向均为ϕ8@200（上部受力钢筋见板支座原位标注）。

2）同一编号板块的类型、板厚和贯通纵筋均应相同，但板面标高、跨度、平面形状以及板支座上部非贯通纵筋可以不同，如同一编号板块的平面形状可为矩形、多边形及其他形状等。施工预算时，应根据其实际平面形状，分别计算各块板的混凝土与钢材用量。

3）施工时应该注意：单向或双向连续板的中间支座上部同向贯通纵筋，不应在支座位置连接或分别锚固。当相邻两跨的板上部贯通纵筋配置相同，且跨中部位有足够空间连接时，可在两跨任意一跨的跨中连接部位连接；当相邻两跨的上部贯通纵筋配置不同时，应将配置较大者越过其标注的跨数终点或起点伸至相邻跨的跨中连接区域连接。

（5）板支座原位标注

1）板支座原位标注的内容为板支座上部非贯通纵筋和纯悬挑板上部受力钢筋。

板支座原位标注的钢筋应在配置相同跨的第一跨表达（当在梁悬挑部位单独配置时则在原位表达）。在配置相同跨的第一跨（或梁悬挑部位）垂直于板支座（梁或墙）绘制一段适宜长度的中粗实线（当该筋通长设置在悬挑板或短跨板上部时，实线段应画至对边或贯通短跨），以该线段代表支座上部非贯通纵筋；并在线段上方注写钢筋编号（如①、②等）、配筋值、横向连续布置的跨数（注写在括号内，且当为一跨时可不注），以及是否横向布置到梁的悬挑端。例如：（XX）为横向布置的跨数，（XXA）为横向布置的跨数及一端的悬挑部位，（XXB）为横向布置的跨数及两端的悬挑部位。

板支座上部非贯通筋自支座中线向跨内的延伸长度，注写在线段的下方位置。

当中间支座上部非贯通纵筋向支座两侧对称延伸时，可仅在支座一侧线段下方标注延伸长度，另一侧不标注，如图1-30所示。

当向支座两侧非对称延伸时，应分别在支座两侧线段下方注写延伸长度，如图1-31所示。

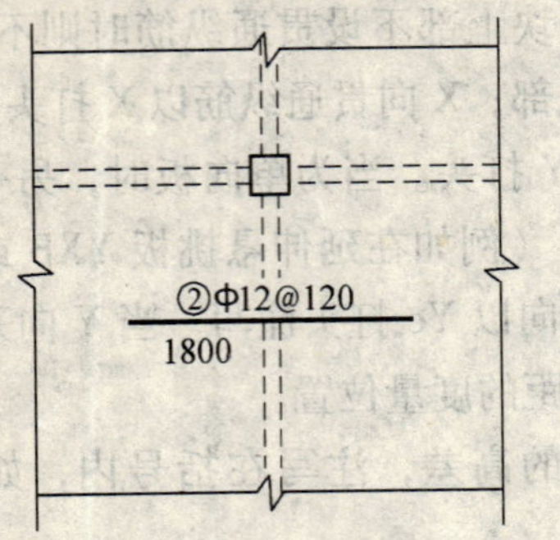

图 1-30　向支座两侧对称延伸

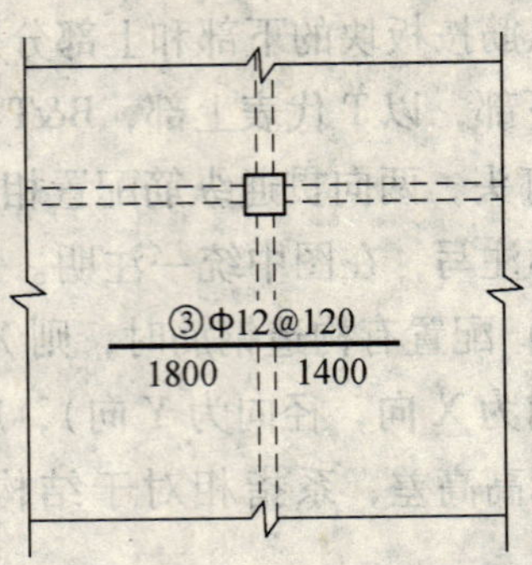

图 1-31　向支座两侧非对称延伸

对线段画至对边贯通全跨或贯通全悬挑长度的上部通长纵筋，贯通全跨或延伸至悬挑板一侧的长度值不注，只注明非贯通筋另一侧的延伸长度值，如图 1-32 所示。

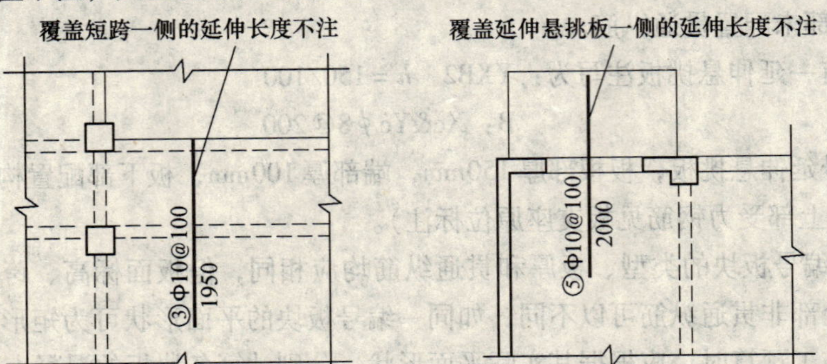

图 1-32　贯通全跨或延伸至悬挑板一侧

在板平面布置图中，不同部位的板支座上部非贯通纵筋及纯悬挑板上部受力钢筋，在一个部位注写，对其他相同者则需在代表钢筋的线段上注写编号及横向连续布置的跨数（当为一跨时可不注）。

例：在板平面布置图某部位，横跨支承梁绘制的对称线段上注有⑦ϕ12@100（5A）和1500，表示支座上部⑦号非贯通纵筋为ϕ12@100，从该跨起沿支承梁连续布置 5 跨加梁一端的悬挑端，该筋自支座中线向两侧跨内的延伸长度均为 1500mm。在同一板平面布置图的另一部位横跨梁支座绘制的对称线段上注有⑦（2）者，系表示该筋同⑦号纵筋，沿支承梁连续布置 2 跨，且无梁悬挑端布置。此外，与板支座上部非贯通纵筋垂直且绑扎在一起的构造钢筋或分布钢筋，由设计者在图中注明。

2）当板的上部已配置有贯通纵筋，但需增配板支座上部非贯通纵筋时，应结合已配置的同向贯通纵筋的直径与间距采取“隔一布一”方式配置。

“隔一布一”方式为非贯通纵筋的标注间距与贯通纵筋相同，两者组合后的实际间距为各自标注间距的 1/2。当设定贯通纵筋为纵筋总截面面积的 50% 时，两种钢筋应取相同直径；当设定贯通纵筋大于或小于总截面面积的 50% 时，两种钢筋则取不同直径。

例：板上部已配置贯通纵筋ϕ12@250，该跨同向配置的上部支座非贯通纵筋为⑤ϕ12

@250，表示在该支座上部设置的纵筋实际为ϕ12@125，其中1/2为贯通纵筋，1/2为⑤号非贯通纵筋。

例：板上部已配置贯通纵筋ϕ10@250，该跨配置的上部同向支座非贯通纵筋为③ϕ12@250，表示该跨实际设置的上部纵筋为（1ϕ10+1ϕ12）/250，实际间距为125mm，其中41%为贯通纵筋，59%为③号非贯通纵筋。

施工时应注意：当支座一侧设置了上部贯通纵筋（在板集中标注中以T打头），而在支座另一侧仅设置了上部非贯通纵筋时，如果支座两侧设置的纵筋直径、间距相同，应将二者连通，避免各自在支座上部分别锚固。

2. 无梁楼盖板平法施工图表达方式

（1）无梁楼盖板平法施工图

在楼面板和屋面板布置图上，采用平面注写的表达方式。

（2）板平面注写内容

1）板带集中标注。

2）板带支座原位标注。

（3）板带集中标注

1）集中标注应在板带贯通纵筋配置相同跨的第一跨（X向为左端跨，Y向为下端跨）注写。相同编号的板带可择其一做集中标注，其他仅注写板带编号（注在圆圈内）。

板带集中标注的具体内容为板带编号、板带厚及板带宽、箍筋和贯通纵筋。

板带编号见表1-48的规定。

表1-48　板带编号

板带类型	代　号	序　号	跨数及有无悬挑
柱上板带	ZSB	XX	（XX）、（XXA）或（XXB）
跨中板带	KZB	XX	（XX）、（XXA）或（XXB）

注：1. 跨数按柱网轴线计算（两相邻柱轴线之间为一跨）。

2. （XXA）为一端有悬挑，（XXB）为两端有悬挑，悬挑不计入跨数。

板带厚注写为h=XXX，板带宽注写为b=XXX。当无梁楼盖整体厚度和板带宽度已在图中注明时，此项可不注。

箍筋选注内容：当将柱上板带设计为暗梁时才注，注写内容包括钢筋级别、直径、间距与肢数（写在括号内）。当具体设计采用两种箍筋间距时，先注写板带近柱端的第一种箍筋，并在前面加注箍筋道数，再注写板带跨中的第二种箍筋（不需加注箍筋道数）；不同箍筋配置用斜线"/"相分隔。

贯通纵筋按板带下部和板带上部分别注写，并以B代表下部，T代表上部，B&T代表下部和上部。当采用放射配筋时，设计者应注明配筋间距的度量位置，必要时补绘配筋平面图。

例：设有一板带注写为：ZSB2（5A）　h=300　b=3000　BΦ16@100；TΦ18@200。系表示2号柱上板带，有5跨且一端有悬挑；板带厚300mm，宽3000mm；板带配置

贯通纵筋下部为Φ16@100，上部为Φ18@200。

例：设有一板带注写为：ZSB3（5A）$h=300$　$b=2500$　15ϕ10@100（10）/ϕ10@200（10）　BΦ16@100；TΦ18@200。

表示3号柱上板带，有5跨且一端有悬挑；板带厚300mm，宽2500mm；板带配置暗梁箍筋近柱端为ϕ10@100共15道，跨中为ϕ10@200，均为10肢箍；贯通纵筋下部为Φ16@100，上部为Φ18@200。

施工时应注意：相邻等跨板带上部贯通纵筋应在跨中1/3跨长范围内连接；当同向连续板带的上部贯通纵筋配置不同时，应将配置较大者越过其标注的跨数终点或起点伸至相邻跨的跨中连接区域连接。

2）当局部区域的板面标高与整体不同时，应在无梁楼盖的板平法施工图上注明板面标高高差及分布范围。

（4）板带支座原位标注

1）板带支座原位标注的具体内容为板带支座上部非贯通纵筋。

以一段与板带同向的中粗实线段代表板带支座上部非贯通纵筋；对柱上板带：实线段贯穿柱上区域绘制；对跨中板带：实线段横贯柱网轴线绘制。在线段上注写钢筋编号（如①、②等）、配筋值及在线段的下方注写自支座中线向两侧跨内的延伸长度。

当板带支座非贯通纵筋自支座中线向两侧对称延伸时，其延伸长度可仅在一侧标注；当配置在有悬挑端的边柱上时，该筋延伸到悬挑尽端，设计不注。当支座上部非贯通纵筋呈放射分布时，设计者应注明配筋间距的度量位置。

不同部位的板带支座上部非贯通纵筋相同者，可仅在一个部位注写，其余则在代表非贯通纵筋的线段上注写编号。

例：设有板平面布置图的某部位，在横跨板带支座绘制的对称线段上注有⑦Φ18@250，在线段一侧的下方注有1500。系表示支座上部⑦号非贯通纵筋为Φ18@250，自支座中线向两侧跨内的延伸长度均为1500mm。

2）当板带上部已经配有贯通纵筋，但需增加配置板带支座上部非贯通纵筋时，应结合已配同向贯通纵筋的直径与间距，采取"隔一布一"的方式。

例：设有一板带上部已配置贯通纵筋Φ18@240，板带支座上部非贯通纵筋为⑤Φ18@240，则板带在该位置实际配置的上部纵筋为Φ18@120，其中1/2为贯通纵筋，1/2为⑤号非贯通纵筋（延伸长度略）。

例：设有一板带上部已配置贯通纵筋Φ18@240，板带支座上部非贯通纵筋为③Φ20@240，则板带在该位置实际配置的上部纵筋为（1Φ18+1Φ20）/240，实际间距为120mm，其中45%为贯通纵筋，55%为③号非贯通纵筋（延伸长度略）。

3. 楼板相关构造制图规则

（1）楼板相关构造类型与表示方法

楼板相关构造的平法施工图设计，系在板平法施工图上采用直接引注方式表达。

（2）楼板相关构造的编号

楼板相关构造编号按表1-49的规定。

表 1-49　楼板相关构造类型与编号

构造类型	代　号	序　号	说　明
纵筋加强带	JQD	XX	以单向加强纵筋取代原位置配筋
后浇带	HJD	XX	与墙或梁后浇带贯通，有不同的留筋方式
柱　帽	ZMX	XX	适用于无梁楼盖
局部升降板	SJB	XX	板厚及配筋与所在板相同，构造升降高度≤300mm
板加腋	JY	XX	腋高与腋宽可选注
板开洞	BD	XX	最大边长或直径＜1m；加强筋长度有全跨贯通和自洞边锚固两种
板翻边	FB	XX	翻边高度≤300mm
板挑檐	TY	XX	对应板端钢筋构造，不含竖檐内容
角部加强筋	Crs	XX	以上部双向非贯通加强钢筋取代原位置的非贯通配筋
悬挑阴角附加筋	Cis	XX	板悬挑阴角斜放附加筋
悬挑阳角放射筋	Ces	XX	板悬挑阳角上部放射筋
抗冲切箍筋	Rh	XX	通常用于无柱帽无梁楼盖的柱顶
抗冲切弯起筋	Rb	XX	通常用于无柱帽无梁楼盖的柱顶

（3）楼板相关构造的直接引注

1）纵筋加强带 JQD 的引注

纵筋加强带的平面形状及定位由平面布置图表达，加强带内配置的加强贯通纵筋等由引注内容表达。

纵筋加强带设单向加强贯通纵筋，取代其所在位置板中原配置的同向贯通纵筋。根据受力需要，加强贯通纵筋可在板下部设置，也可在板下部和上部均设置。纵筋加强带的引注如图 1-33 所示。

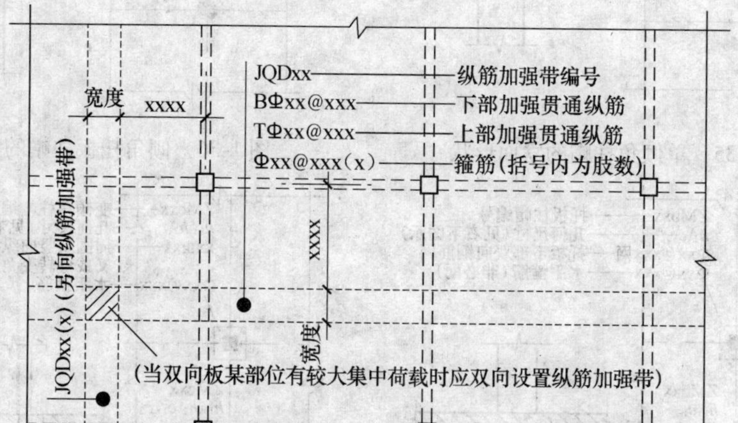

图 1-33　纵筋加强带的引注

当板下部和上部均设置加强贯通纵筋，而加强带上部横向无配筋时，设计时注明。

当将纵筋加强带设置为暗梁形式时应注写箍筋，其引注如图 1-34 所示。

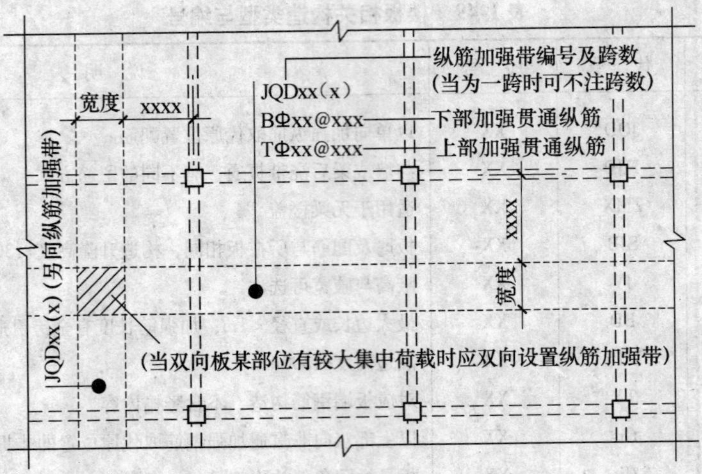

图 1-34 暗梁形式的引注

2）柱帽的引注

柱帽 ZMx 的引注如图 1-35 至图 1-38 所示。柱帽的平面形状有矩形、圆形和多边形等，其平面形状由平面布置图表达。

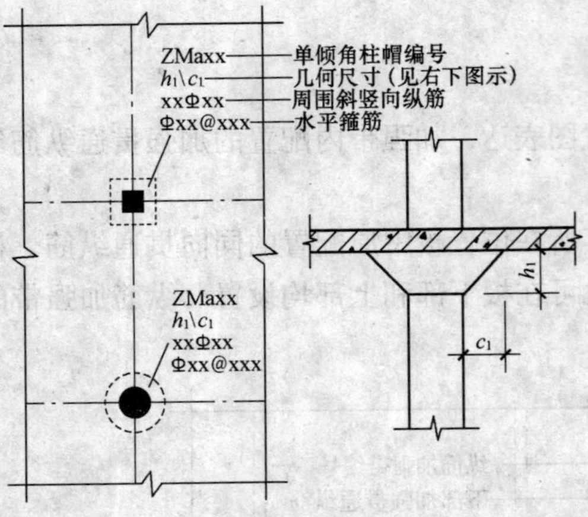

图 1-35 单倾角柱帽的立面形状

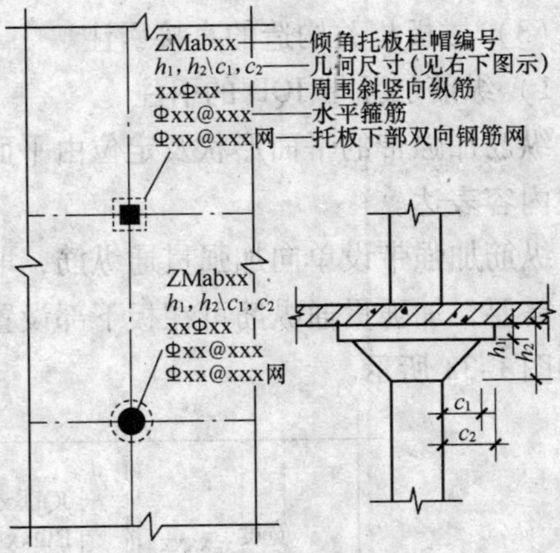

图 1-36 倾角托板柱帽的立面形状

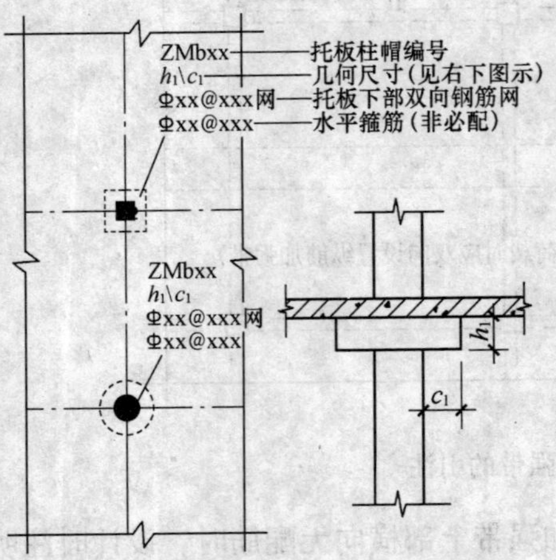

图 1-37 托板柱帽的立面形状

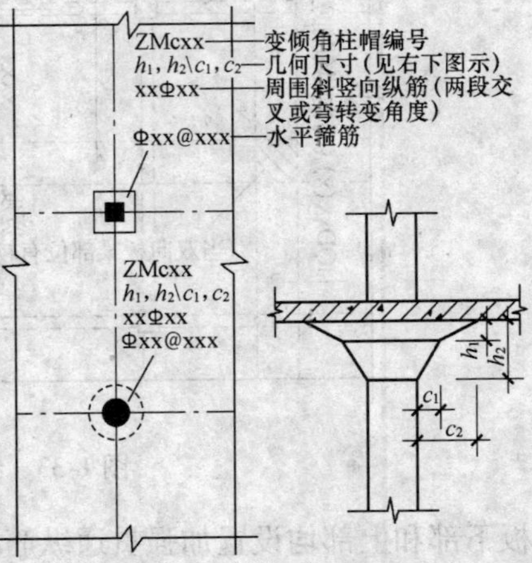

图 1-38 变倾角柱帽的立面形状

柱帽的立面形状有单倾角柱帽 ZMa（图 1-35）、倾角托板柱帽 ZMab（图 1-36）、托板柱帽 ZMb（图 1-37）和变倾角柱帽 ZMc（图 1-38）等，其立面几何尺寸和配筋由具体的引注内容表达。

3）局部升降板 SJB 的引注

局部升降板 SJB 的引注如图 1-39 所示。

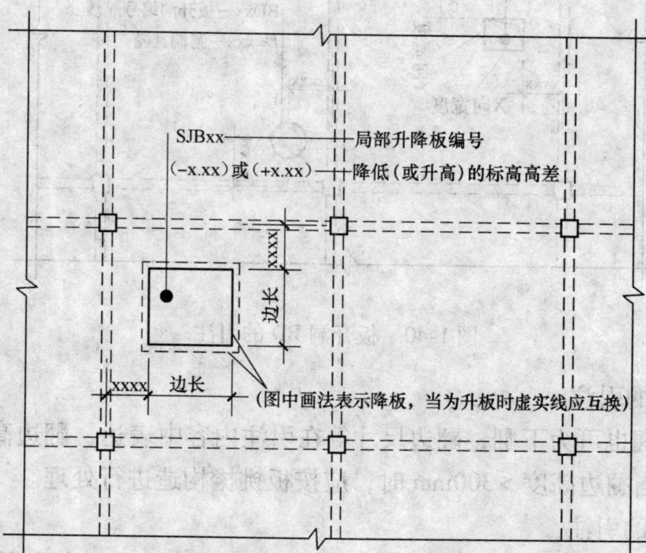

图 1-39　局部升降板 SJB 的引注

局部升降板的平面形状及定位由平面布置图表达，其他内容由引注内容表达。

局部升降板的板厚、壁厚和配筋，如设计不注，表示所在板块与标准构造详图中的板厚和配筋相同，当采用不同板厚、壁厚和配筋时，应补充截面配筋图。

局部升降板升高与降低的高度，在标准构造详图中限定为小于等于 300mm，当高度大于 300mm 时，设计应补充绘制截面配筋图。

4）板加腋 JY 的引注

板加腋的位置与范围由平面布置图表达，腋宽、腋高及配筋等由引注内容表达。当腋线为虚线时则板底加腋，当腋线为实线时则板面加腋；当腋宽与腋高同板厚、加腋配筋按标准构造时设计不注：当加腋配筋与标准构造不同时，设计应补充绘制截面配筋图。

5）板开洞 BD 的引注

板开洞 BD 的引注如图 1-40 所示。板开洞的平面形状及定位由平面布置图表达，洞的几何尺寸等由引注内容表达。

当矩形洞口边长或圆形洞口直径≤1000mm，且当洞边无集中荷载作用时，洞边补强钢筋可按标准构造的规定设置，设计不标注；当具体工程所需要的补强钢筋与标准构造不同时，设计应加以注明。

当矩形洞口边长或圆形洞口直径＞1000mm，或虽≤1000mm 但洞边有集中荷载作用时，设计应根据具体情况采取相应的处理措施。

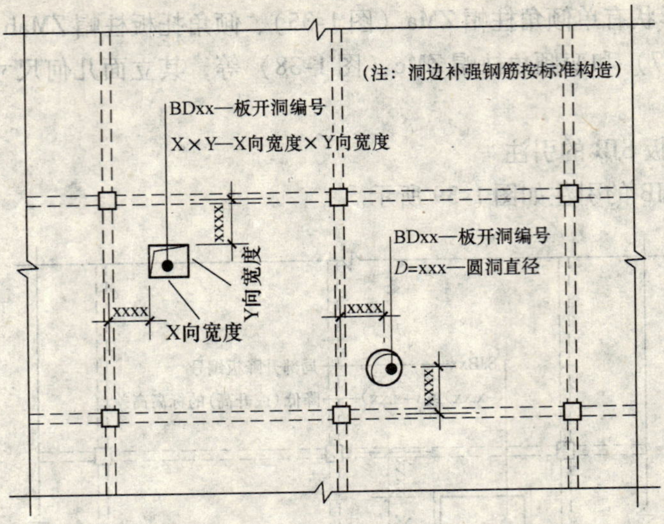

图 1-40　板开洞 BD 的引注

6）板翻边 FB 的引注

板翻边可为上翻也可为下翻，翻边尺寸等在引注内容中表达，翻边高度在标准构造详图中为≤300mm。当翻边高度＞300mm 时，应按板挑檐构造进行处理。

7）板挑檐 TY 的引注

板挑檐的引注主要提示该部位采用相应标准构造详图中板端部与檐板的钢筋连接构造，内容不包括檐板的几何尺寸与配筋，设计应另行绘制檐板配筋截面图。

8）角部加强筋 Crs 的引注

角部加强筋通常用于板块角区的上部，根据规范规定和受力要求选择配置。角部加强筋将在其分布范围内取代原配置的板支座上部非贯通纵筋，且当其分布范围内配有板上部贯通纵筋时则间空布置。

板纵向钢筋的连接可采用绑扎搭接、机械连接或焊接，其连接位置详见标准构造详图。当板纵向钢筋采用非接触方式的绑扎搭接连接时，其搭接部位的钢筋净距不宜小于 30mm，且钢筋中心距不应大于 $0.2l_l$ 及 150mm 的较小者。

注：非接触搭接使混凝土能够与搭接范围内所有钢筋的全表面充分粘结，可以提高搭接钢筋之间通过混凝土传力的可靠度。

第二章 基本规定

一、钢筋进场的要求

1. 钢筋进场时，应按现行国家标准《钢筋混凝土用热轧带肋钢筋》、《预应力混凝土用钢绞线》等的规定抽取试件做力学性能检验，其质量必须符合有关标准的规定。

2. 对有抗震设防要求的框架结构，其纵向受力钢筋的强度应满足设计要求；当设计无具体要求时，对一二级抗震等级，检验所得到的强度实测值应符合下列规定：

（1）钢筋的抗拉强度实测值与屈服强度实测值的比值不应小于1.25；

（2）钢筋的屈服强度实测值与强度标准值的比值不应大于1.30。

3. 热轧钢筋、热处理钢筋、碳素钢丝、刻痕钢丝和钢绞线等钢材，每批进场同时必须附有本批钢材的出场证明书或原钢厂的试验报告单（以下简称“单”或材质单），冷轧带肋钢筋还必须有省建设厅颁发的推荐认定证书，提货经手人必须分别将每批钢材及代表该批钢材的材质单接管清楚，保证单物相符，并按标准复试合格后方与验收。

4. 有原钢厂出厂证明书或试验报告单的钢材，使用单位收货审单后，按单核对所收钢材的铅封标志、批量、长度、直径、表面形状、打印标记及肋形特点等项特征，然后会同试验员按标准抽样检验物理力学性能，无误后予以验收。

5. 抄原钢厂出厂证明书或原厂试验报告单的钢材，抄件要有保存原材质单的单位公章和经抄人章。交货或提货经手人都必须保证每张材质单及其所代表的钢材要单物相符，不得错串。

6. 无原钢厂出厂证明书或试验报告单，只有非原钢厂的试验报告单或其抄件，有铅封标志，级别不明的成批钢材，应根据实际情况抽取试件，进行力学性能试验，并根据试验结果确定钢材级别后方可使用。但不得用于主要承重结构的重要部位和用作预应力钢筋。

7. 经复验合格的钢材，应由工地材料员及时填写钢材收料登记簿，写明钢材进货单位名称、经手人、进货时间、收货编号、批号、钢种、级别、数量、规格、长度、复验情况与结论及堆放地点，登记完毕后在出厂证明书或材质单右上角注明收货号及经手人，并将出产证明或材质单移交现场技术员存查。

8. 保管钢材应按钢种、规格分批挂牌堆放，特殊钢材应专料专用、专管。冷轧螺纹和钢绞线、钢丝下部必须垫起20cm以上。无库房时上部必须有防雨措施。

9. 签出任务单的钢材，技术员或工长要注明指定的钢材收货员。材料员按“单”付准，班组要按“单”接管清楚，严防用错钢材。

10. 每批钢材在投料使用时，操作人员都应通过钢筋的切断、弯曲、焊接等工序操作过程及锤击的方法进行经验检查，如发现有裂缝、重皮、脆断、过软、过硬或焊接性能不良等现象，要及时报技术部门处理。并对该批钢筋进行专项检验及化学成分检验。

二、钢筋代换

当施工中遇到钢筋的品种或规格与设计要求不同时，为了保证施工质量和进度，就需要进行钢筋的变更代换。但是，要变更代换钢筋必须遵守下列原则：

（1）代换的钢筋应经设计单位同意，并办理核定手续后方能进行。

（2）钢筋代换时，要充分了解设计意图和代换材料的性能，按设计规范和各种规定经计算后提出。

（3）对吊车梁、屋架下弦等抗裂性要求高的构件，不宜用I级光面钢筋代替变形钢筋。

（4）梁的纵向受力钢筋与弯起钢筋应分别进行代换。

（5）偏心受压构件或偏心受拉构件作代换时，不取整个截面配筋，应该按受力面（受拉或受压）分别进行代换。

（6）钢筋代换后，应满足现行《混凝土结构设计规范》中规定的钢筋间距、钢筋根数、锚固长度、最小钢筋直径等要求。

（7）有抗震要求的框架，不宜以强度等级较高的钢筋代替原设计中的钢筋。如必须代换时，其代换的钢筋检验所得的实际强度值，应符合钢筋的抗拉强度实测值与屈服强度实测值的比值不应小于1.25；钢筋的屈服强度实测值与钢筋的强度标准值的比值：当按一级抗震设计时不应小于1.25；当按二级抗震设计时不应大于1.4。

（8）预制构件的吊环，必须采取未经冷拉的I级热轧钢筋制作，严禁以其他钢筋代换。

三、钢筋锚固长度和搭接长度

（一）钢筋的锚固长度

钢筋的锚固长度见表2-1、表2-2。

表2-1 受拉钢筋的最小锚固长度

受拉钢筋的最小锚固长度 l_a											
钢筋种类		混凝土强度等级									
		C20		C25		C30		C35		≥C40	
		$d \leq 25$	$d > 25$	$d \leq 25$	$d > 25$	$d \leq 25$	$d > 25$	$d \leq 25$	$d > 25$	$d \leq 25$	$d > 25$
HPB235	普通钢筋	$31d$	$31d$	$27d$	$27d$	$24d$	$24d$	$22d$	$22d$	$20d$	$20d$
HRB335	普通钢筋	$39d$	$42d$	$34d$	$37d$	$30d$	$33d$	$27d$	$30d$	$25d$	$27d$
	环氧树脂涂层钢筋	$48d$	$53d$	$42d$	$46d$	$37d$	$41d$	$34d$	$37d$	$31d$	$34d$
HRB400 RRB400	普通钢筋	$46d$	$51d$	$40d$	$44d$	$36d$	$39d$	$33d$	$36d$	$30d$	$33d$
	环氧树脂涂层钢筋	$58d$	$63d$	$50d$	$55d$	$45d$	$49d$	$41d$	$45d$	$37d$	$41d$

注：1. 当弯锚时，有些部位的锚固长度为 $\geq 0.4l_a + 15d$，见各类构件的标准构造详图。

2. 当钢筋在混凝土施工过程中易受扰动（如滑模施工）时，其锚固长度应乘以修正系数1.1。

3. 在任何情况下，锚固长度不得小于250mm。

4. HPB235钢筋为受拉时，其末端应做成180°弯钩。弯钩平段长度不应小于 $3d$。当为受压时，可不做弯钩。

表 2-2　受拉钢筋抗震锚固长度

受拉钢筋抗震锚固长度 l_{aE}												
			C20		C25		C30		C35		≥C40	
			一、二级抗震等级	三级抗震等级	一、二级抗震等级	三级抗震等级	一、二级抗震等级	三级抗震等级	一、二级抗震等级	三级抗震等级	一、二级抗震等级	三级抗震等级
HPB235	普通钢筋		$36d$	$33d$	$31d$	$28d$	$27d$	$25d$	$25d$	$23d$	$23d$	$21d$
HRB335	普通钢筋	$d \leqslant 25$	$44d$	$41d$	$38d$	$35d$	$34d$	$31d$	$31d$	$29d$	$29d$	$26d$
		$d>25$	$49d$	$45d$	$42d$	$39d$	$38d$	$34d$	$34d$	$31d$	$32d$	$29d$
	环氧树脂涂层钢筋	$d \leqslant 25$	$55d$	$51d$	$48d$	$44d$	$43d$	$39d$	$39d$	$36d$	$36d$	$33d$
		$d>25$	$61d$	$56d$	$53d$	$48d$	$47d$	$43d$	$43d$	$39d$	$39d$	$36d$
HRB400 RRB400	普通钢筋	$d \leqslant 25$	$53d$	$49d$	$46d$	$42d$	$41d$	$37d$	$37d$	$34d$	$34d$	$31d$
		$d>25$	$58d$	$53d$	$51d$	$46d$	$45d$	$41d$	$41d$	$38d$	$38d$	$34d$
	环氧树脂涂层钢筋	$d \leqslant 25$	$66d$	$61d$	$57d$	$53d$	$51d$	$47d$	$47d$	$43d$	$43d$	$39d$
		$d>25$	$73d$	$67d$	$63d$	$58d$	$56d$	$51d$	$51d$	$47d$	$47d$	$43d$

注：1. 四级抗震等级，$l_{aE}=l_a$。

2. 当弯锚时，有些部位的锚固长度为$\geqslant 0.4l_{aE}+15d$，见各类构件的标准构造详图。

3. 当 HRB335，HRB400～RRB400 级纵向受拉钢筋末端采用机械锚固措施时，包括附加锚固端头在内的锚固长度可取$0.7l_{aE}$和$0.7l_a$。

4. 当钢筋在混凝土施工过程中易受扰动（如滑模施工）时，其锚固长度应乘以修正系数 1.1。

5. 在任何情况下，锚固长度不得小于 250mm。

（二）钢筋的搭接长度

钢筋的搭接长度见表 2-3，钢筋搭接长度修正系数见表 2-4。

表 2-3　纵向受拉钢筋绑扎搭接长度

纵向受拉钢筋绑扎搭接长度 l_{aE}，l_l	
抗　震	非抗震
$l_{lE}=\zeta \ l_{aE}$	$l_l=\zeta l_a$

注：
1. 当不同直径的钢筋搭接时，其 l_{aE} 与 l_l 值按较小的直径计算。
2. 在任何情况下 l_l 不得小于 300mm。
3. 式中 ζ 为搭接长度修正系数。

表 2-4　纵向受拉钢筋搭接长度修正系数

纵向受拉钢筋搭接长度修正系数 ζ			
纵向钢筋搭接接头面积百分率（%）	≤25	50	100
ζ	1.2	1.4	1.6

（三）纵向受力钢筋机械锚固措施

纵向受力钢筋机械锚固措施见图 2-1。

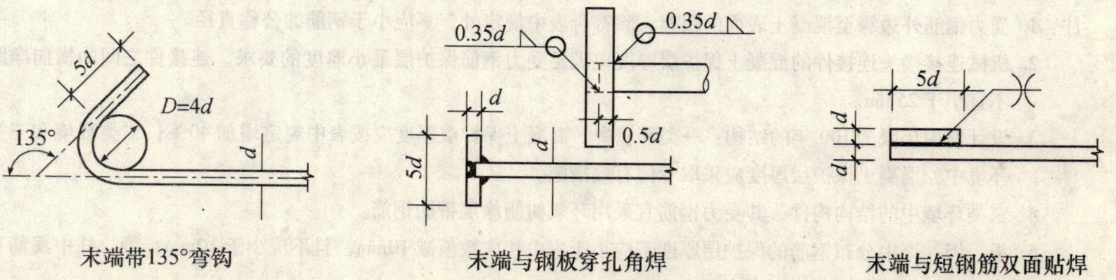

图 2-1　纵向受力钢筋机械锚固措施

(1) 当采用机械锚固措施时，包括附加锚固端头在内的锚固长度：抗震可为 $0.7l_{aE}$，非抗震可为 $0.7l_a$。

(2) 机械锚固长度范围内的箍筋不应少于 3 个，其直径不应小于纵向钢筋直径的 0.25 倍，其间距不应大于纵向钢筋的 5 倍。当纵向钢筋的混凝土保护层厚度不小于钢筋直径的 5 倍时，可不配置上述箍筋。

四、受力钢筋的保护层厚度

（一）混凝土的环境类别

混凝土的环境类别见表 2-5。

表 2-5 混凝土的环境类别

环境类别		条件
一		室内正常环境
二	a	室内潮湿环境，非严寒和非寒冷地区的露天环境，与无侵蚀性的水或土壤直接接触的环境
	b	严寒和寒冷地区的露天环境，与无侵蚀性的水或土壤直接接触的环境
三		使用除冰盐的环境，严寒和寒冷地区冬季水位变动的环境，滨海室外环境
四		海水环境
五		受人为或自然的侵蚀性物质影响的环境

（二）受力钢筋的混凝土保护层最小厚度

受力钢筋的混凝土保护层最小厚度见表 2-6。

表 2-6 受力钢筋的混凝土保护层最小厚度 mm

环境类别		墙			梁			柱		
		≤C20	C25～C45	≥C50	≤C20	C25～C45	C50	≤C20	C25～C45	C50
一		20	15	15	30	25	25	30	30	30
二	a		20	20		30	30		30	30
	b		25	20		35	30		35	30
三			30	25		40	35		40	35

注：1. 受力钢筋外边缘至混凝土表面的距离，除符合表中规定外，不应小于钢筋的公称直径。

2. 机械连接接头连接件的混凝土保护层厚度应满足受力钢筋保护层最小厚度的要求，连接件之间的横向净距不宜小于 25mm。

3. 设计使用年限为 100 年的结构：一类环境中，混凝土保护层厚度应按表中规定增加 40%；二类环境和三类环境中，混凝土保护层厚度应采取专门有效措施。

4. 三类环境中的结构构件，其受力钢筋宜采用环氧树脂涂层带肋钢筋。

5. 板、墙、壳中分布钢筋的保护层厚度不应小于表中相应数值减 10mm，且不应小于 10mm；梁、柱中箍筋和构造钢筋的保护层厚度不应小于 15mm。

五、纵向钢筋连接构造

（一）钢筋绑扎搭接接头

同一连接区段内纵向受拉钢筋绑扎搭接接头见图 2-2。

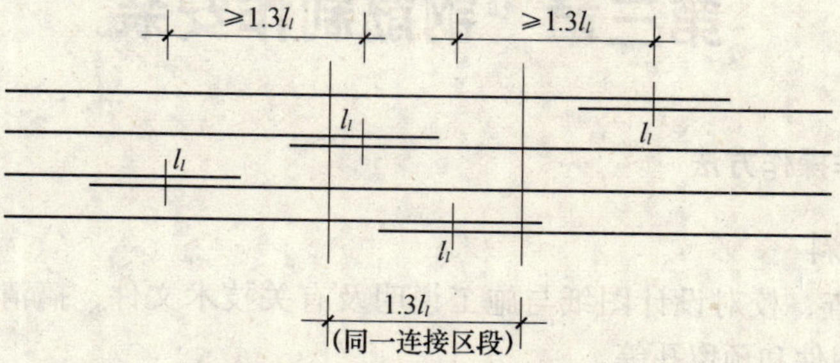

图 2-2　同一连接区段内纵向受拉钢筋绑扎搭接接头

（1）凡接头中点位于 $1.3l_l$ 长度内的绑扎搭接接头均属同一连接区段。

（2）同一连接区段内纵向钢筋搭接接头面积百分率，为该区段内有搭接接头的纵向受力钢筋截面面积与全部纵向钢筋截面面积的比值。

（3）当受拉钢筋直径 >28mm 及受压钢筋直径 >32mm 时，不宜采用绑扎搭接。

（二）钢筋机械连接、焊接接头

同一连接区段内纵向受拉钢筋机械连接、焊接接头见图 2-3。

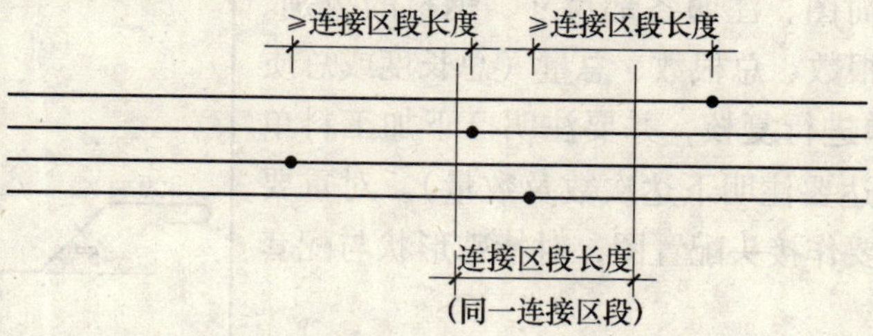

图 2-3　同一连接区段内纵向受拉钢筋机械连接、焊接接头

（1）凡接头中点位于连接区段长度内的机械连接或焊接接头均属同一连接区段。

（2）同一连接区段内纵向钢筋机械连接或焊接接头面积百分率，为该区段内有该类接头的纵向受力钢筋截面面积与全部纵向钢筋截面面积的比值。

连接区段长度：机械连接为 $35d$，焊接为 $35d$ 且大于 500mm。

第三章　钢筋制作安装

一、钢筋制作操作方法

（一）钢筋配料

1. 学习、审查、校对设计图纸与施工说明及有关技术文件，搞清构件型号、数量、位置，节点、预埋件和预留孔等。

2. 对配筋图、断面图、钢筋表，需对照每个构件中的每个编号钢筋级别、直径、型号、牌号、位置和数量。如有矛盾应告知现场技术员与设计部门研究解决。

3. 配料单要经审核后方可下达加工料单。

钢筋配料是根据构件配筋图，先绘出各种形状和规格的单根钢筋简图并加以编号（图 3-1），然后分别计算钢筋下料长度和根数，填写配料单，交付配料加工。

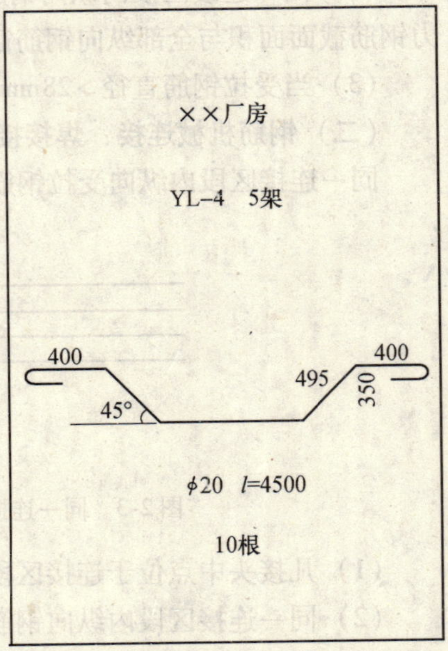

图 3-1　单根钢筋简图

4. 配料单要写清单位工程分部分项工程名称、构件型号、绘制钢筋简图、注明各部尺寸、钢材的级别、直径、下料长度、根数、总根数、总量（总长度或总质量），要对原配料单进行复核，并要注明已下加工料单的标记（如分批下达要注明下达次数及数量）。对重要构件中的受力钢筋要作接头配置图，对特殊形状与配套钢筋，要套实样。

5. 加工料单要用坚固耐用纸张制作，也可用行李签或以木板代用，施工传递时不得损坏和丢失。

6. 如有设计变更应在原图上注明。

7. 绑扎骨架中的受力钢筋一般应在末端作弯钩，如设计图纸无特殊要求，下列钢筋可不作弯钩：

（1）月牙、人字钢筋等变形钢筋；

（2）焊接骨架和焊接网中的光圆钢筋；

（3）绑扎骨架中受压的光圆钢筋；

（4）梁板中的附加钢筋及梁的架立筋≤ϕ12mm 者；

（5）板的分布钢筋。

8. HPB235（Q235）钢筋末端应设 180°的半圆形弯钩，弯钩内径不小于钢筋直径的 2.5 倍。当采用手工弯曲时，为保证 180°的弯曲，可带有适当长度的平直部分（图 3-2）。用机械弯钩时，算料时弯钩的增长值可参考表 3-1 进行。当 d≤12mm 的箍筋中经常弯成

135°斜弯钩（图3-3）。板中小规格钢筋及柱钢筋的下部、支座中的构造钢筋，可弯成直角（图3-4）。

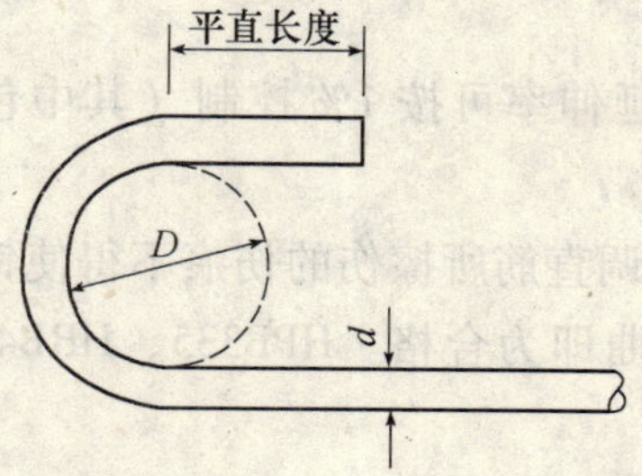

图3-2　钢筋180°弯钩

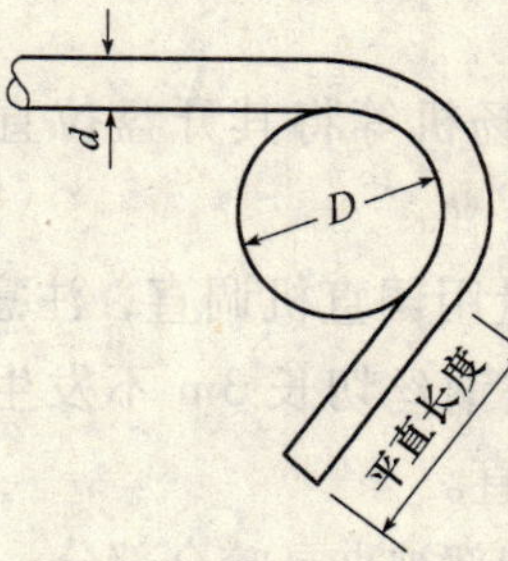

图3-3　钢筋135°弯钩

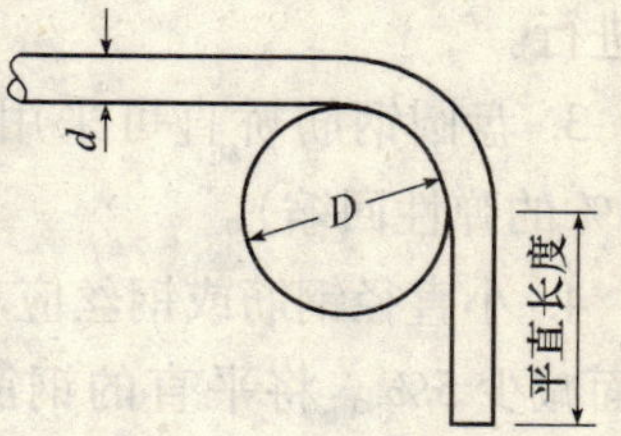

图3-4　钢筋90°弯钩

表3-1　钢筋弯钩增加长度

mm

钢筋直径 d（mm）	半圆弯钩		半圆弯钩（不带平直部分）		斜弯钩		直弯钩	
	一个钩长	两个钩长	一个钩长	两个钩长	一个钩长	两个钩长	一个钩长	两个钩长
6	40	80	20	40	30	60	15	30
8	50	100	25	50	40	80	20	40
10	60	120	35	70	50	100	25	50
12	75	150	40	80	60	120	30	60
14	85	170	45	90				
16	100	200	50	100				
18	110	220	60	120				
20	125	250	65	130				
22	135	270	70	140				
25	155	310	80	160				
28	175	350	95	190				
32	200	400	105	210				
36	225	450	115	230				

注：1. 钢筋下料长度 = 设计长度 + 弯钩计算长度。半圆弯钩计算长度为 $6.25d$；半圆弯钩不带平直部分计算长度为 $3.25d$；斜弯钩计算长度为 $4.9d$；直弯钩计算长度为 $2.25d$。

2. 直弯钩弯起高度按不小于直径的3倍计算，在楼板中使用时，其长度取决于楼板厚度，需按实际计算。

9. 钢筋弯曲后，长度增加，计算弯筋长度时应考虑“弯曲调正值”。

10. 预应力筋下料长度应配合各种锚夹具并考虑焊接接头留量、冷拉伸长率、弹性回缩率、张拉伸长值、台座长度和构件间隔长度等各项数据进行计算求得。

（二）钢筋调直

1. 钢筋应顺直，无局部折曲，钢筋中心线对直线的偏差应不超过其全长的1%。弯曲成盘的钢筋应在使用前加以矫直。

2. 粗钢筋矫直，在一般情况下，可采用卷扬机冷拉矫直。在不得使用冷拉钢筋的结构中，采用冷拉法的方法来调直钢筋时，其冷拉率不得大于1%。较短的钢筋可在矫直台上进行。

3. 盘圆钢筋矫直可采用卷扬机等将其开盘拉直，延伸率可按1%控制（其中包括0.3%的弹性回缩）。

4. 小直径钢筋或钢丝应尽量用调直机调直，注意被调直筋所擦伤的伤痕不得使钢筋截面减少5%。将平直的钢筋或钢丝切长3m不发生卷曲即为合格。HPB335、HRB400、HRB400级钢材不得用锤击法平直。

5. 用冷拉调直的钢筋，其端部被夹具咬合部分，如长度大于5cm（夹具咬印为带有规律性齿痕而无明显损伤者），可用于带弯钩的钢筋、构造筋与受压钢筋，也可用于焊在铁件上的锚固筋。

（三）钢筋除锈

1. 钢筋的表面必须洁净，油漆、污渍和用锤敲击时能剥落的浮皮、铁锈等应在使用前清除干净。在焊接处的水锈也应清除干净。预应力钢丝经除锈后仍留有麻点者，不得使用。

2. 采用冷拉工艺进行钢筋除锈时，其冷拉率必须通过试验确定。冷拉后其延伸率不得大于原材料延伸指标的要求。

3. 钢筋除锈优先采用除锈机或用喷砂机。

（四）钢筋切断

1. 切断前要复核料单上所写的钢筋下料尺寸与成型尺寸，依照要求、级别、直径与库内钢材复对，把同级别同直径的料单依照配套与工期结合。实行套裁下料，作到急用先下，配套生产。长料不短用，好料不低用，减少料头，节约钢材。

2. 切断机接送和工作台如是固定的，可在工作台上画好尺寸刻度线（以切断机的固定刀口作为起始线），以期操作方便、尺寸正确。下第一根料后，应按料单复对。其长度误差为±10mm，合格后再大批下料。

3. 切断时要摆直，有对焊要求的钢筋断口不应呈马蹄形。

（五）钢筋弯曲

钢筋的弯曲成型是将已切断、配好的钢筋，按图纸规定的要求，将钢筋准确地加工成规定的形状尺寸。

钢筋的弯曲成型是钢筋加工中的一道主要工序，也是一道技术性比较强的工作。如果弯曲操作技术熟练，不但钢筋弯曲操作速度快、效率高，而且加工的钢筋形状也会正确，平面上不会有翘曲不平的现象，便于绑扎安装。要达到上述要求，最重要的一条就是要掌握钢筋弯曲操作的规律。我们必须在实际操作中不断地实践，摸索操作规律，积累操作经验，加深对钢筋弯曲成型操作规律的认识，熟练掌握弯曲操作技术。

一般来讲，钢筋弯曲成型的顺序是：画线—试弯—弯曲成型。

弯曲钢筋有两种方法：一种是手工弯曲，另一种是机械弯曲。手工弯曲钢筋的方法设备比较简单，成型正确，所以工地经常采用。

1. 手工弯曲钢筋的工具和设备

（1）工作台

弯曲细钢筋的工作台，台面尺寸为 400cm × 80cm（长 × 宽），可用 10cm 厚的木板钉制，其高度约为 90 ~ 100cm。

弯曲粗钢筋的工作台，台面尺寸为 800cm × 80cm（长 × 宽），用 20cm × 20cm 方木拼成；工作台要求稳固牢靠，避免在操作时发生晃动。

以上是过去长期沿用的木制工作台，目前有些钢筋加工单位已逐步采用钢制工作台来代替木制工作台，钢制工作台经久耐用，台面光滑，钢筋在上面操作方便，这是一种比较好的工作台形式。钢制工作台一般用 20 号以上槽钢拼制而成。

（2）手摇扳

手摇扳是弯曲细钢筋的主要工具，它是由一块钢板底盘和扳柱（钢筋柱）、扳手（摇手）组成，如图 3-5 所示。图 3-5（a）是一个弯曲单根钢筋的手摇扳，可以弯曲 12mm 以下的钢筋；图 3-5（b）是可以弯曲多根钢筋的手摇扳，每次可以弯曲 4 根直径为 8mm 的钢筋，主要适宜弯制箍筋。手摇扳底盘长度为 300 ~ 500mm，可根据弯制钢筋直径适当调节。底盘钢板厚为 4 ~ 6mm，扳柱直径为 16 ~ 18mm，扳手用 14 ~ 18mm 钢筋制成。操作时要将底盘固定在工作台上，底盘面与台面相平。

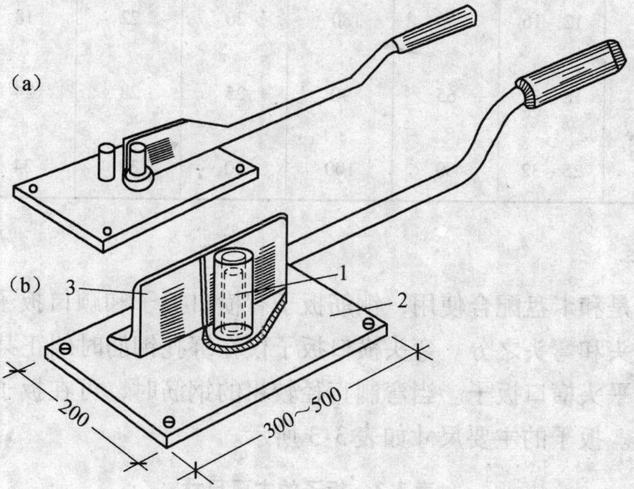

图 3-5　手摇扳

（a）弯曲单根钢筋的手摇扳；（b）弯曲多根钢筋的手摇扳

1—扳柱；2—底盘；3—挡板

如果使用钢制工作台，手摇扳的构造形式可以简化一些，挡板、扳柱可以在预留调节槽的槽钢上固定，钢板底盘则取消，扳手直接在工作台上进行操作。

（3）卡盘

卡盘是弯粗钢筋的主要工具之一，如图 3-6 所示。卡盘由一块钢板底盘和扳柱组成，底盘固定在工作台上。卡盘有两种形式：一种是由一块钢板上焊四个扳柱组成，水平方向净距约为 100mm，垂直方向净距约为 34mm，可弯 32mm 钢筋，但在弯制 28mm 以下的钢筋时，在后面两个扳柱上要加不同厚度的钢套；另一种是在钢板上焊三个扳柱，扳柱的两条斜边净距为100mm，底边净距为80mm，这种卡盘不需要配备不同厚度的钢套，操作人员所站位置也比较自由，是目前常用的一种。卡盘的钢板底盘厚约12～16mm，扳柱直径应根据所弯钢筋来选择，一般为20～25mm。

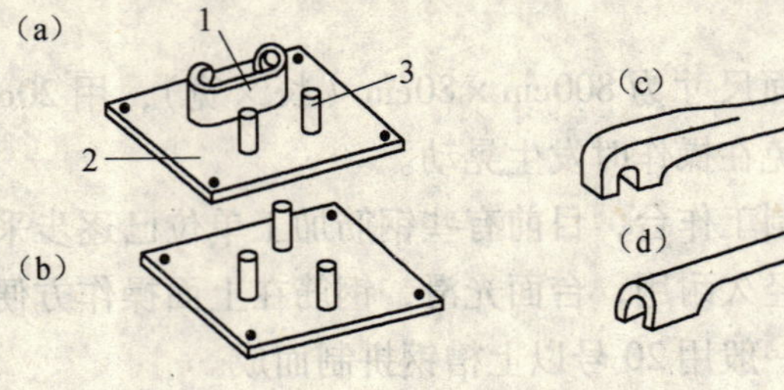

图3-6　卡盘和扳子

(a) 四扳柱卡盘；(b) 三扳柱卡盘；(c) 横口扳子；(d) 顺口扳子

1—钢套；2—底盘；3—扳柱

卡盘和横口扳手的主要尺寸如表3-2所示。

表3-2　卡盘和横口扳手主要尺寸　　mm

附　图	钢筋直径	卡　盘			横口扳手			
		a	*b*	*c*	*d*	*e*	*h*	*l*
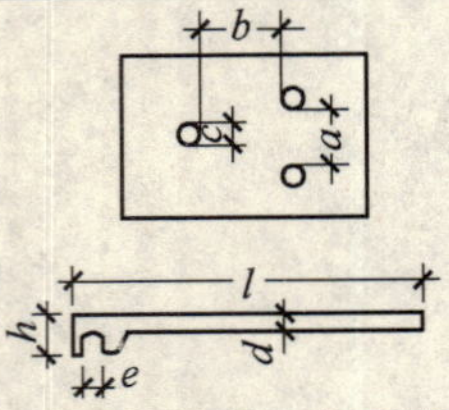	12～16	50	80	20	22	18	40	1200
	18～22	65	90	25	28	24	50	1350
	25～32	80	100	30	38	34	76	2100

(4) 钢筋扳子

钢筋扳子主要是和卡盘配合使用，钢筋扳子有横口扳子和顺口扳子两种，如图3-6所示。横口扳子有平头和弯头之分。弯头横口扳子仅在绑扎钢筋时纠正某些钢筋形状或位置时使用，常用的是平头横口扳子。当弯制直径较粗的钢筋时，可在扳子柄上接上套管，加长力臂使弯制省力。扳子的主要尺寸如表3-3所示。

表3-3　扳子的主要尺寸　　mm

附　图	钢筋直径	*a*	*b*	*c*	*d*
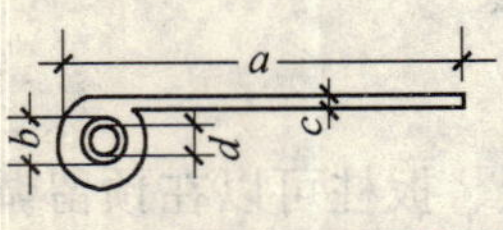	6	500	18	16	161
	8～10	600	22	18	20

钢筋扳子的扳口尺寸比弯制的钢筋直径大2mm较为适宜，过大会影响弯制形状的准确，所以在准备钢筋弯曲工具时，应配有各种规格的扳子。

2. 手工成型钢筋的步骤和方法

(1) 钢筋弯曲前的准备

在进行弯曲成型操作之前，首先要熟悉弯曲加工钢筋的规格、形状和各部分尺寸，以便确定弯曲操作步骤和准备工具等。

（2）画线

钢筋弯曲前，对形状复杂的钢筋（如弯起钢筋），应根据钢筋料牌上标明的尺寸，用石笔将弯曲点位置画出。画线要根据钢筋几种弯曲类型、弯曲角度伸长值、弯的曲率半径、扳距等因素进行综合计算后，才能进行。

画线时应注意：

1）根据不同的弯曲角度扣除弯曲调整值，其扣法是从相邻两段长度中各扣一半。

2）钢筋端部带半圆弯钩时，该段长度画线时增加 0.5d（d 为钢筋直径）。

3）画线工作宜从钢筋中间开始向两边进行；两边不对称的钢筋，也可从钢筋一端开始画线，如画到另一端有出入时，则应重新调整。

（3）试弯

在进行成批钢筋弯曲操作前，各种类型的弯曲钢筋都要试弯一根，然后检查其弯曲形状、尺寸是否和设计要求相符；校对钢筋的弯曲顺序、画线、所定的曲线标志、扳距等是否合适，待以上这些都符合要求后，再进行成批生产。

（4）弯曲成型

为保证钢筋弯曲形状正确，使钢筋弯曲处圆弧保证有一定的曲率，应注意扳子和扳柱间的距离，这段距离称为扳距。扳距的大小是随钢筋的弯制角度和钢筋直径的大小而决定的，一般可参照表 3-4 的要求。

表 3-4　扳距

钢筋直径（mm）	弯曲角度			
	180°	90°	45°	135°
	扳距（mm）			
8	40	20	10	30
12	50	25	15	40
16	70	40	20	50
20	80	45	25	60
22	100	50	30	70
25	110	55	35	80
28	120	60	40	90

成批加工钢筋前，必须熟悉、校对料单和弯曲钢筋的级别、规格、形状、尺寸，确定弯曲步骤。先试弯一根，成型后检查弯曲形状、尺寸，完全符合要求后，画出成批加工标样，方可大批生产。对形状复杂和配套筋还应对照实样。弯曲成型钢筋不得有裂痕、断伤。

（5）成型的允许偏差

翘曲：20mm；弯筋高度：+9mm 或 -5mm；弯起点位移：±15mm。

（6）箍筋的弯钩形式

按图 3-7（a）、（b）加工，其弯钩平直部分长度不宜小于箍筋直径 5 倍。对有抗震要求和受扭的结构，则按图 3-7（c）加工，平直长度不应小于箍筋的 10 倍。用圆钢筋制成的箍筋末端弯钩长度应符合表 3-5 的要求。成型标准：高宽 +3mm 或 -2mm；垂直歪扭：3mm；环口合一。

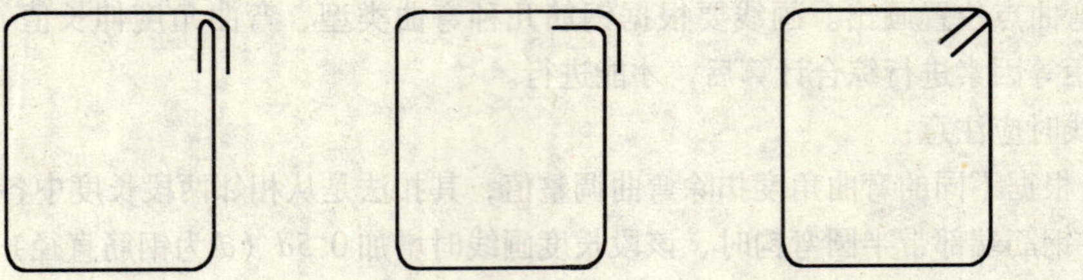

图 3-7　箍筋弯钩形式

（a）90°/180°；（b）90°/90°；（c）135°/135°

表 3-5　箍筋末端弯钩长度

箍筋直径（mm）	受力钢筋直径（mm）	
	≤25	28 ~ 40
5 ~ 10	75	90
12	90	105

3. 批量及粗钢筋加工

在大批量及粗钢筋加工时，应采用机械弯曲成型以减轻人工体力劳动强度，提高工效。电动弯曲机，可弯曲直径 6 ~ 40mm 的钢筋。操作时，当弯曲盘即将转到需要角度时，关闭开关，使弯曲盘利用惯性向前转到预定的角度。

4. 弯起钢筋系数

一般有三种角度，即 30°、45°和 60°，弯起钢筋的斜长计算方法（按外皮尺寸）可参考表 3-6。

表 3-6　弯起钢筋斜长系数

图形 / 符号	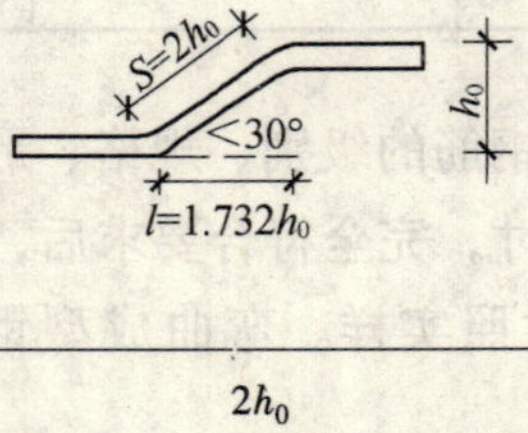	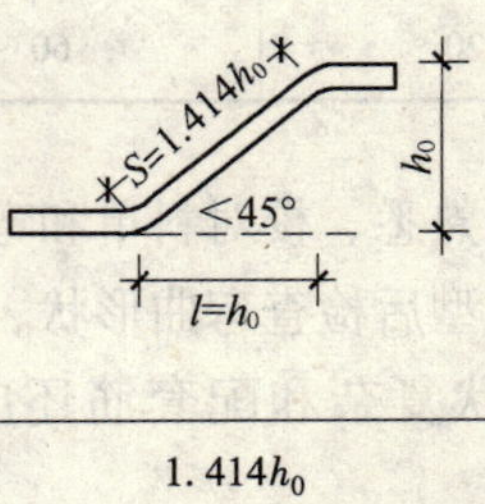	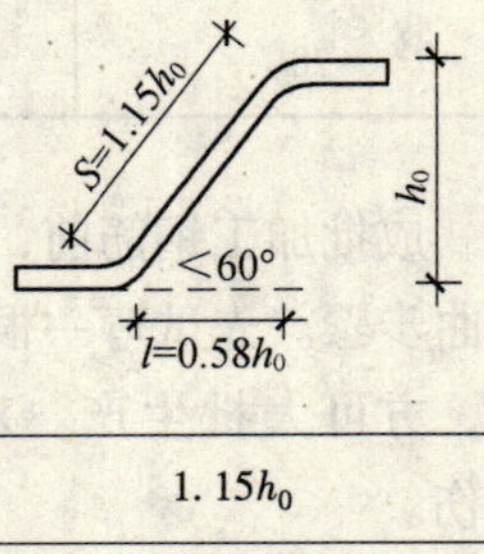
斜边长度 S	$2h_0$	$1.414h_0$	$1.15h_0$
增长长度 $S-l$	$0.268h_0$	$0.414h_0$	$0.577h_0$

5. 钢筋弯曲伸长值

钢筋弯曲后长度要增加，因此下料时要扣除其增加量，各种钢筋弯曲伸长值见表 3-7。

表 3-7　钢筋弯曲伸长值

mm

角度 / 伸长值 / 直径	30°	45°	60°	90°	135°
	0.35d	0.5d	0.85d	2d	2.5d
6				12	15
8				16	20
10	3.5	5	8.5	20	25
12	4	6	10.0	24	30
14	5	7	12.0	28	35
16	5.5	8	13.5	32	40
18	6.5	9	15.5	36	45
20	7	10	17.0	40	50
22	8	11	19.0	44	55
25	9	12.5	21.5	50	62.5
28	10	14.0	24.0	56	70
30	10.5	15.0	25.5	60	75
32	11.0	16.0	27.0	64	80

注：1. d 为弯曲钢筋直径。

2. 表中角度是指钢筋弯曲后与水平线的夹角。

6. 轻混凝土结构中的钢筋

轻混凝土结构中的钢筋除按设计规定外，一般当直径小于 8mm 时按正常加工；直径为 8～12mm 时弯钩直径加大到 5d；当直径大于 12mm 时除弯钩直径加至 5d 外，并应在弯钩中加配短钢筋。短钢筋的直径不应小于主要受力钢筋的直径。钢筋直径大于 16mm 时短钢筋应用焊接，弯曲钢筋的弯折处亦应加配短钢筋。

7. 弯曲成型的钢筋堆放

弯曲成型的钢筋要分类、分批（不得超过吊车起重与车运输量）分束堆放整齐，放置时要垫木方，小直径弯钩要错开。

8. 末端弯钩应作为最后弯曲程序

在钢筋弯曲成型时，一般将末端的弯钩作为最后一个弯曲程序，这样可以将配料、断料中的某些误差留在弯钩内，不致影响成型钢筋的外形尺寸。

（六）钢筋绑扎

1. 钢筋绑扎的常用工具

钢筋绑扎所用的工具比较简单，常用的主要有铅丝钩、带扳口的小撬杠和绑扎架等。

铅丝钩是主要的钢筋绑扎工具，其基本形状如图 3-8（a）所示，是用直径为 12～16mm、长度为 160～200mm 圆钢筋制成的。铅丝钩制作的关键是将铅丝钩的弯钩部分与手柄成 90°，这样在绑扎操作时比较省力。为了使铅丝钩绑扎时旋转方便和不磨手，可在铅丝钩手柄上加一套管，如图 3-8（b）所示。铅丝钩各部分的尺寸如图 3-8（c）所示。

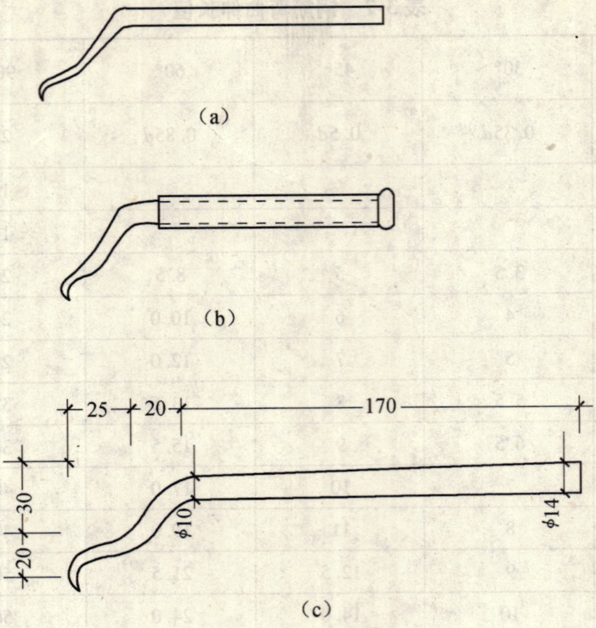

图 3-8　铅丝钩

(a) 普通型；(b) 活动套管型；(c) 铅丝钩尺寸

2. 钢筋绑扎常用的操作方法

钢筋绑扎的操作方法，根据各地工人的习惯不同而有所不同，但目前较为常用的有以下几种方法。

(1) 一面顺扣操作法

钢筋一面顺扣操作法如图 3-9 所示。

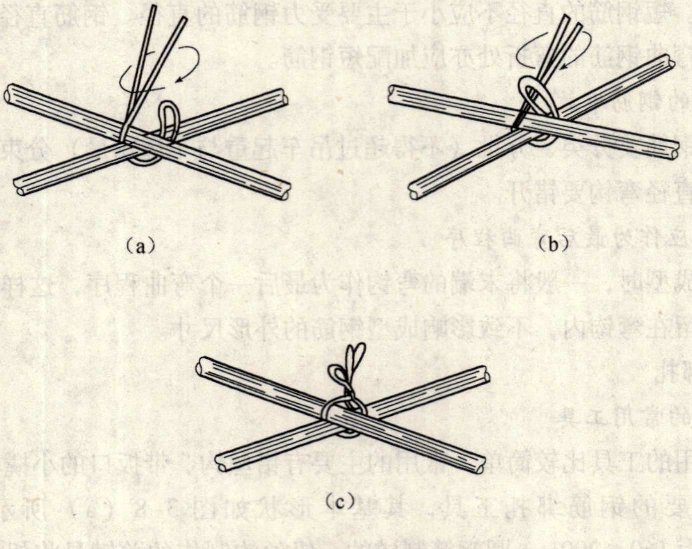

图 3-9　一面顺扣操作法

其主要特点是操作简单、方便、绑扎效率高、通用性强，可适用于钢筋网、架各个部位的绑扎，并且绑扎点比较牢靠。

一面顺扣操作法的步骤是：首先将已切断的绑扎铅丝，在中间折合成180°弯，然后将铅丝理得较为整齐，使每根铅丝在操作时很容易抽出，这是绑扎效率高低很关键的一点。绑扎时，执在左手的铅丝靠近钢筋绑扎点的底部，右手拿铅丝钩，食指压在钩前部，用钩尖端钩着铅丝底扣处，并紧靠铅丝开口端，绕铅丝拧转2～3圈。在绑扎时铅丝扣伸出钢筋底部要短，并且用钩尖将铅丝扣拧紧，这样可使铅丝扎得紧，而且绑扎速度也快。

当采用一面顺扣绑扎钢筋网、架时，每个绑扎点的铅丝扣方向要求变换90°，如图3-10所示，这样绑出的钢筋网、架整体性好，不易发生歪斜变形。

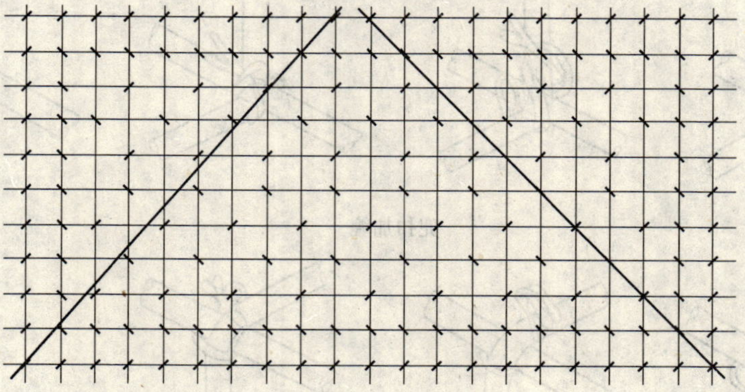

图3-10　钢筋网、架的绑扎

（2）其他钢筋绑扎方法

其他钢筋绑扎方法有：十字花扣、反十字花扣、兜扣、缠扣、兜扣加缠、套扣等，这些方法主要根据绑扎部位进行选择，其形式如图3-11所示。

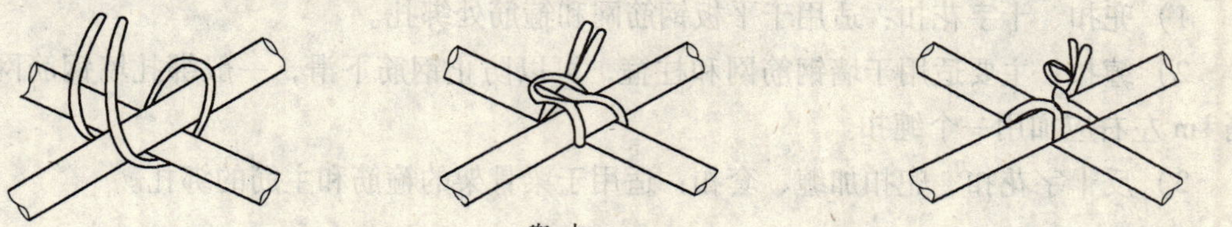

兜　扣

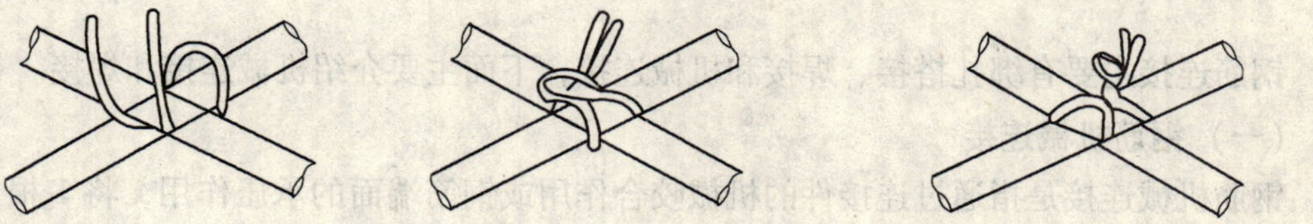

十字花扣

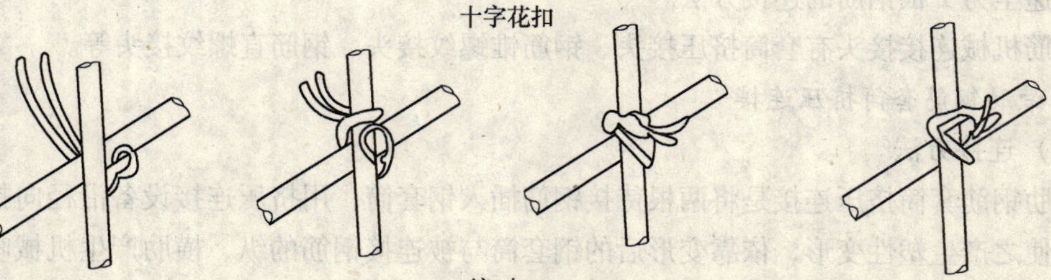

缠　扣

图3-11　钢筋绑扎方法

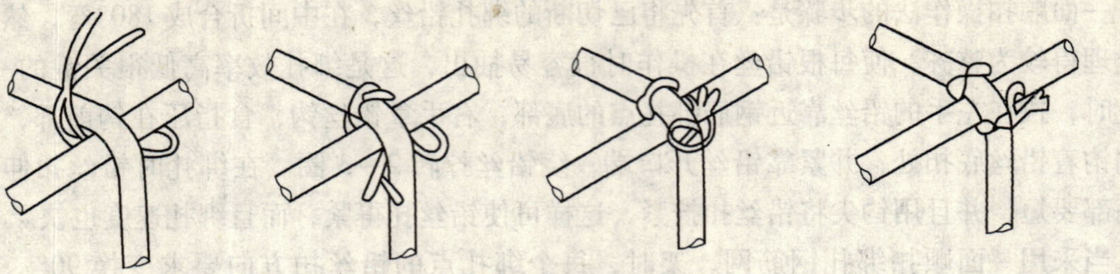

反十字花扣

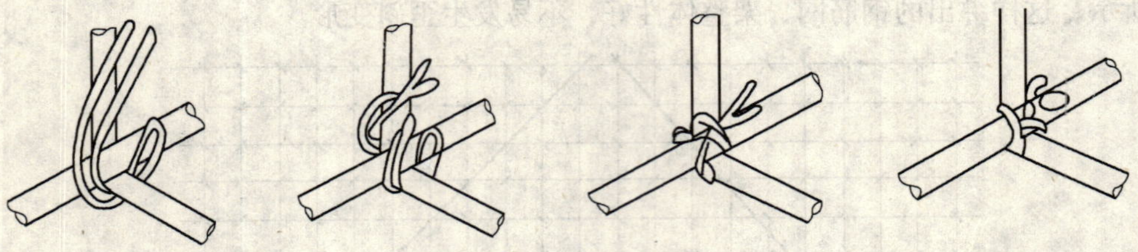

兜扣加缠

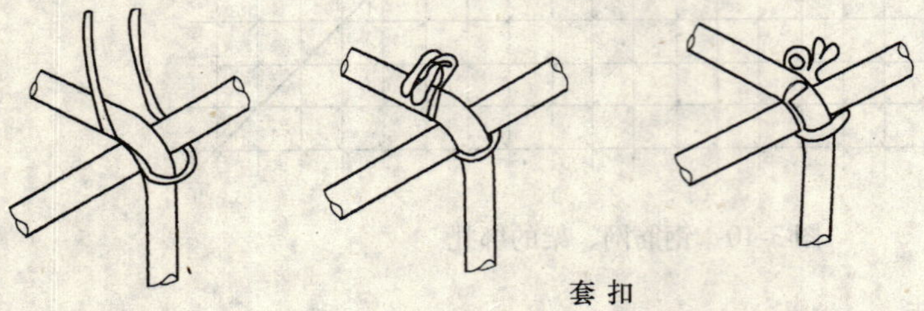

套 扣

图 3-11 钢筋绑扎方法（续）

1）兜扣、十字花扣：适用于平板钢筋网和箍筋处绑扎。

2）缠扣：主要适用于墙钢筋网和柱箍，可以防止钢筋下滑，一般绑扎墙钢筋网片每隔 1m 左右应加用一个缠扣。

3）反十字花扣、兜扣加缠、套扣：适用于梁骨架的箍筋和主筋的绑扎。

二、钢筋连接

钢筋连接主要有绑扎搭接、焊接和机械连接，下面主要介绍机械连接和焊接。

（一）钢筋机械连接

钢筋机械连接是指通过连接件的机械咬合作用或钢筋端面的承压作用，将 1 根钢筋中的力传递至另 1 根钢筋的连接方法。

钢筋机械连接接头有套筒挤压接头、钢筋锥螺纹接头、钢筋直螺纹接头等。

1. 带肋钢筋套筒挤压连接

（1）连接方法

带肋钢筋套筒挤压连接是将两根待接钢筋插入钢套筒，用挤压连接设备沿径向挤压钢套筒，使之产生塑性变形，依靠变形后的钢套筒与被连接钢筋的纵、横肋产生机械咬合而成为整体的钢筋连接方法。这种连接方法适用于工业与民用建筑的混凝土结构中钢筋直径为 16～40mm 的Ⅱ、Ⅲ级带肋钢筋径向连接。如图 3-12 所示。

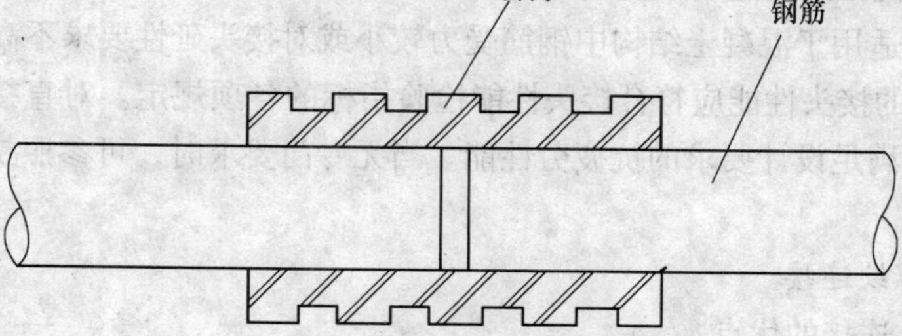

图 3-12 套筒挤压连接

(2) 套筒挤压接头等级

套筒挤压接头根据静力单向拉伸性能以及高应力和大变形条件下反复拉、压性能的差异分为 A 级和 B 级。

A 级：接头抗拉强度达到或超过母材抗拉强度标准值，并具有高延性及反复拉压性能。适用于混凝土结构中要求充分发挥钢筋强度或对接头延性要求较高的部位。

B 级：接头抗拉强度达到或超过母材屈服强度标准值的 1.35 倍，具有一定的延性及反复拉压性能。适用于混凝土结构中钢筋受力小或对接头延性要求不高的部位。

(3) 接头的抗疲劳性能

对直接承受动力荷载的结构，其接头应满足设计要求的抗疲劳性能。当无专门要求时，对连接Ⅱ级钢筋的接头，其疲劳性能应能经受应力幅为 100MPa，上限应力为 180MPa 的 200 万次循环加载。对连接Ⅲ级钢筋的接头，其疲劳性能应能经受应力幅为 100MPa，上限应力为 190MPa 的 200 万次循环加载。

2. 钢筋锥螺纹接头连接

(1) 锥螺纹连接方法

钢筋锥螺纹接头是把钢筋的连接端加工成锥形螺纹（简称丝头），通过锥螺纹连接套把两根带丝头的钢筋，按规定的力矩值连接成一体的钢筋连接方法（图 3-13）。这种连接方法适用于工业与民用建筑的混凝土结构中，钢筋直径为 16～40mm 的Ⅱ、Ⅲ级钢筋连接。

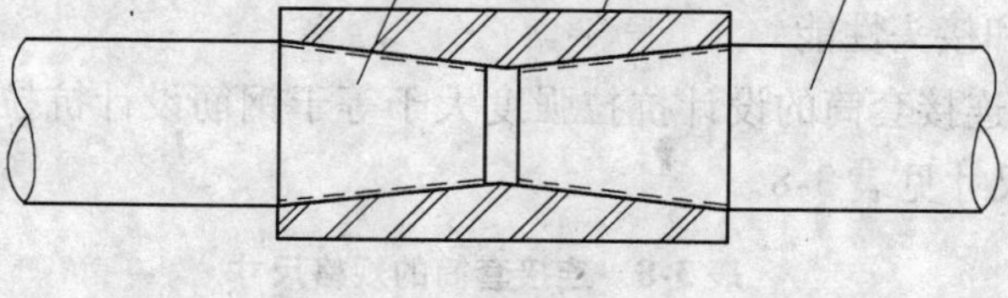

图 3-13 钢筋锥螺纹接头连接

(2) 锥螺纹接头等级

锥螺纹接头根据静力单向拉伸性能以及高应力和大变形条件下反复拉、压性能的差异划分为 A 级和 B 级。

A 级：接头抗拉强度达到或超过母材抗拉强度标准值，并具有高延性及反复拉压性能。适用于混凝土结构中要求充分发挥钢筋强度或对接头延性要求较高的部位。

B级：接头抗拉强度达到或超过母材屈服强度标准值的1.35倍，具有一定的延性及反复拉压性能。适用于混凝土结构中钢筋受力较小或对接头延性要求不高的部位。

A级、B级的接头性能应符合接头性能检验指标的各项规定。对直接承受动力荷载的结构，其接头应满足设计要求的抗疲劳性能。当无专门要求时，可参照挤压接头中所述抗疲劳性能的要求。

3. 钢筋直螺纹连接

(1) 直螺纹连接的优点

钢筋直螺纹连接是一种新的连接技术，它具有以下优点：

1) 接头强度高。接头强度大于钢筋母材强度。

2) 性能稳定。接头性能不受扭紧力矩影响，少拧2～3扣，均不会对接头强度造成明显损害。

3) 连接速度快。直螺纹连接套筒比锥螺纹短40%左右，且丝扣螺距大，不必使用扭力扳手，方便施工。

4) 应用范围广。对弯折钢筋、固定钢筋、钢筋笼等不能转动钢筋的场合，可不受限制地方便使用。

5) 经济效益好。直螺纹接头比套筒挤压接头省钢70%左右，比锥螺纹接头省钢35%左右。

6) 便于管理。省去了用扭力扳手检测这道工序。对工人素质及检测工具的依赖性明显减小。

(2) 直螺纹连接钢筋制作工艺

制作工艺分三个步骤：

1) 钢筋端部镦粗或剥肋；

2) 在镦粗段上切削直螺纹或在剥肋段滚压出丝扣；

3) 利用连接套筒对接钢筋。

钢筋端部的镦粗依靠专门设计制造的镦头机，每个镦头所需时间30～40s，每台班约可镦400～500个。镦头设备自重轻，便于运至工地对钢筋进行现场加工。

镦头结束后，在专用套丝机上切削加工螺纹。

现场用连接套筒对接钢筋，用普通扳手拧紧。

(3) 技术参数和接头性能

1) 技术参数：连接套筒的设计抗拉强度大于等于钢筋设计抗拉强度的1.2倍。标准型连接套筒的规格尺寸见表3-8。

表3-8 连接套筒的规格尺寸

钢筋直径（mm）	套筒外径（mm）	套筒长度（mm）	螺纹规格（mm）
20	32	40	M24×2.5
22	34	44	M25×2.5
25	39	50	M29×3.0
28	43	56	M32×3.0
32	49	64	M36×3.0
36	55	72	M40×3.5
40	61	80	M45×3.5

2）接头性能：按《钢筋机械连接通用技术规程》（JGJ 107—1996）中A级接头性能要求，试件应断于钢筋母材，达到与母材等强。

（二）钢筋焊接

1. 钢筋电渣压力焊

钢筋电渣压力焊是将钢筋安放成竖向对接形式，利用焊接电流通过两钢筋端面间隙，在焊剂层下形成电弧过程和电渣过程，产生电弧热和电阻热熔化钢筋，加压完成的一种焊接方法。适用于竖向焊接直径为14～40mm热轧Ⅰ、Ⅱ级钢筋。

（1）焊接设备与焊剂

钢筋电渣压力焊焊接设备为钢筋电渣压力焊机，包括：焊接电源、焊接机头、控制箱、焊剂填装盒等。

焊接机头（手控）有杠杆单柱式和丝杆传动式。杠杆式单柱焊接机头由单导柱、夹具、手柄、监控仪表、操作把等组成。下夹具固定在钢筋上，上夹具利用手动杠杆可沿单柱上、下滑动，以控制上钢筋的运动和位置（图3-14）。丝杆传动式双柱焊接机头由伞形齿轮箱、手柄、升降丝杆、夹紧装置、夹具、双导柱等组成。上夹具在双导柱上滑动，利用丝杆螺母的自锁特性使上钢筋易定位，夹具定位精度高，卡住钢筋后无须调整对中度。电流通过特制焊把钳直接夹在钢筋上（图3-15）。

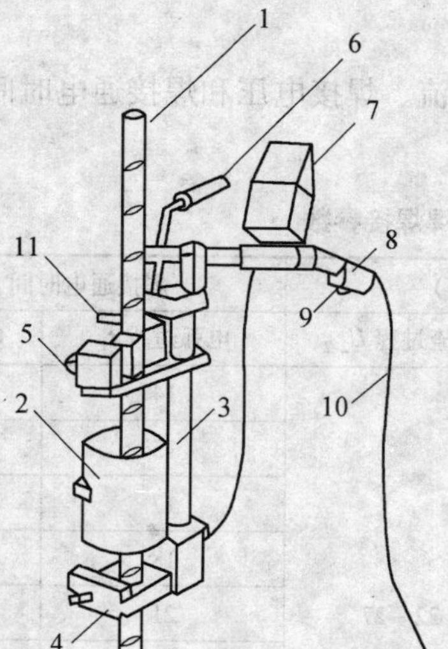

图3-14　杠杆式单柱焊接机头

1—钢筋；2—焊剂盒；3—单导柱；4—固定夹具；5—活动夹具；6—手柄；7—监控仪表；8—操作把；9—开关；10—控制电缆；11—电缆插座

JSD-600

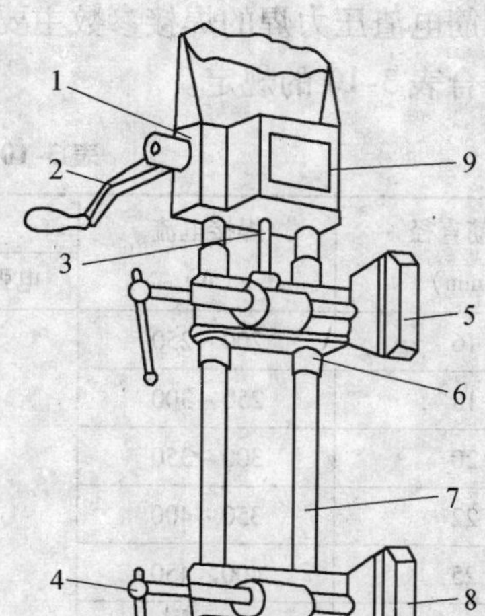

图3-15　丝杆传动式双柱焊接机头

1—伞形齿轮箱；2—手柄；3—升降丝杆；4—夹紧装置；5—上夹具；6—导管；7—双导柱；8—下夹具；9—操作盒

焊接电源可采用BX3-500型或BX2-1000型交流弧焊机，也可采用JSD-600型或JSD-1000型专用电源，电源性能指标见表3-9。

表 3-9　电渣压力焊电源性能指标

电源电压	V	380		380	
相　数	相	1		1	
输入容量	kVA	45		76	
空载电压	V	80		78	
负载持续率	%	60	35	60	35
初级电流	A	116		196	
次级电流	A	600	750	1000	1200
次级电压	V	22 ~ 45		22 ~ 45	
焊接钢筋直径	mm	14 ~ 32		22 ~ 40	

控制箱内安装电压表、电流表和信号电铃，以便控制焊接参数和准确掌握焊接通电时间。

焊剂填装盒由铁皮制成，呈圆形，内径为 80 ~ 100mm，与所焊钢筋直径相适应。

焊剂可采用 431 型焊剂。焊剂在使用前必须在 250℃ 温度烘烤 2h，以保证焊剂容易熔化，形成渣池。

（2）焊接参数

钢筋电渣压力焊的焊接参数主要包括：焊接电流、焊接电压和焊接通电时间，各项参数应符合表 3-10 的规定。

表 3-10　钢筋电渣压力焊焊接参数

钢筋直径（mm）	焊接电流（A）	焊接电压（V）		焊接通电时间（s）	
		电弧过程 $U_{2\text{-}1}$	电渣过程 $U_{2\text{-}2}$	电弧过程 t_1	电渣过程 t_2
16	200 ~ 250	40 ~ 45	22 ~ 27	14	4
18	250 ~ 300			15	5
20	300 ~ 350			17	5
22	350 ~ 400			18	6
25	400 ~ 450			21	6
28	500 ~ 550			24	6
32	600 ~ 650			27	7
36	700 ~ 750			30	8
40	850 ~ 900			33	9

不同直径钢筋焊接时，按较小直径钢筋选择参数，焊接通电时间延长约 10%。

2. 钢筋气压焊

钢筋气压焊是采用氧乙炔火焰或其他火焰对两根钢筋对接处加热，使其达到塑性状态或熔化状态后，加压完成的一种压焊方法。适用于焊接直径 14 ~ 40mm 的热轧 Ⅰ ~ Ⅲ 级钢筋。

气压焊设备由供气装置、加热器、加压器及焊接夹具等组成，如图 3-16 所示。

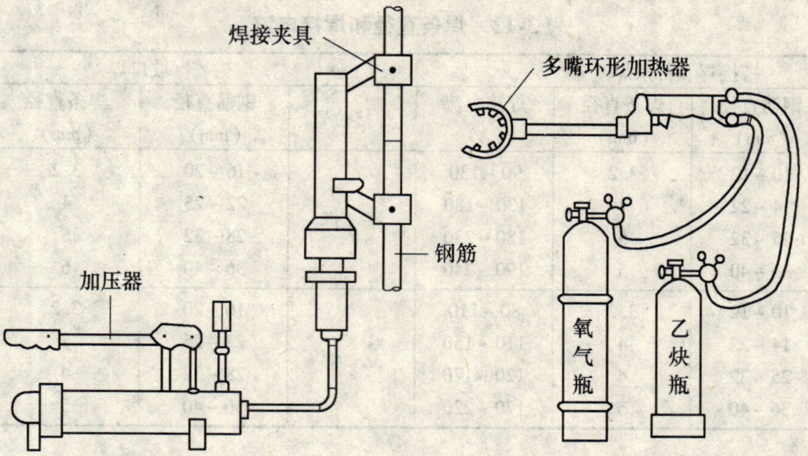

图 3-16　钢筋气压焊设备

供气装置包括氧气瓶、溶解乙炔气瓶（或中压乙炔发生器）、干式回火防止器、减压器及胶管等。溶解乙炔气瓶的供气能力应满足现场最大直径钢筋焊接时供气量的要求；当不够使用时，可多瓶并联使用。

多嘴环管加热器中氧乙炔混合室的供气量应满足加热圈气体消耗量需要；应配置多种规格的加热圈，多束火焰应燃烧均匀，调整火焰应方便。

加压器包括油泵、油管、油压表、顶压油缸等。加压能力应大于或等于现场最大直径钢筋焊接时所需要的轴向压力；顶压油缸的有效行程应大于或等于最大直径钢筋焊接所需要的压缩长度。

焊接夹具能夹住钢筋，当钢筋承受最大轴向压力时，钢筋与夹头之间应不产生相对滑移；便于钢筋的安装定位，并在施焊过程中保持刚度；动夹头应与定夹头同心，并且当不同直径钢筋焊接时，亦应保持同心；动夹头的位移应大于或等于现场最大直径钢筋焊接时所需要的压缩长度。

3. 钢筋电弧焊

钢筋电弧焊是以焊条为一极，钢筋为另一极，利用焊接电流通过产生的电弧热进行焊接的一种熔焊方法。

钢筋电弧焊焊条型号可参考表 3-11 选用。

表 3-11　钢筋电弧焊焊条型号

钢筋级别	电弧焊接头形式			
	帮条焊、搭接焊	坡口焊、熔槽帮条焊、预埋件穿孔塞焊	窄间隙焊	钢筋与钢板搭接焊 预埋件 T 形角焊
Ⅰ	E4303	E4303	E4316 E4315	E4303
Ⅱ	E4303	E5003	E5016 E5015	E4303
Ⅲ	E5003	E5503	E6016 E6015	

焊条直径和焊接电流可参考表 3-12。

表 3-12　焊条直径和焊接电流

搭接焊、帮条焊				坡口焊			
焊接位置	钢筋直径（mm）	焊条直径（mm）	焊接电流（A）	焊接位置	钢筋直径（mm）	焊条直径（mm）	焊接电流（A）
平　焊	10～12	3.2	90～130	平　焊	16～20	3.2	140～170
	14～22	4	130～180		22～25	4	170～190
	25～32	5	180～230		28～32	5	190～220
	36～40	5	190～240		36～40	6	200～230
钢筋级别 HPB235 级	10～12	3.2	80～110	立　焊	16～20	3.2	120～150
	14～22	4	110～150		22～25	4	150～180
	25～32	4	120～170		28～32	4	180～200
	36～40	5	170～220		36～40	5	190～210

钢筋电弧焊有帮条焊、搭接焊、坡口焊、窄间隙焊和熔槽帮条焊 5 种接头形式。

（1）帮条焊

帮条焊有双面焊和单面焊两种接头（图 3-17）。宜采用双面焊；当不能进行双面焊时，可采用单面焊。

帮条长度 l 应符合表 3-13 的规定。

表 3-13　帮条长度

钢筋级别	焊缝形式	帮条长度 l
HPB235 级	单面焊	$\geqslant 8d$
	双面焊	$\geqslant 4d$
HRB335 级、HRB400 级	单面焊	$\geqslant 10d$
	双面焊	$\geqslant 5d$

当帮条级别与主筋相同时，帮条直径可与主筋相同或小一个规格；当帮条直径与主筋相同时，帮条级别可与主筋相同或低一个级别。

帮条焊接头的焊缝厚度 s 不应小于主筋直径的 0.3 倍；焊缝宽度 b 不应小于主筋直径的 0.7 倍（图 3-18）。

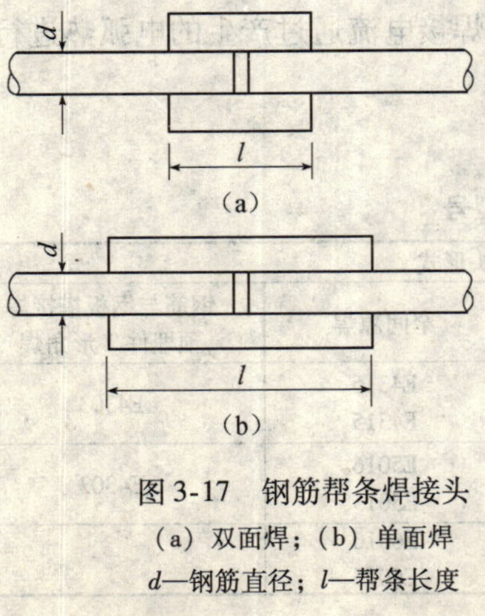

图 3-17　钢筋帮条焊接头

（a）双面焊；（b）单面焊

d—钢筋直径；l—帮条长度

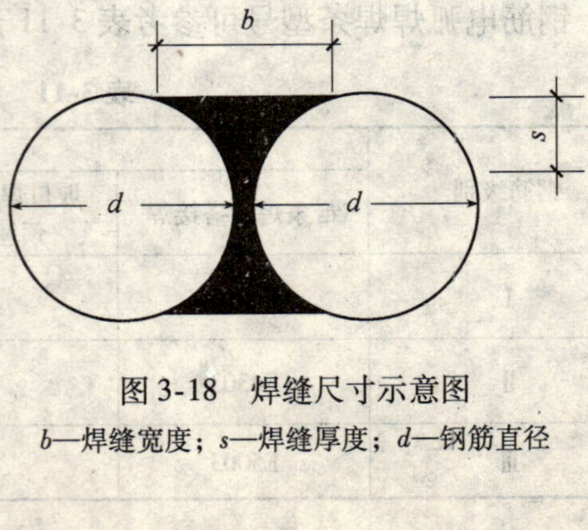

图 3-18　焊缝尺寸示意图

b—焊缝宽度；s—焊缝厚度；d—钢筋直径

帮条焊时，两主筋端面的间隙应为 2 ~ 5mm；帮条与主筋之间应用四点定位焊固定；定位焊缝与帮条端部的距离应大于或等于 20mm。

焊接时，应在帮条焊形成焊缝中引弧，在端头收弧前应填满弧坑，并使主焊缝与定位焊缝的始端和终端熔合。

帮条焊适用于焊接直径 10 ~ 40mm 的热轧 HPB235 ~ HRB400 级钢筋及直径 10 ~ 25mm 的Ⅲ级余热处理钢筋。

（2）搭接焊

搭接焊有双面焊和单面焊两种接头（图 3-19）。宜采用双面焊，当不能进行双面焊时，可采用单面焊。搭接长度与帮条长度相同。

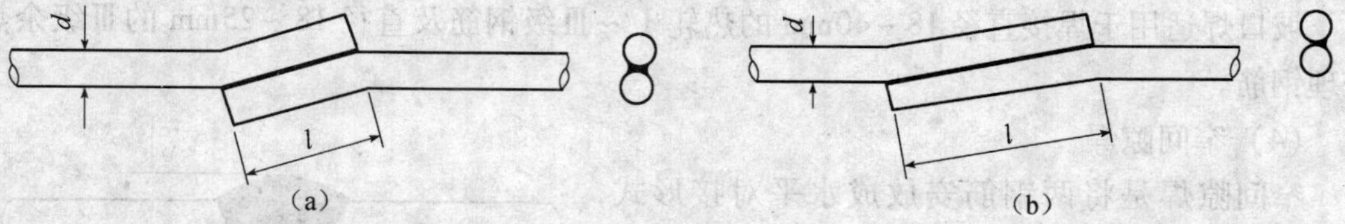

图 3-19　钢筋搭接焊接头

（a）双面焊；（b）单面焊

d—钢筋直径；*l*—搭接长度

搭接焊接头的焊缝厚度 *s* 不应小于主筋直径的 0.3 倍；焊缝宽度 *b* 不应小于主筋直径的 0.7 倍。

搭接焊时，焊接端钢筋应预弯，并使两钢筋的轴线在一直线上；两主筋之间应用两点定位焊固定；定位焊缝与搭接端部的距离应大于或等于 20mm。

焊接时，应在搭接焊形成焊缝中引弧；在端头收弧前应填满弧坑，并使主焊缝与定位焊缝的始端和终端熔合。

搭接焊适用于焊接直径 10 ~ 40mm 的热轧 HPB235 ~ HPB400 级钢筋及直径 10 ~ 25mm 的Ⅲ级余热处理钢筋。

（3）坡口焊

坡口焊有平焊和立焊两种接头（图 3-20、图 3-21）。坡口平焊时，V 形坡口角度宜为 55° ~ 65°。坡口立焊时，坡口角度宜为 40° ~ 55°，其中，下钢筋宜为 0° ~ 10°，上钢筋宜为 35° ~ 45°。

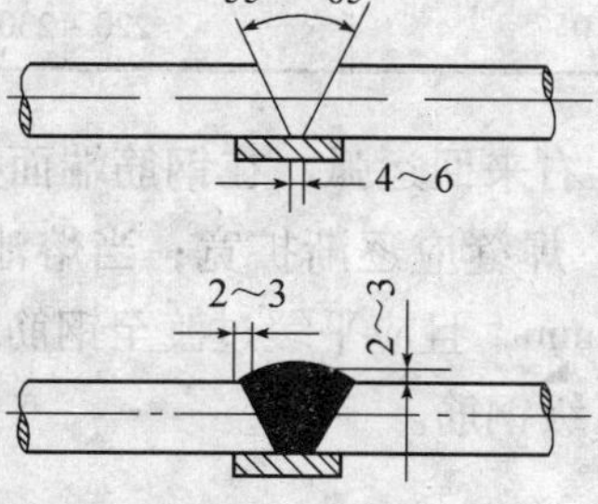

图 3-20　坡口平焊

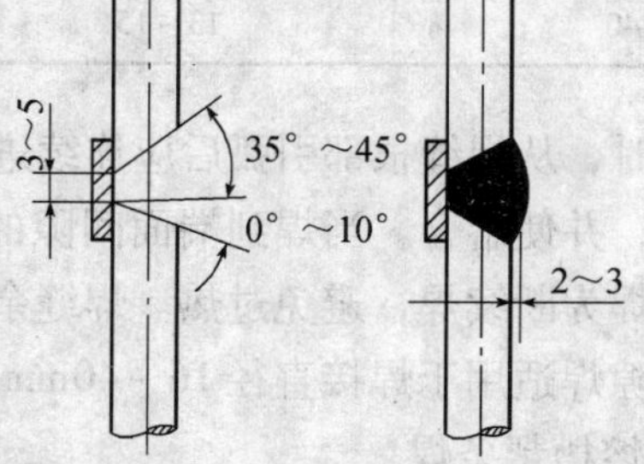

图 3-21　坡口立焊

钢垫板厚度宜为 4 ~ 6mm，长度宜为 40 ~ 60mm。坡口平焊时，垫板宽度应为钢筋直径加 10mm；立焊时，垫板宽度宜等于钢筋直径。

钢筋根部间隙，坡口平焊时宜为 4～6mm；立焊时，宜为 3～5mm。其最大间隙均不宜超过 10mm。

坡口焊宜采用几个接头轮流进行施焊，坡口面应平顺，切口边缘不得有裂纹、钝边和缺棱。

坡口焊接时，焊缝根部、坡口端面以及钢筋与钢板之间均应熔合；钢筋与钢垫板之间，应加焊 2～3 层侧面焊缝；焊缝的宽度应大于 V 形坡口的边缘 2～3mm，焊缝余高不得大于 3mm，并宜平缓过渡至钢筋表面；焊接过程中应经常清渣；当发现接头中有弧坑、气孔及咬边等缺陷时，应立即补焊。Ⅲ级钢筋接头冷却后补焊时，应采用氧乙炔焰预热。

坡口焊适用于焊接直径 18～40mm 的热轧Ⅰ～Ⅲ级钢筋及直径 18～25mm 的Ⅲ级余热处理钢筋。

(4) 窄间隙焊

窄间隙焊是将两钢筋安放成水平对接形式，并置于铜模内，中间留有少量间隙，用焊条连续焊接，熔化钢筋端面使熔敷金属填充间隙，形成接头（图 3-22）。

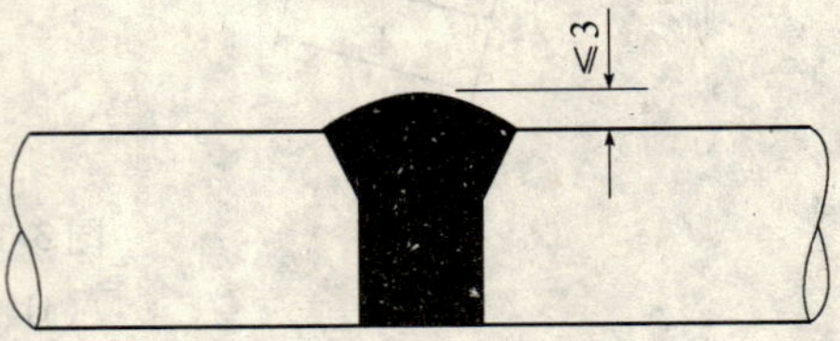

图 3-22　钢筋窄间隙焊接头

窄间隙焊的钢筋端面间隙和焊接参数可按表 3-14 选用。焊条型号按表 3-11 的规定选用。

表 3-14　窄间隙焊端面间隙和焊接参数

钢筋直径（mm）	端面间隙（mm）	焊条直径（mm）	焊接电流（A）
16	9～11	3.2	100～110
18	9～11	3.2	100～110
20	10～12	3.2	100～110
22	10～12	3.2	100～110
25	12～14	4.0	150～160
28	12～14	4.0	150～160
32	12～14	4.0	150～160
36	13～15	5.0	220～230
40	13～15	5.0	220～230

焊接时，从焊缝根部引弧后应连续进行焊接，左、右来回运弧，在钢筋端面处电弧应少许停留，并使熔合。当焊到端面间隙的 4/5 高度后，焊缝应逐渐扩宽；当熔池过大时，应改连续焊为断续焊，避免过热。焊缝余高不得大于 3mm，且应平缓过渡至钢筋表面。

窄间隙焊适用于焊接直径 16～40mm 的热轧Ⅰ～Ⅲ级钢筋。

(5) 熔槽帮条焊

熔槽帮条焊是两钢筋水平对接，用角钢作帮条进行焊接。两钢筋端面的间隙为 10～16mm。角钢边长宜为 40～60mm，长度宜为 80～100mm（图 3-23）。

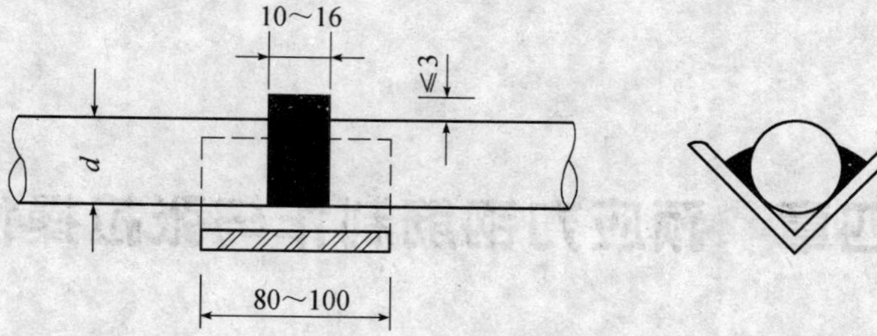

图 3-23　钢筋熔槽帮条焊接头

焊接时，应从接缝处垫板引弧后连续施焊，并使钢筋端部熔合，防止未焊透、气孔或夹渣；焊接过程中应停焊清理一次。焊平后，再进行焊缝余高的焊接，余高不得大于3mm；钢筋与角钢垫板之间，应加焊侧面焊缝1~3层，焊缝应饱满，表面应平整。

熔槽帮条焊适用于焊接直径20~40mm的热轧Ⅰ~Ⅲ级钢筋及直径25mm的Ⅲ级余热处理钢筋。

4. 钢筋焊接的质量要求

（1）焊缝表面应平整，不得有凹陷或焊瘤。

（2）焊接接头区域不得有裂纹。

（3）咬边深度、气孔、夹渣等缺陷允许值及接头尺寸的允许偏差应符合质量标准的规定。

（4）坡口焊、熔槽帮条焊和窄间歇焊接头的焊缝余高不得大于3mm。

（5）外观检查不合格的接头，经修整或补强后可提交二次验收。

（三）拉伸试验

钢筋电弧焊接头拉伸试验结果应符合下列要求：

1. 3个热轧钢筋接头试件的抗拉强度均不得小于该级别钢筋规定的抗拉强度；余热处理Ⅲ级钢筋接头试件的抗拉强度均不得小于热轧Ⅲ级钢筋规定的抗拉强度570MPa；

2. 3个接头试件均应断于焊缝之外，并应至少有2个试件呈延性断裂。当试验结果有1个试件的抗拉强度小于规定值，或有1个试件断于焊缝，或有2个试件发生脆性断裂时，应再取6个试件进行复验。复验结果当有1个试件抗拉强度小于规定值，或有1个试件断于焊缝，或有3个试件呈脆性断裂时，应确认该批接头为不合格品。

模拟试件的数量和要求应与成品中切取时相同。当模拟试件试验结果不符合要求时，复验应再从成品中切取，其数量和要求应与初始试验时相同。

第四章　预应力钢筋制作与张拉操作

一、预应力混凝土、预制构件及工艺

（一）预应力混凝土

预应力混凝土是在外荷载作用前，预先建立有预压应力的混凝土。混凝土的预压应力一般是通过张拉预应力筋实现的。

预应力混凝土与钢筋混凝土比较，具有构件截面小、自重轻、刚度大、抗裂度高、耐久性好、材料省等优点，但预应力混凝土施工需要专门的材料与设备、特殊的工艺、单价较高。

预应力混凝土按施工方式不同可分为：预制预应力混凝土、现浇预应力混凝土和叠合预应力混凝土等。按预加应力的方法不同可分为：先张法预应力混凝土和后张法预应力混凝土。

（二）预应力混凝土预制构件

预应力混凝土预制构件有以下主要系列：

（1）预应力屋面梁和屋架；

（2）预应力吊车梁；

（3）预应力屋面板和楼板；

（4）板架合一的预应力屋面构件；

（5）预应力简支梁。

（三）预应力工艺和作用

1. 预应力工艺

预应力工艺即预应力张拉锚固工艺，是指按照设计规定的对工程构件或结构预加应力的要求、对配置的预应力筋（简称“应力筋”）实施张拉和锚固作业的工艺，包括应力筋的制备、布设（穿放）、张拉（折线应力筋还有压折）和锚固（有粘结应力筋还有灌浆）等全部工序以及需要相应解决的下料控制、锚具和张拉设备、张拉顺序、张拉力和伸长变形控制、应力损失控制、锚固要求以及应力分布控制等有关技术要求，并随着应用对象（构件或结构）和张拉锚固体系的不同而形成各种预应力工艺。按张拉对浇筑混凝土的先后，分为先张法预应力工艺和后张法预应力工艺；按应力筋与混凝土之间有无粘结，分为有粘结预应力工艺和无粘结预应力工艺；按应力筋的形式，分为直线预应力工艺、曲线预应力工艺、折线预应力工艺和多跨连续折线预应力工艺（含“先折后拉”工艺和“先拉后折”工艺）；按应力筋的走向，分为水平预应力工艺、竖向预应力工艺和环向预应力工艺；以及按张拉方式，分为一次张拉预应力工艺、多次张拉预应力工艺、变角张拉预应力工艺。

2. 预应力的作用

在预应力工程结构或构件中，预应力所起的作用有以下几种：

（1）对受拉杆件或受弯结构构件的拉应力区施以预加压应力，以抵减设计拉应力，控制裂缝出现和限制裂缝开展。

（2）通过施以与荷载作用效应相反的应力，在一定程度上平衡受弯结构、环形结构的设计弯矩、张力（切线应力）。

（3）张紧承重缆索并施以预加应力。

（4）作为分节（段）预制构件与装配式结构拼装和形成整体结构的手段，提高抗震能力。

（5）作为调整结构受力情况的手段。

预应力已成为建造大柱网建筑、大跨度桥梁、大悬挑和特种工程的重要手段。

二、预应力材料

（一）预应力钢筋和施工机械

预应力钢筋和施工机械已在本书的第一章和第二章介绍，本章不再重复。

（二）锚具、夹具与连接器

锚具是后张法结构或构件中为保持预应力筋拉力并将其传递到混凝土上用的永久性锚固装置。夹具是先张法构件施工时为保持预应力筋拉力并将其固定在张拉台座（或钢模）上用的临时性锚固装置。后张法张拉用的夹具又称工具锚，是将千斤顶（或其他张拉设备）的张拉力传递到预应力筋的装置。连接器是先张法或后张法施工中将预应力从一根预应力筋传递到另一根预应力筋的装置。

预应力筋用锚具、夹具和连接器按锚固方式不同，可分为夹片式（JM 型锚具、单孔夹片锚具与多孔夹片锚具等）、支承式（镦头锚具、螺丝端杆锚具等）、锥塞式（钢质锥形锚具、槽销锚具等）和握裹式（压花锚具、挤压锚具等）四类。

1. *单孔夹片锚具*

单孔夹片锚具适用于锚固ϕ12.7 和ϕ15.2 钢绞线，也可用作先张法夹具。

单孔夹片锚具由锚环与夹片组成，如图 4-1 所示。夹片的种类很多，按片数可分为三

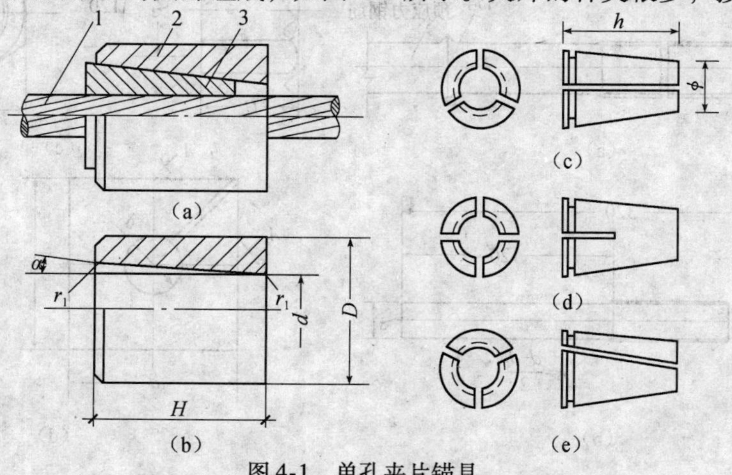

图 4-1　单孔夹片锚具

（a）组装图；（b）锚环；（c）三片式夹片；（d）二片式夹片；（e）斜开缝夹片

1—钢绞线；2—锚环；3—夹片

片式与二片式；按开缝形式可分为直开缝与斜开缝。二片式夹片的背面上部锯有一条弹性槽，以提高锚固性能。直开缝夹片最为常用，斜开缝夹片主要为锚固 7ϕ^s5 平行钢丝束用，也可用于钢绞线的锚固。斜开缝偏转角的方向应与钢绞线的扭角相反。单孔夹片锚具的型号与规格见表 4-1。

表 4-1　单孔夹片锚具尺寸　mm

锚具型号	锚环				夹片		
	D	H	d	α	ϕ	h	形式
XM15－1	44	50	—	—	—	—	三片斜开缝
QM 13－1	40	42	16	5°40′	25	40	三片直开缝
QM 15－1	46	48	18	5°40′	29	45	
OVM 13－1	43	43	16	6°00	25	38	二片直开缝
OVM 15－1	46	48	18		28	43	
Z15－1	39	50	—	—	—	—	三片直开缝

2. 多孔夹片锚固体系（群锚）

多孔夹片锚具是在一块多孔的锚板上，利用每个锥形孔装一副夹片夹持一根钢绞线的一种楔紧式锚具。这种锚具的优点是每束钢绞线的根数不受限制，任何一根钢绞线锚固失效，都不会引起整束锚固失效，但构件端部需要扩孔。对锚板与夹片的要求与单孔夹片锚具相同。这种锚具在现代预应力混凝土工程中应用得较为广泛。

3. 螺丝端杆锚具

螺丝端杆锚具适用于锚固直径不大于 36mm 的冷拉Ⅱ级与Ⅲ级钢筋，也可作先张法夹具。它由螺丝端杆、螺母及垫板组成，如图 4-2 所示，其型号与规格见表 4-2。螺丝端杆锚具的强度，不得低于预应力筋的抗拉强度实测值。

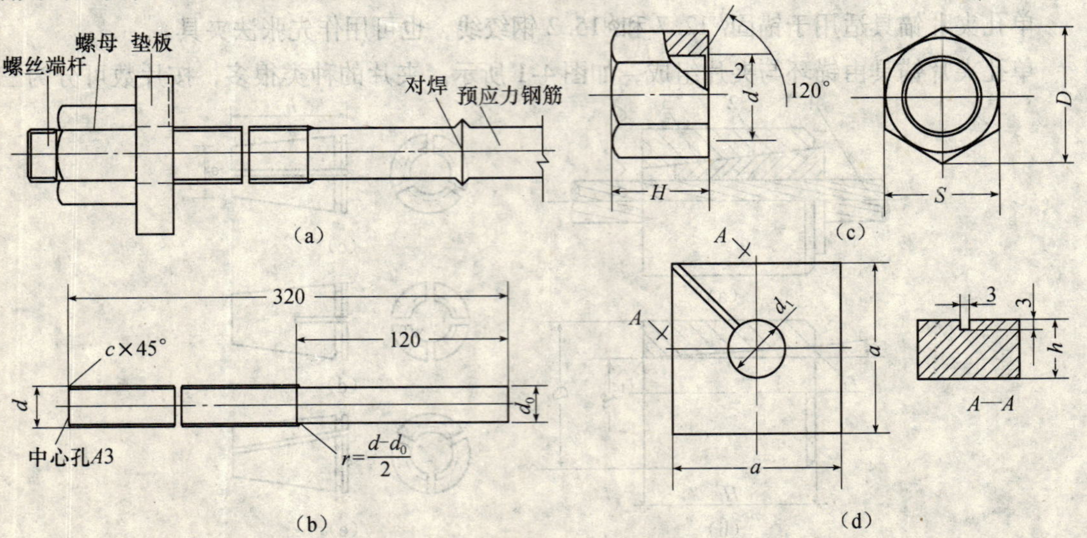

图 4-2　螺丝端杆锚具

（a）装配图；（b）螺丝端杆；（c）螺母；（d）垫板

表 4-2　螺丝端杆锚具尺寸

mm

型号	钢筋直径	螺纹 d	d_0	c	H	S	D	$a \times h$	d_1	留孔直径
LM18	18	M22×1.5	20	1.0	32	32	36.9	90×14	24	48
LM20	20	M24×2	22	1.5	36	36	41.6	90×16	26	48
LM22	22	M27×2	25	1.5	40	41	47.3	90×16	29	48
LM25	25	M30×2	28	1.5	45	46	53.1	90×20	32	50
LM28	28	M33×2	31	1.5	50	50	57.7	90×20	35	50
LM32	32	M39×3	35	2.0	55	55	63.5	90×22	41	55
LM36	36	M42×3	39	2.0	60	65	75	100×25	44	60

4. 镦头锚具

镦头锚具适用于锚固任意根数ϕ^s5与ϕ^s7钢丝束。镦头锚具的形式与规格，可根据需要自行设计。常用的镦头锚具分为 A 型与 B 型。A 型由锚杯与螺母组成，用于张拉端。B 型为锚板，用于固定端，如图 4-3 所示。

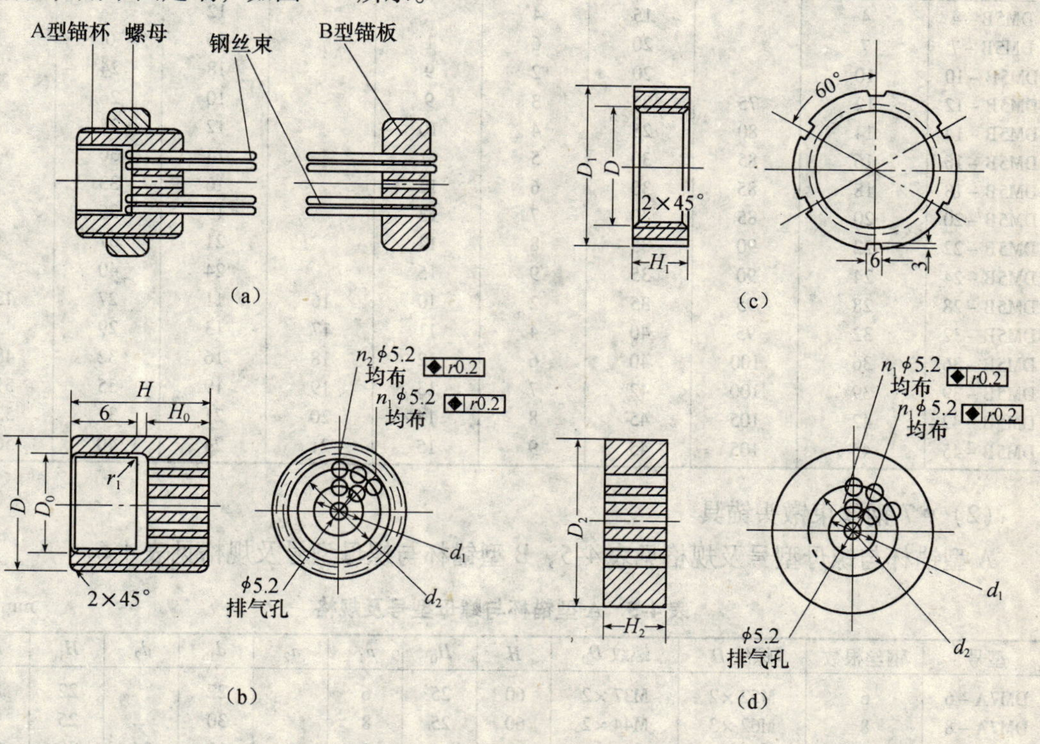

图 4-3　钢丝束镦头锚具

（a）装配图；（b）A 型锚杯；（c）螺母；（d）B 型锚板

（1）ϕ^s5 钢丝束镦头锚具

A 型锚杯与螺母型号及规格见表 4-3，B 型锚杯与螺母型号及规格见表 4-4。

表 4-3　A 型锚杯与螺母型号及规格　　mm

型号	钢丝根数	螺纹 D	螺纹 D_0	H	H_0	n_1	n_2	n_3	d_1	d_2	d_3	H_1	D_1
DM5A-4	4	M36×2	M24×2	40	15	4			12			15	55
DM5A-7	7	M41×2	M27×2	45	20	6	1		16	0		20	65
DM5A-10	10	M49×2	M35×2	50	20	2	9		8	24		20	75
DM5A-12	12	M52×2	M37×2	60	25	3	9		10	26		22	80
DM5A-14	14	M56×2	M40×2	60	25	4	10		12	28		22	85
DM5A-16	16	M60×2	M42×2	70	30	5	11		14	30		25	90
DM5A-18	18	M64×3	M45×2	70	30	6	12		16	32		25	95
DM5A-20	20	M68×3	M48×2	70	30	7	13		19	35		25	95
DM5A-22	22	M68×3	M48×2	75	35	8	14		21	37		30	100
DM5A-24	24	M72×3	M52×3	75	35	9	15		24	40		30	100
DM5A-28	28	M76×3	M55×3	75	35	2	10	16	11	27	43	30	105
DM5A-32	32	M80×3	M57×3	80	40	4	11	17	13	29	45	35	110
DM5A-36	36	M84×3	M60×3	80	40	6	12	18	16	32	48	35	115
DM5A-39	39	M88×3	M63×3	85	42	7	13	19	10	35	61	35	120
DM5A-42	42	M91×3	M65×3	90	45	8	14	20	21	37	53	40	125
DM5A-45	45	M94×3	M68×3	90	45	9	15	21	24	40	56	40	130

表 4-4　B 型锚杯与螺母型号及规格　　mm

型号	钢丝根数	D_2	H_2	n_1	n_2	n_3	d_1	d_2	d_3
DM5B-4	4		15	4			12		
DM5B-7	7		20	6	1		16	0	
DM5B-10	10		20	2	9		18	24	
DM5B-12	12	75	25	3	9		10	26	
DM5B-14	14	80	25	4	10		12	28	
DM5B-16	16	85	30	5	11		14	30	
DM5B-18	18	85	30	6	12		16	33	
DM5B-20	20	85	30	7	13		19	35	
DM5B-22	22	90	35	8	14		21	37	
DM5B-24	24	90	35	9	15		24	40	
DM5B-28	28	95	35	2	10	16	11	27	43
DM5B-32	32	95	40	4	11	17	13	29	45
DM5B-36	36	100	40	6	12	18	16	32	48
DM5B-39	39	100	42	7	13	19	19	35	51
DM5B-42	42	105	45	8	14	20	21	37	53
DM5B-45	45	105	45	9	15	21	24	40	56

（2）$\phi^{s}7$ 钢丝束镦头锚具

A 型锚杯与螺母型号及规格见表 4-5，B 型锚杯与螺母型号及规格见表 4-6。

表 4-5　A 型锚杯与螺母型号及规格　　mm

型号	钢丝根数	螺纹 D	螺纹 D_0	H	H_0	n_1	n_2	d_1	d_2	H_1	D_1
DM7A-6	6	M52×2	M37×2	60	25	6		22		22	80
DM7A-8	8	M62×3	M44×2	60	25	8		30		25	90
DM7A-10	10	M68×3	M48×2	70	30	2	9	12	34	30	95
DM7A-12	12	M72×3	M52×3	75	35	3	9	14	36	30	100
DM7A-14	14	M76×3	M55×3	80	35	4	10	16	38	30	110
DM7A-16	16	M80×3	M57×3	85	40	5	11	19	41	35	115
DM7A-18	18	M84×3	M60×3	85	40	6	12	22	44	35	120
DM7A-20	20	M91×3	M63×3	95	45	7	13	26	48	35	125
DM7A-22	22	M96×3	M67×3	95	45	8	14	30	52	40	130
DM7A-24	24	M100×3	M70×3	100	50	9	15	33	55	42	135

表 4-6　B 型锚杯与螺母型号及规格　mm

型号	钢丝根数	D_2	H_2	n_1	n_2	d_1	d_2
DM7B－6	6	75	25	6		22	
DM7B－8	8	80	25	8		30	
DM7B－10	10	85	30	2	9	12	34
DM7B－12	12	95	35	3	9	14	36
DM7B－14	14	95	35	4	10	16	38
DM7B－16	16	95	40	5	11	19	41
DM7B－18	18	100	40	6	12	22	44
DM7B－20	20	100	45	7	13	26	48
DM7B－22	22	110	45	8	14	30	52
DM7B－24	24	120	50	9	15	33	55

5. 连接器

（1）钢丝束连接器

采用镦头锚具时，钢丝束的连接器可采用带内螺纹的套筒或带外螺纹的连杆，如图 4-4所示。

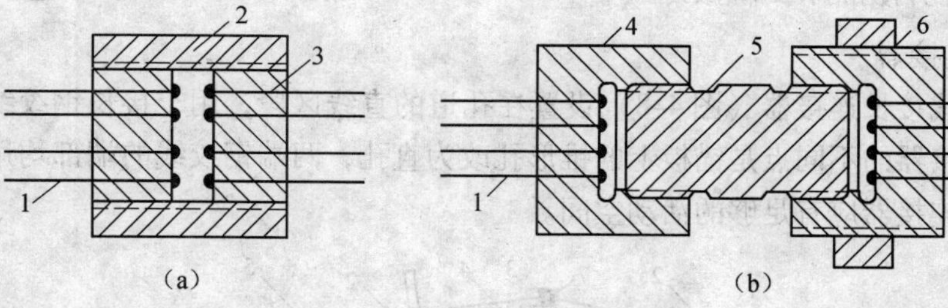

图 4-4　钢丝束连接器

（a）带内螺纹的套筒；（b）带外螺纹的连杆

1—钢丝；2—套筒；3—锚板；4—锚杯；5—连杆；6—螺母

（2）单根钢绞线连接器

1）锚头连接器

锚头连接器设置在构件端部，用于锚固前段束，并连接后段束。后段束张拉时，连接器无位移，可减少连接器下局部应力和变形。

单根钢绞线锚头连接器是由带外螺纹的夹片锚具、挤压锚具与带内螺纹的套筒组成，如图 4-5 所示。前段钢筋采用带外螺纹的夹片锚具锚固，后段钢筋的挤压锚具穿在带内螺纹的套筒内，利用该套筒的内螺纹拧在夹片锚具的外螺纹上，达到连接作用。

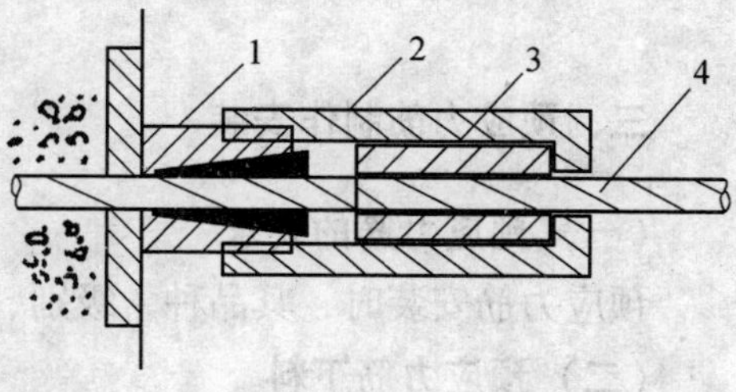

图 4-5　单根钢绞线锚头连接器

1—带外螺纹的锚环；2—带内螺纹的套筒；

3—挤压锚具；4—钢绞线

2）接长连接器

单根钢绞线接长连接器是由两个带内螺纹的夹片锚具和一个带外螺纹的连接头组成，

如图 4-6 所示。为了防止夹片松脱，在连接头与夹片之间装有弹簧。

（3）多根钢绞线连接器

1）锚头连接器

多根钢绞线锚头连接器的构造如图 4-7 所示。其连接体是一块增大的锚板。锚板的锥形孔用于锚固前段束，锚板外周边的槽口用于挂后段束的挤压头。连接器外包喇叭形白铁护套，并沿连接体外圆绕上打包钢条一圈，用打包机打紧钢条，固定挤压头。

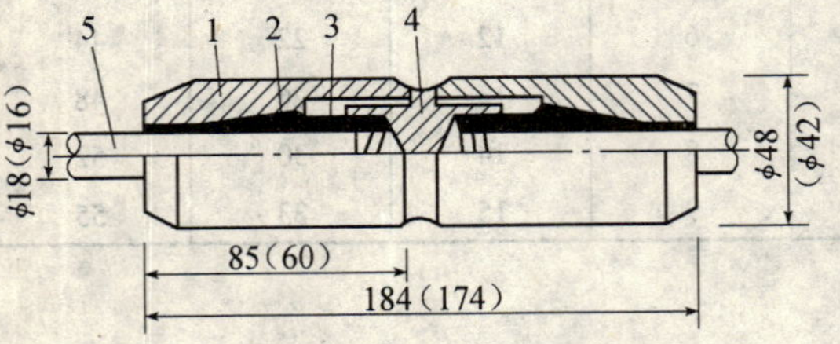

图 4-6　单根ϕ15.2 钢绞线接长连接器

1—带内螺纹的加长锚环；2—带外螺纹的连接头；3—弹簧；4—夹片；5—钢绞线

注：括号内数用于ϕ12.7 钢绞线

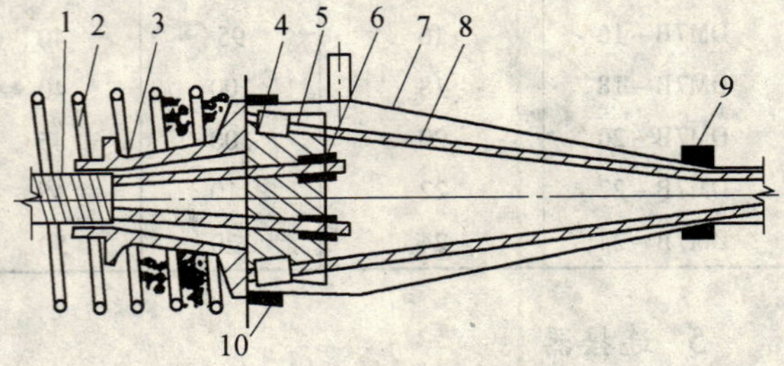

图 4-7　锚头连接器的构造

1—螺旋管；2—螺旋筋；3—铸铁喇叭管；4—挤压锚具；5—连接体；6—夹片；7—白铁护套；8—钢绞线；9—钢环；10—打包钢条

2）接长连接器

多根钢绞线接长连接器（图 4-8）设置在孔道的直线区段，用于接长钢绞线。接长连接器与锚头连接器的不同点是锚板上的锥形孔改为直孔，两端钢绞线的端部均用挤压锚具固定。张拉时连接器应有足够的活动空间。

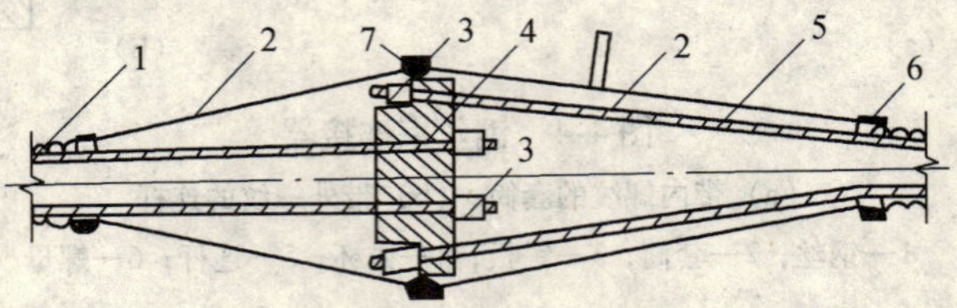

图 4-8　接长连接器的构造

1—螺旋管；2—白铁护套；3—挤压锚具；4—锚板；5—钢绞线；6—钢环；7—打包钢条

三、预应力筋制作安装

（一）预应力筋的要求

预应力筋安装时，其品种、级别、规格、数量必须符合设计要求。

（二）预应力筋下料

1. 预应力筋的切断

预应力筋应采用砂轮锯或切断机切断，不得采用电弧切割。

2. 钢丝束中钢丝的长度极差

当钢丝束两端采用镦头锚具时，同一束中各根钢丝长度的极差不应大于钢丝长度的 1/5000，且不应大于 5mm。当成组张拉长度不大于 10m 的钢丝时，同组钢丝长度的极差不得大于 2mm。

（三）预应力筋端部锚具的制作质量

1. 挤压锚具

挤压锚具制作时压力表油压应符合操作说明书的规定，挤压后预应力筋外端应露出挤压套筒 1 ~ 5mm。

2. 钢绞线压花锚

钢绞线压花锚成形时，表面应清洁、无油污，梨形头尺寸和直线段长度应符合设计要求。

3. 钢丝镦头的强度

钢丝镦头的强度不得低于钢丝强度标准值的 98%。

4. 镦粗工艺的分类

预应力筋镦粗工艺有冷镦、热镦两种。冷镦又分为冷冲镦粗和液压镦粗，对细钢筋可采用液压冷镦或冷冲镦粗；对直径 12mm 以上粗钢筋采用对焊机电热镦粗。

5. 电热镦粗

电热镦粗分端部镦粗和中部镦粗，镦头外径一般为 1. 5 ~ 1. 8d，可在各种型号的对焊机上进行。

6. 对焊机进行镦粗的模具

在对焊机上进行镦粗需要制备两个模具，一个为端面平整的紫铜短棒，长约 150mm，用作钢筋端头镦粗时顶端模具；另一个为带有喇叭口的紫铜模具，用作端头镦粗时夹钢筋端模具；钢筋中间镦粗时两端均为带有喇叭口的模具。钢筋镦粗工艺示意图见图 4-9。

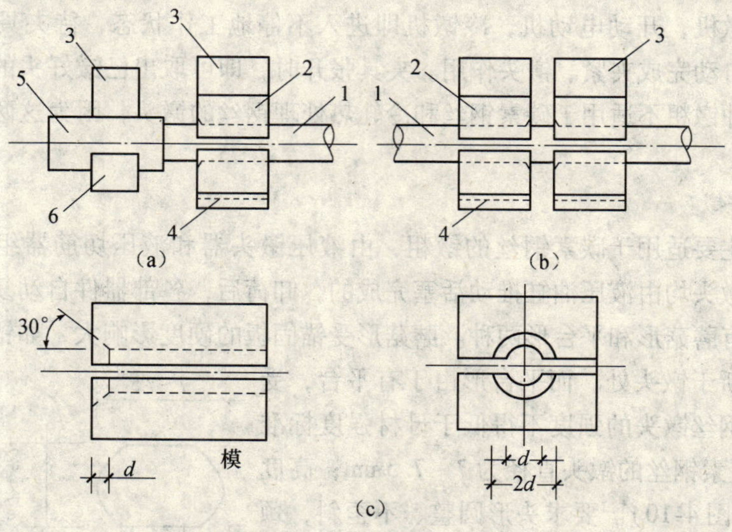

图 4-9　镦粗工艺示意图

（a）端头镦粗；（b）中间镦粗；（c）模具

1—钢筋；2—紫铜模具；3—对焊机夹具；4—调整垫片；5—紫铜短棒；6—电极

7. 镦粗操作过程

首先把端头除锈、磨平矫直的钢筋和紫铜短棒分别夹紧于对焊机电极钳口和模具中，根据钢筋直径大小留出一定的镦粗余量2.0d，然后接通电源，调整电流级数，同时接上冷却水。接着按动操作杆，使钢筋与铜棒接触，在保持一定压力下进行多次脉冲式通电加热，待钢筋端部发红变软时，即转入交替加热加压，直至额定的镦粗留量全部压缩为止。HRB500级钢筋需回火处理，消除脆性。

将冷却后的钢筋重新放入模具中顶紧铜棒，进行脉冲式通电加热，待钢筋表面呈现暗红时为止。加热加压要缓慢进行，每次断续通电时间要短，压力要小，防止过热和成型不良。

8. 电热镦粗质量要求

（1）镦粗前，钢筋端头15cm范围内的锈要除净，钢筋端头要磨平并不能有弯曲，电极要夹紧，以免爆火烧伤钢筋，使钢筋强度下降，镦头脆断。

（2）镦粗时，通电加压应根据钢筋软化程度均匀地进行，不能等钢筋全部软化后过猛加压。为防止钢筋过软成型不良，要严格控制温度，Ⅳ级钢应控制在700℃左右。

（3）镦粗后，HRB335、HRB400级钢可不进行回火处理，HRB500级钢筋必须回火处理，以消除脆性。

（4）镦粗过程中，应注意防风、防雨、防潮、防突然冷却。冬期及阴雨天，应在室内操作，室内温度以保持在10℃以上为宜。

9. 冷冲镦粗

冷冲镦粗采用机械式冷镦设备进行，有手动式冷镦器和电动式冷镦机，用来冷镦ϕ^b3～ϕ^b5冷拔低碳钢丝。手动式冷镦器是用人力扳动的一种冷镦器，供预制场长线台座上使用。移动式电动冷镦机附有切丝装置，供预制场长线台座上使用，也可用于其他生产。固定式电动冷镦机，开动电动机，冷镦机即进入不停地工作状态，待夹具张开时插入钢丝，冷镦机即自动完成夹紧、镦头作用。夹具张开时，即可取出已镦好头的钢丝，其生产效率较高。冷冲镦粗不适用于碳素钢丝和冷轧热处理钢丝的镦头，因为这两种钢丝均难于镦粗成型。

10. 液压冷镦

液压冷镦主要适用于碳素钢丝的镦粗，由液压镦头器和液压切筋器组成。钢丝冷镦时，其夹紧和镦头均由液压油缸推动活塞完成的，卸荷后，各部器件自动复位。碳素钢丝冷镦头型通常有蘑菇形和平台形两种。蘑菇形受锚固板的硬度影响大，如锚板较软，镦头面陷入锚孔而断于镦头处。而平台形由于有平台，受力性能较好。钢丝镦头的强度不得低于母材强度标准的98%。$\phi5$碳素钢丝的镦头直径为7～7.5mm；高度4.7～5.2mm（图4-10）。要求头形圆整、不歪斜，颈部不受损伤。采用液压冷镦，钢丝下料的端面应与母材垂直，以免镦头歪斜与尺寸不足。镦头时应经常抽查镦头尺寸。防止出现不合格镦头。如镦头尺寸偏小，可允许二次镦头。二次镦头后，外形要对称，以免降低镦头强度。

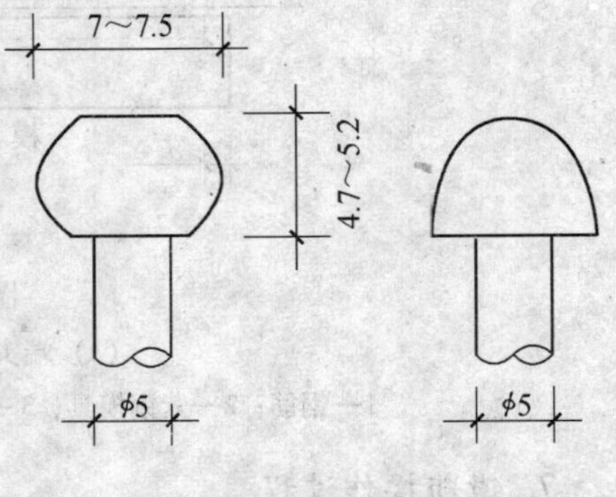

图4-10　碳素钢丝的镦头

11. 钢筋镦粗后的检查

成批镦粗的钢筋应逐根进行外观检查，凡镦头歪斜或有烧伤缺陷等，应剔除。做第一次镦头时，应抽取试件（总数的3%但不少于3根）作抗拉试验，其抗拉强度不得低于母材的强度，检验合格后，方可正式生产。

工具式镦粗头杆，每次使用后应将离焊口20mm的长度切除，再进行下一次焊接使用。重复使用的次数要有标志记录，以便积累重复使用的资料。

12. 预应力筋的下料长度

预应力筋的下料长度应由计算确定。计算时应考虑下列因素：结构的孔道长度，锚夹具厚度，千斤顶长度，焊接接头或镦头的预留量，冷拉伸长量，弹性回缩量，张拉伸长值，台座长度等。

（1）预应力粗钢筋或钢筋束下料前应经调直，下料时每根钢筋的长度应力求一致，特别是两端有镦粗头的钢筋长度更要精确，长度差不应超过5mm。

（2）有粘结预应力筋展开后应顺平，不得有弯折，表面不应有裂纹、小刺、机械损伤、氧化铁皮和油污等。

（3）钢绞线在下料前应进行预拉，以减少钢绞线的构造变形和应力松弛的损失。预拉应力值可采用钢绞线标准强度（抗拉强度）的85%，预拉速度不宜过快，拉至规定应力后，应保持5~10min再放松。下料时，在切割口两侧各50mm处用铁丝绑扎后再切割。切割口应立即焊牢，以免钢绞线松散。

（4）钢丝下料时，为保证一束中每根钢丝等长，采用应力下料法，即钢丝在30MPa应力拉紧状态下量出需要的钢丝长度，放松到零后用剪线钳剪断或切断。当采用锥形锚时，钢丝只需调直，而不必应力下料。若钢丝长度较长，在夏季下料时，还应考虑温度变化的影响。

13. 钢丝、钢筋的切断

钢丝、钢绞线、热处理钢筋及冷拉级钢筋，宜采用砂轮锯（无齿锯）或切断机切断不得采用电弧切割。

14. 成束预应力筋的编束

成束预应力筋宜先编束，再穿孔和张拉，编束前应逐根理顺一端对齐，每隔1m左右用18~22号铁线编织成片，然后每隔1m左右放置一个和钢筋束内径相同的弹簧圈做衬件，将钢筋片围在衬件上，即可捆扎成束。钢筋束在穿入构件时要防止纽结和错向。

15. 预应力筋束形控制点的竖向位置偏差

预应力筋束形控制点的竖向位置偏差应符合表4-7的规定。

表4-7 束形控制点的竖向位置偏差

截面高（厚）度（mm）	$h \leqslant 300$	$300 < h \leqslant 1500$	$h \leqslant 1500$
允许偏差（mm）	±5	±10	±15

16. 预应力筋的存储、运输

预应力筋在存储、运输和安装过程中，应采取防止锈蚀及损坏措施。

（四）钢绞线下料与编束

为了防止在下料过程中钢绞线紊乱并弹出伤人，应将钢绞线盘卷装在事先制作的铁笼内，从盘卷中央逐步抽出。下料宜用砂轮切割机切割，不得采用电弧切割。

钢绞线用20号铁丝绑扎编束，间距1～1.5m。编束时应先将钢绞线理顺，使各根钢绞线松紧一致。如单根穿入孔道，则不编束。

1. 钢绞线固定端锚具组装

（1）挤压锚具组装

挤压设备由液压千斤顶、机架和挤压模组成。图4-11为YJ45型挤压机，其额定油压63MPa，额定顶推力440kN，额定顶推行程160mm，挤压机千斤顶的活塞杆推动套筒通过喇叭形模具，使套筒变细，硬钢丝螺旋圈脆断并嵌入套筒与钢绞线中，以形成牢固的挤压头。

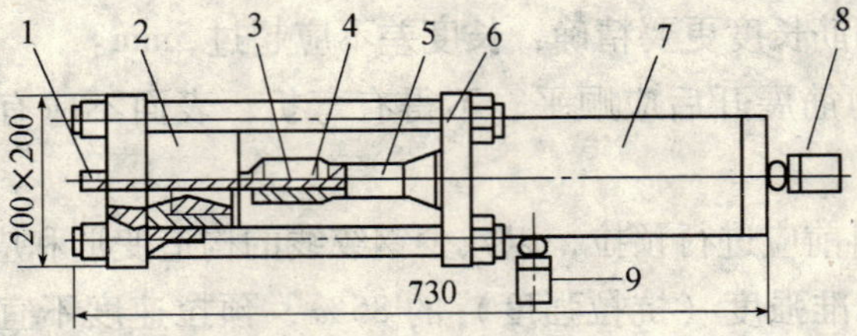

图4-11　YJ45型挤压机

1—钢绞线；2—挤压模；3—硬钢丝螺旋圈；4—挤压套；5—活塞杆；6—机架；7—千斤顶；8—进油嘴；9—回油嘴

（2）操作时应注意的事项

1）挤压模内腔要保持清洁，每次挤压后都要清理一次，并涂抹石墨油膏。

2）使用硬钢丝螺旋圈时，各圈钢丝应并拢，其一端应与钢绞线平齐，否则锚固不牢。

3）挤压套装在钢绞线端头，挤压时，钢绞线、挤压模与活塞杆应在同一中心线上，以免挤压套被卡住。

4）挤压时压力表读数宜为40～45MPa，个别达50MPa时应不停顿挤过。

5）挤压模磨损后，锚固头直径不宜超差0.3mm。

2. 预应力筋的穿入敷设

预应力筋穿入孔道，简称穿束。

（1）穿束时机

1）先穿束法

在浇筑混凝土之前穿束。此法省力但占用工期，由束重引起波纹管的摆动会增大摩擦损失，束端保护不当时易生锈。按穿束与预埋螺旋管之间的配合，又可分为以下三种：

①先穿束后装管：先将预应力筋穿入钢筋骨架内，后将螺旋管逐节从两端套入并连接。

②先装管后穿束：先将螺旋管安装就位，后将预应力筋穿入。

③二者组装后放入：即在梁外侧的脚手架上将预应力筋与套管组装后，从钢筋骨架顶部放入部位，箍筋应先作成开口箍，再封闭。

2）后穿束法

在浇筑混凝土之后穿束。不占工期，便于用通孔器或高压水通孔，穿束后即行张拉，易于防锈；但穿束较为费力。

（2）穿束方法

根据一次穿入数量，可分为整束穿和单根穿。钢丝束应整束穿；钢绞线优先采用整束穿，也可用单根穿。穿束工作可由人工、卷扬机和穿束机进行。

1）人工穿束

利用起重设备将预应力筋吊起，工人站在脚手架上将其逐步穿入孔内。束的前端应扎紧并裹胶布，以便顺利通过孔道。对多波曲线束，宜采用特制的牵引头，工人在前头牵引，后头推送，用对讲机保持前后两端同时出力。对长度≤50m的两跨曲线束，采用人工穿束还是比较方便的。

2）用卷扬机穿束

主要用于超长束、特重束、多波曲线束等整束穿的情况。卷扬机的速度宜慢些（每分钟约10m），电动机功率为1.5～2.0kW。束的前端应装有穿束网套或特制的牵引头。

3）用穿束机穿束

适用于大型桥梁与构筑物单根穿钢绞线的情况。有两种类型：一是由油泵驱动链板夹持钢绞线传送，见图4-12，速度可任意调节，穿束可进可退，使用方便。二是由电动机经减速箱减速后由两对滚轮夹持钢绞线传送，进退由电动机正反转控制。穿束时，钢绞线前头应套上一个子弹头形的壳帽。

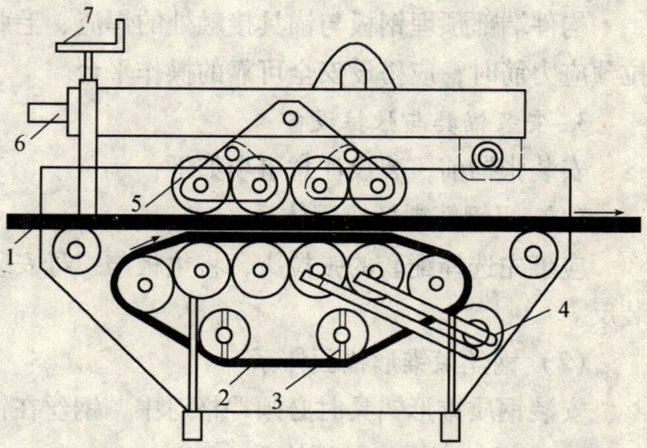

图4-12　穿束机的构造简图

1—钢绞线；2—链板；3—链板扳手；4—油泵；5—压紧轮；6—拉臂；7—扳手

四、预应力筋的张拉与锚固

（一）准备工作

1. 块体拼装

后张法构件如分段制作，则在张拉前应进行拼装。块体的拼装应符合下列要求：

（1）混凝土强度必须达到拼装的设计要求，如设计无要求时，不得低于设计强度等级的75%。

（2）块体的纵轴线应对准，其直线偏差不得大于3mm；立缝宽度偏差不得超过+10mm或－5mm，最小宽度不得小于10mm。

（3）拼装面的孔道端部中心插入一段10～15cm长的铁皮管（管径略小于孔径），以防止灌竖缝的灰浆进入预留孔道。

（4）灌浆的细石混凝土或砂浆的强度，应符合设计要求；灌缝应密实；承受预拉的立缝，宜在预应力筋张拉后灌缝。

（5）承受预拉的连接板应在张拉前焊牢，承受预压的连接板，宜在预应力筋张拉后焊接。

2. 混凝土强度检验

预应力筋张拉前，应提供构件混凝土的强度试压报告。当混凝土的立方强度满足设计要求后，方可施加预应力。

施加预应力时构件的混凝土强度应在设计图纸上标明；如设计无要求时，不应低于强度等级的75%。立缝处混凝土或砂浆强度如设计无要求时，不应低于块体混凝土强度等级的40%，且不得低于15N/mm^2。如后张法构件为了搬运等需要，可提前施加一部分预应力，使梁体建立较低的预压应力，足以承受自重荷载，但混凝土的立方体强度不应低于设计强度等级的60%。

构件端部预埋钢板与锚具接触处的焊渣、毛刺、混凝土残渣等应清除干净。当高空张拉预应力筋时，应搭设安全可靠的操作平台。

3. 安装锚具与张拉设备

安装张锚前，装设注意事项如下：

（1）粗钢筋螺杆锚固体系

应事先选择配套的张拉头，将垫板与螺母安装在构件端头，应注意垫板的排气槽不得装反。

（2）钢丝束锥形锚固体系

安装钢质锥形锚具时必须严格对中，钢丝在锚环周边应分布均匀。

（3）钢丝束镦头锚固体系

后装一端锚具并进行镦头，配套的工具式拉杆与连接套筒应事先准备好，并应检查千斤顶的撑脚是否适用。

（4）钢绞线束夹片锚固体系

应注意工作锚环或锚板对中，夹片均匀打紧并外露一致；千斤顶上的工具锚孔位与构件端部工作锚的孔位排列应一致，以防钢绞线在千斤顶穿心孔内分叉。

此外，安装张拉设备时，对直线预应力筋，应使张拉力的作用线与孔道中心线重合；对曲线预应力筋，应使张拉力的作用线与孔道中心线末端的切线重合。

（二）张拉方式和张拉顺序

1. 预应力筋的张拉方式

（1）一端张拉方式

适用于长度≤30m的直线预应力筋与锚固损失影响长度 $L_f \geq L/2$（L 为预应力筋长度）的曲线预应力筋；设计认可放宽以上限制的话，张拉端宜分别设置在构件的两端。

（2）两端张拉方式

适用于长度>30m的直线预应力筋与锚固损失影响长度 $L_f < L/2$ 的曲线预应力筋。当张拉设备不足或由于张拉顺序安排关系，也可先在一端张拉完成后，再移至另一端张拉，

补足张拉力后锚固。

（3）分批张拉方式

用于配有多束预应力筋的构件或结构。在确定张拉力时，应考虑束间的弹性压缩损失影响或将弹性压缩损失平均值统一增加到每根预应力筋的张拉力内。

（4）分段张拉方式

用于多跨连续梁板的逐段张拉。在第一段混凝土浇筑与预应力筋张拉锚固后，第二段预应力筋利用锚头连接器接长。

（5）分阶段张拉方式

为了平衡各阶段的荷载所采取的分阶段逐步施加预应力的方式，具有应力、挠度与反拱容易控制、材料省等优点。

（6）补偿张拉方式

在早期预应力损失基本完成后，再进行张拉，以弥补损失，达到预期的预应力效果的方式，在水利工程与岩土锚杆中应用较多。

2. 预应力筋的张拉顺序

张拉顺序的安排应考虑使混凝土不产生超应力、构件不扭转与侧弯、结构不变位等要求，对称张拉是一项重要原则。同时，还应考虑到尽量减少张拉设备的移动次数。

（三）预应力筋张拉

1. 锚具、夹具和连接器的性能

预应力筋用锚具、夹具和连接器应按设计要求采用，其性能应符合现行国家标准《预应力筋用锚具、夹具和连接器》GB/T 14370—2000 及《预应力筋用锚具、夹具和连接器应用规程》JGJ 89—1992 等的规定。

2. 混凝土的强度

预应力筋张拉或放张时，混凝土强度应符合设计要求；当设计无具体要求时，不应低于设计的混凝土立方体抗压强度标准值的75%。

3. 机具设备及仪表的使用、维护

施加预应力用的机具设备及仪表，应由专人使用和管理，并应定期维护和标定（校验）。

（1）张拉设备应配套标定，以确定张拉力与表读数的关系曲线。校验张拉设备用的试验机或测力计精度不得低于±2%，压力表的精度不宜低于1.5级。

（2）校验时，千斤顶活塞的运行方向与实际张拉工作一致。张拉设备的校验期不宜超过半年。

（3）在使用过程中张拉设备出现反常现象，压力表碰撞、失灵，千斤顶拆卸修理等，应重新校验。

（4）在安装张拉设备时，对直线预应力筋，应使张拉力作用线与孔道的中心线在张拉过程中相互一致；对曲线预应力筋，应使张拉力的作用直线与曲线孔道末端中心线末端的切线相互重合，不得偏移。张拉完毕后预应力钢筋的位置偏差不得大于5mm，也不得大于构件截面相应边长的4%。

（5）预应力钢筋的张拉控制应力值 σ_{con} 不宜超过表4-8规定的张拉控制应力限值，且不应小于 $0.4f_{ptk}$。

当符合下列情况之一时，表4-8中的张拉控制应力限值可提高 $0.05f_{ptk}$。

表4-8　张拉控制应力限值

钢筋种类	张拉方法	
	后张法	先张法
钢绞线消除应力钢丝	$0.75f_{ptk}$	$0.75f_{ptk}$
冷轧带肋钢筋		$0.70f_{ptk}$
HRB335、400、500钢筋	$0.85f_{pyk}$	

注：f_{ptk} 为预应力筋极限抗拉强度标准值（kN/mm^2）；

f_{pyk} 为预应力筋屈服强度标准值（kN/mm^2）。

1）要求提高构件在施工阶段的抗裂性能而在使用阶段受压区内设置的预应力钢筋；

2）要求部分抵消由于松弛、摩擦、钢筋分批张拉以及预应力钢筋与张拉台座之间的温差等因素产生的预应力损失。

（6）用应力控制方法张拉时为了校核预应力值，在张拉过程中亦应测出预应力筋的实际伸长值，如与理论计算伸长值大于10%或小于5%，应暂停张拉，并采取措施予以调整，再重新张拉。预应力筋的计算伸长值 ΔL（mm）可按下式计算：

$$\Delta L = F_P \cdot L / A_P \cdot E_S \tag{4-1}$$

式中　F_P——预应力筋的平均张拉力（kN），直线筋取张拉端的拉力，两端张拉的曲线筋，取张拉端的拉力与跨中扣除孔道摩擦损失后拉力的平均值；

A_P——预应力筋的截面面积（mm^2）；

L——预应力筋的长度（mm）；

E_S——预应力筋的弹性模量（kN/mm^2）。

（7）预应力筋的实际伸长值，宜在初应力为张拉控制应力10%左右时开始量测，但必须加上初应力以下的推算伸长值；对后张法，尚应扣除混凝土构件在张拉过程中的弹性压缩量。

（8）张拉过程中应避免预应力筋断裂或滑脱；当发生断裂或滑脱时，必须符合下列规定：

1）对后张法预应力结构构件，断裂或滑脱的数量严禁超过同一截面预应力筋总根数的3%，且每束钢丝不得超过一根；对多跨双向连续板，其同一截面应按每跨计算；

2）对先张法预应力构件，在浇筑混凝土前发生断裂或滑脱的预应力筋必须予以更换。

（9）锚固阶段张拉端预应力筋的内缩量应符合设计要求；当设计无具体要求时，应符合表4-9的规定。

表 4-9 张拉端预应力筋的内缩量限值

锚具类型		内缩量限值（mm）
支撑式锚具（镦头锚具等）	螺帽缝隙	1
	每块后加垫板的缝隙	1
锥塞式锚具		5
夹片式锚具	有顶压	5
	无顶压	6～8

注：1. 内缩量值系指预应力筋锚固过程中，由于锚具零件之间和锚具与预应力筋之间的相对移动和局部塑性变形造成的回缩量。

2. 当设计对锚具内缩量允许有专门规定时，可按设计规定确定。

（10）张拉进程中，严禁人员正对着被张拉钢筋的端头。

预应力混凝土结构在浇筑混凝土之前，应进行隐蔽工程验收，其内容包括：

1）预应力筋的品种、规格、数量、位置等。

2）预应力筋锚具和连接器的品种、规格、数量、位置等。

3）预留孔道的规格、数量、位置、形状及灌浆孔、排气兼泌水管。

4）锚固区局部加强构造等。

冬期施工时，张拉预应力钢筋的环境温度不宜低于－15℃；张拉设备、仪表和工作油液应根据环境温度选用，并应在使用温度条件下进行配套校验。

（四）先张法

1. 台座和承力模具是先张法生产的主要设备，它承受预应力筋的全部张拉力。因此，台座和承力模具应有足够的强度、刚度和稳定性。

2. 先张法预应力施工时应选用非油质类模板隔离剂，并应避免粘污预应力筋。

3. 施工过程中应避免电火花损伤预应力筋；受损伤的预应力筋应予以更换。

4. 应尽力减少张拉设备的摩阻力，并力求稳定。摩阻力的数值应由试验确定，在张拉时予以补足。

5. 同时张拉多根钢丝时，应抽查钢丝的应力值（可用钢丝应力测定仪），其偏差的绝对值不得超出设计规定张拉控制应力值的5%。

6. 预应力钢筋张拉后，若不能立即浇筑混凝土，对粗钢筋则必须于浇筑前重新张拉至要求的控制应力，方可浇筑。对于钢丝可用超张3%控制（即$103\sigma_{CON}$）的办法消除应力损失，不再重新张拉。

7. 预应力筋的放张速度不应过快，以采用螺杆放张器或砂箱放张的方法为宜，如采用千斤顶或其他方法时所施加的应力，不应超过原有的张拉控制应力。对细钢筋或钢丝可采用逐根切断、锯割或剪割的方法放张。如用热切，须防止热膨胀使保护层脱落。

8. 放张预应力钢筋或钢丝时，混凝土强度必须符合设计要求。如无规定，应在混凝土强度达到设计的混凝土强度标准值的75%以上时，才可进行。蒸汽养护构件应待构件温度下降到30℃时或不高于室内温度20℃方可进行。对用固定胎模生产的构件，放张预应力钢丝时，应采取有效措施，使构件有自由收缩的可能，以免引起端部裂纹。

9. 先张法预应力筋张拉程序可按表4-10进行，并符合下列要求。

表 4-10 先张法预应力筋张拉程序

HRB335、HRB400、HRB500 级冷拉钢筋	0→初应力→105% σ_{CON}（持荷 2min）→90% σ_{CON}左右→σ_{CON}
碳素钢丝、钢绞线	0→初应力→105% σ_{CON}（持荷 2min）→0→σ_{CON}
冷拔低碳钢丝冷轧带肋钢筋	0→初应力→105% σ_{CON}→σ_{CON}或 0→103% σ_{CON}

注：σ_{CON}为控制应力；

超张拉时的最大张拉控制应力值：对消除应力钢丝和钢绞线为 0.8f_{ptk}，对冷轧带肋钢筋为 0.75f_{ptk}，对 HRB335、HRB400、HRB500 精轧螺纹钢为 0.95f_{ptk}；

初应力值一般约取 10% σ_{CON}作为实测伸长值时的依据；

HRB335、HRB400、HRB500 级钢筋超张至 105% σ_{CON}以后，回放到 90% σ_{CON}左右，以便设置预埋件、绑扎箍筋或立端模。

（1）当采用多根预应力筋同时张拉时，为使其相互间的应力一致，应先调整初应力。

（2）张拉完毕后，预应力钢筋的位置偏差不得大于 5mm，也不得大于构件截面最短边长的 4%。

（3）为了避免台座承受过大的偏心压力，应先张拉靠近台座截面重心的预应力筋。

10. 当构件混凝土的强度达到规定的要求时，方可放张预应力钢筋。

11. 预应力筋的放张顺序，如设计无规定时，应符合下列要求：

（1）对承受轴心预压力的构件（如拉杆、桩等），所有预应力筋同时放张。

（2）对承受偏心预压力的构件（如梁等），应先同时放张预压力较小区域的预应力筋，再同时放张预压力较大区域的预应力筋。

（3）如不能满足第一、第二项要求时，应分阶段、对称、相互交错地进行放张，以防在放张过程中构件发生弯曲、裂纹以及预应力筋断裂现象。

（五）后张法

1. 后张法有粘结预应力筋预留孔道的规格、数量、位置和形状除应符合设计要求外，尚应符合下列规定：

（1）预留孔道的定位应牢固，浇筑混凝土时不应出现移位和变形。

（2）孔道应平顺，端部的预埋锚垫板应垂直于孔道中心线。

（3）成孔用管道应密封良好，接头应严密且不得漏浆。

（4）灌浆孔的间距：对预埋金属螺旋管不宜大于 30m；对抽芯成型孔道不宜大于 12m。

（5）预应力混凝土用金属螺旋管的尺寸和性能应符合国家现行标准《预应力混凝土用金属螺旋管》JG/T 3013—2000 的规定。预应力混凝土用金属螺旋管在使用前应进行外观检查，其内外表面应清洁，不应有油污、孔洞和不规则的褶皱，咬口不应有开裂或脱扣。

（6）在曲线孔道的曲线波峰部位应设置排气兼泌水管，必要时可在最低点设置排水孔。

（7）灌浆孔及泌水管的孔径应能保证浆液畅通。

（8）浇筑混凝土前，穿入孔道的后张法有粘结预应力筋，宜采取防止锈蚀的措施。

2. 后张法预应力（含无粘结预应力）工程的施工应由具有资质等级的预应力专业施工单位承担。预应力筋的张拉顺序应符合设计要求，当设计无具体要求时，可采用分批、分阶段对称张拉。

采用分批张拉时，应计算分批张拉的预应力损失值，分别加到先张拉预应力筋的张拉控制应力值内，或采用同一张拉值逐根复拉补足。

3. 预应力筋为钢丝束时，为保证钢丝按顺序排列，钢丝编束时应用专门的梳子板将钢丝理顺，每隔 2m 放置直径与钢丝束内径相适应的钢管或螺旋衬圈一个（钢管长 3～5cm，螺旋衬圈长 5～7cm），外用铁丝密绕；弯道部分的曲线筋，其间隔不应大于 1m，且不少于 3 个，同样密绕铁丝，以保证钢丝束在张拉后不致错乱。不宜采用短钢筋头作衬件，以防堵浆。

后张法张拉预应力筋时，其张拉程序可按表 4-11 进行。

表 4-11　后张法预应力筋张拉程序

HRB335、HRB400、HRB500 级冷拉钢筋、钢绞线、钢丝束	0→105% σ_{CON}（持荷 2min）→σ_{CON} 或 0→103% σ_{CON}
	0→105% σ_{CON}（持荷 2min）→0→σ_{CON} 或 0→103% σ_{CON}

4. 预应力张拉端的设置，应符合设计要求，当设计无具体要求时，应符合下列规定：

（1）抽芯成型孔道，对曲线筋或长度大于 24m 的直线预应力钢筋，应在两端张拉；对长度不大于 24m 的直线预应力筋，可在一端张拉。

（2）预埋波纹管孔道，对曲线预应力筋和长度大于 30m 的直线预应力筋，宜在两端张拉；对长度不大于 30m 的直线预应力筋，可在一端张拉。

（3）当同一截面中有多根一端张拉的预应力筋时，张拉端宜分别对称设置在结构两端。当两端同时张拉同一根预应力筋时，宜先在一端张拉锚固，再在另一端补足张拉力后进行锚固。

5. 预应力筋的锚固，应在张拉控制应力处于稳定状态下进行。

6. 块体拼装，张拉前焊接承受预拉部分的连接板；张拉后焊接预压部分的连接板。

7. 平卧重叠生产的构件，预应力筋应先上后下进行张拉，为了减少上下层之间因摩阻引起预应力损失，可逐层加大张拉力。

底层张拉力，对钢丝、钢绞线、热处理钢筋不宜比顶层张拉力大 5%；对冷拉热轧钢筋，不宜比顶层张拉力大 9%，且不得超过表 4-8 张拉控制应力。当隔离层效果较好时，可采用同一张拉值。

8. 后张法预应力筋锚固后的外露部分宜采用机械方法切割，其外露出长度不宜小于预应力筋直径的 1.5 倍，且不宜小于 30mm。

9. 后张法有粘结预应力筋张拉后应尽早进行孔道灌浆，灌浆时排气孔流出浆后应用木塞堵住，并持压 1 分钟。确保孔道内灌浆饱满、密实。

（1）灌浆用水泥的水灰比不应大于 0.45，搅拌后 3h 泌水率不宜大于 2%，且不应大于 3%。泌水应能在 24h 内全部重新被水泥浆吸收。

（2）灌浆用水泥浆的抗压强度不应小于 $30N/mm^2$。

10. 锚具的封闭保护应符合设计要求；当设计无具体要求时，应符合下列规定：

（1）应采取防止锚具腐蚀和遭受机械损伤的有效措施。

（2）突出式锚固端锚具的保护层厚度不应小于50mm。

（3）外露预应力筋的保护层厚度：处于正常环境时，不应小于20mm；处于易受腐蚀的环境时，不应小于50mm。

（六）**电热法**

1. 电热法张拉可用于冷拉HRB335、HRB400、HRB500级钢筋配筋的先张法、后张法和模外张拉的一般构件。

2. 电热法张拉以控制钢筋的伸长值来建立必须的预应力值。为确保质量，对预应力钢筋在冷拉前后和电热以后的弹性模量，应先经试验确定。

钢筋电热时所需的伸长值Δl，按下列公式计算：

$$\Delta l = l(\sigma_{CON} + 30)/E_s \qquad (4\text{-}2)$$

式中 σ_{CON}——预应力筋的张拉控制应力（N/mm^2）；

E_s——电热后钢筋的弹性模量（N/mm^2），按钢筋冷拉时效后的弹性模量采用，也可由试验确定；

l——电热前钢筋总长度（mm）；

30——用于钢筋不直和热塑变形而产生的预应力损失值（N/mm^2）。

3. 为了应力控制的准确性，成批生产前最好用千斤顶或拉伸机校验预应力钢筋的实际应力，然后调整钢筋电热总伸长值。

除伸长值计算公式（4-2）外，还可用下述计算公式：

$$\Delta l = \sigma_{CON}/E_s + \sum \Delta l_i \qquad (4\text{-}3)$$

式中 σ_{CON}——电热张拉控制应力值，一般取$\sigma_{CON} = 0.8f_{pyk}$；

$\sum \Delta l_i$——电张工艺附加伸长值，按表4-12采用。

表4-12 电张工艺附加伸长值

项次	附加伸长原因		符号	伸长值（mm）
1	锚具变形	螺母缝隙	Δl_1	1
		每块垫板缝隙		1
		帮条锚具		1
		光圆钢筋镦头锚具		1
		螺纹钢筋镦头锚具		2
2	钢筋不直和热塑变形		Δl_2	$0.00015L$（或$30l/E_s$）
3	混凝土弹性压缩		Δl_3	$\sigma_{pc}L/E_c$
4	块体拼装缝隙		Δl_4	$0.05\sum\delta$

注：1. σ_{pc}—预应力合力处混凝土的预压应力。

2. δ—块体拼装竖缝隙宽度（mm）。

4. 电热张拉设备变压器的功率主要根据预应力钢筋的规格、长度和伸长值等，采用下列近似公式计算：

$$P = GCT'/380t \tag{4-4}$$

$$T' = T + T_0 < \begin{cases} 250℃(\text{HRB335 冷拉筋}) \\ 300℃(\text{HRB400 冷拉筋}) \\ 350℃(\text{HRB500 冷拉筋}) \end{cases}$$

$$T = \Delta l/al \tag{4-5}$$

式中 P——变压器（或弧焊机）的功率（kW）；

G——同时电张的钢筋重量（kg）；

C——钢筋的热容量，取 0.48J/（g·℃）；

t——钢筋的通电加热时间（h）；

T——钢筋伸长所需的加热温度（℃）；

T'——电张后的钢筋温度（℃）；

a——钢筋的线膨胀系数，取 0.000012；

T_0——电张前的环境温度（℃）；

Δl——伸长值（mm）；

l——钢筋长度（mm）。

5. 预应力筋的锚具应按设计规定制作，如设计无规定时一端可用帮条锚具，另一端必须用螺丝端杆，以调直钢筋及准确控制伸长值。对跨度较小数量较多的构件，多采用镦粗头插 U 形垫板或其他合适的锚具。

6. 采用电热法张拉时的操作要点：

（1）做好钢筋的绝缘处理，以防电流分流或短路。

（2）调整初应力，用拧紧螺母的方法，使各预应力筋松紧一致，建立相同的初应力（其值一般为 5% ~10% σ_{con}），并作出测量伸长值的标记。

（3）正式电张前应进行试张拉，检查电热系统线路、次级电压、钢筋中的电流密度和电压降是否符合要求。

（4）测量伸长值宜在构件一端进行，另一端设法顶紧或用小锤敲击钢筋，使所有伸长集中一端。

（5）冷拉钢筋用作预应力钢筋，其反复电热次数不宜超过三次。

（6）电张构件两端必须设置安全防护措施。

（7）操作人员必须穿胶鞋，戴绝缘手套；操作时应站在构件的侧面。

（七）后张自锚法

1. 后张自锚法一般适用于直径为 12 ~16mm 的 HRB335、HRB400、HRB500 级热轧带肋钢筋及刻痕碳素钢丝作为预应力筋的构件。

后张自锚法的生产特点：在构件上张拉预应力筋后，临时锚固在承力架上后，在构件端部预留的锥形孔中二次浇筑混凝土用以自锚预应力筋。此法既不需先张法所需的张拉台座，又不需后张法所需的工作锚。

2. 当采用销形夹具和锥形夹具时，钢筋下料长度应根据承力架和夹具尺寸适当放长

30mm 左右。

当采用镦粗夹具时，钢筋下料长度（包括夹具和承力架所允许的长度）应严格控制，以便张拉时着力均匀。若少有误差时，可加垫调整。

钢筋的锥形孔内应编束，并应绑扎结实。

3. 后张自锚法张拉应力筋时，张拉程序按表 4-13 进行。

表 4-13　后张自锚法张拉程序

直线钢筋	0→105% σ_{con}（持荷 2min）→σ_{con}
曲线钢筋	0→110% σ_{con}（持荷 2min）→σ_{con}

注：σ_{con}—张拉控制应力。

4. 当自锚头混凝土强度达到 30MPa 时，即可用拉伸机整束放松，或用气焊将钢筋均匀加热后逐根切断。必须注意构件及自锚头的情况，均匀对称的放松或切断钢筋，防止偏心受压。

五、无粘结预应力混凝土楼面结构施工

无粘结预应力筋是指施加预应力后沿全长与周围混凝土不粘结的预应力筋。无粘结预应力混凝土楼面结构是在楼板中配置无粘结筋的一种现浇预应力混凝土结构体系，有以下几种形式：单向平板、无柱帽双向平板、带柱帽双向平板、梁支承双向平板、密肋板、扁梁等，其适用跨度和经验跨高比见表 4-14。

表 4-14　无粘结预应力混凝土楼板的跨度与跨高比

楼板形式	适用跨度（m）	经验跨高比
单向平板	7 ~ 10	40 ~ 45
无柱帽双向平板	7 ~ 10	40 ~ 45
带柱帽双向平板	8 ~ 12	45 ~ 50
梁支承双向平板	10 ~ 12	45 ~ 52

（一）预应力筋布置和构造要求

1. 预应力筋布置

多跨单向平板的无粘结预应力筋采取纵向多波连续曲线配筋方式，曲线筋的形式与板承受的荷载形式及活荷载与恒荷载的比值等因素有关；多跨双向平板在纵横两方向均采用多波连续曲线配筋的方式，在均布荷载作用下，其配筋形式有按柱上板带与跨中板带布筋或按一向带状集中布筋、另一向均匀分散布筋；在多跨双向密肋板中，每根肋内部布置无粘结预应力筋，柱间采用双向无粘结预应力扁梁。在这类板中，也有仅在一个方向肋内布置预应力筋的。

2. 一般构造规定

（1）无粘结预应力筋保护层的最小厚度应符合表 4-15 的规定。

表 4-15　混凝土保护层最小厚度

类　别	约束条件	梁　宽（mm）	耐火极限（h）			
			1	1.5	2	3
梁	简　支	200	45	50	65	采取特殊措施
		≥300	40	45	50	65
	连　续	200	40	40	45	50
		≥300	40	40	40	45
板	简　支		25	30	40	55
	连　续		20	2	25	30

（2）无粘结预应力筋的间距，对均布荷载作用下的板，一般为 250 ~ 500mm。其最大间距不得超过板厚的 6 倍，且不宜大于 1.0m。各种布筋方式下，在每一方向穿过柱的无粘结预应力筋的数量不得少于 2 根。

（3）无粘结预应力混凝土平板的平均预压应力值不宜小于 1.0N/mm²，不宜大于 3.5N/mm²。在裂缝控制较严的情况下，平均预压应力值应不小于 1.4N/mm²。对抵抗收缩与温度变形的预应力筋，混凝土平均预压应力值不宜小于 0.7N/mm²。

（4）锚固区构造。

1）平板中单根无粘结预应力筋的张拉端可设在边梁或墙体外侧，有凸出式或凹入式做法（图 4-13 和图 4-14）。前者利用外包钢筋混凝土圈梁封裹，后者利用掺膨胀剂的砂浆封口。承压钢板的参考尺寸为 80mm × 80mm × 12mm 或 90mm × 90mm × 12mm，根据预应力筋规格与锚固区混凝土强度确定。螺旋筋为 ϕ6mm 钢筋，直径 70mm，3.5 圈，可直接点焊在承压钢板上。

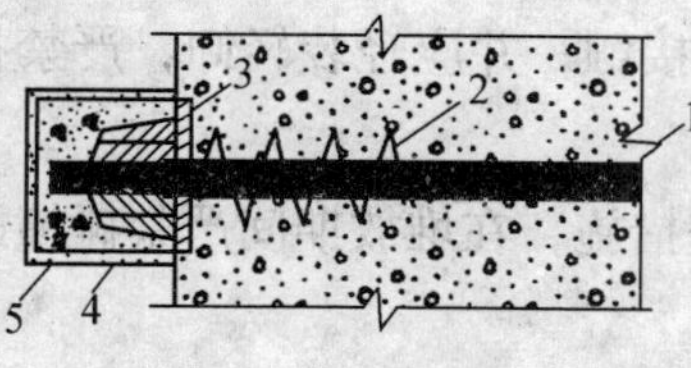

图 4-13　张拉端凸出式构造

1—无粘结预应力筋；2—螺旋筋；3—承压钢板；4—夹片锚具；5—混凝土圈梁

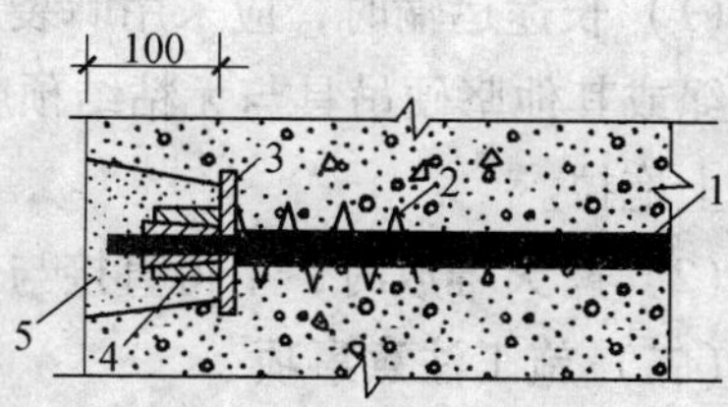

图 4-14　张拉端凹入式构造

1—无粘结预应力筋；2—螺旋筋；3—承压钢板；4—夹片锚具；5—砂浆

2）在梁中成束布置的无粘结预应力筋，宜在张拉端分散为单根布置。承压钢板上预应力筋的间距为 60 ~ 70mm，当一块钢板上预应力筋根数较多时，宜采用 ϕ6mm ~ ϕ8mm 钢筋网片 4 ~ 6 片。

3）无粘结预应力筋的固定端可利用镦头锚板或挤压锚具采取内埋式做法，见图 4-15。

4）当无粘结预应力筋搭接铺设、分段张拉时，预应力筋的张拉端设在板面的凹槽处，其固定端埋设在板内。在预应力筋搭接处，由于无粘结筋的有效高度减少而影响截面的抗弯能力，可增加非预应力钢筋补足，见图4-16。

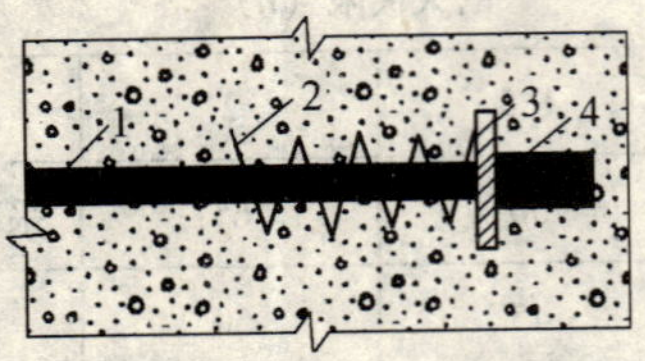

图4-15　无粘结预应力筋固定端内埋式构造
钢绞线挤压锚具
1—无粘结筋；2—螺旋筋；3—承压钢板；4—挤压锚具

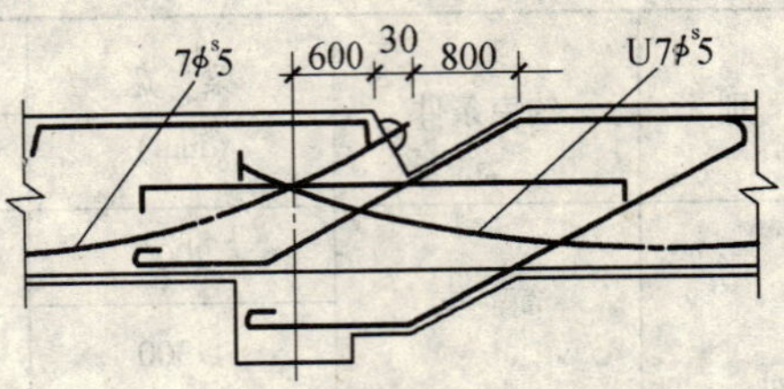

图4-16　无粘结预应力筋搭接铺设分段张拉构造

（5）板上开洞。

1）当板上需要设置不大的孔洞时，可将板内无粘结预应力筋在两侧绕过开洞处铺设，见图4-17。水平偏移的曲率半径不宜小于6.5m，洞边应配置构造钢筋。

2）当板上孔洞较大时，需在洞口处中断一些预应力筋，宜采用图4-18方式。

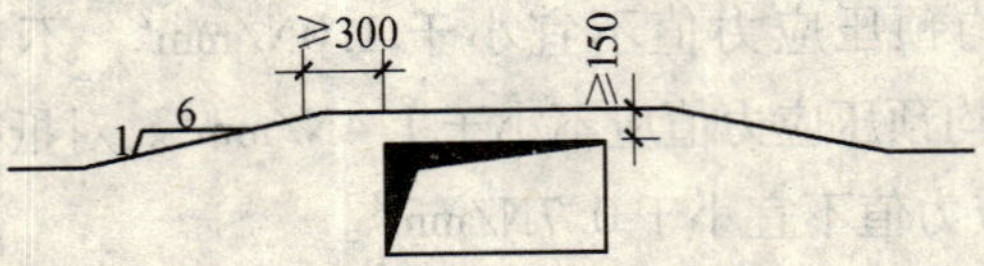

图4-17　洞口处无粘结顶应力筋构造要求

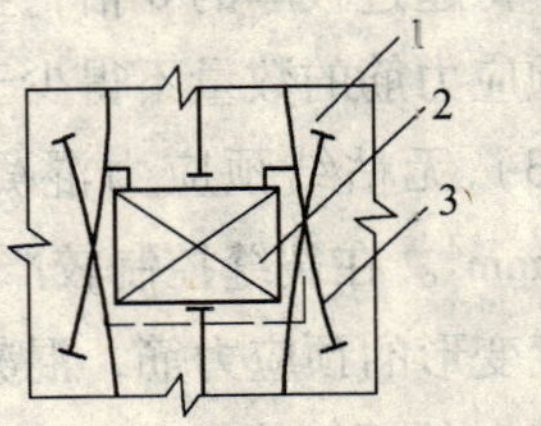

图4-18　洞口预应力筋布置
1—板；2—洞口；3—预应力筋

3）为控制大孔洞的角裂缝，应在靠近板的上、下保护层配置适量的斜钢筋。

3. 装卸与运输

装卸运输时应特别注意防止塑料护套被擦破，措施如下：

（1）长途运输时，应采用麻袋片包装1～2层，吊点处宜采用尼龙绳扎紧，不得使用钢丝绳或其他坚硬吊具与无粘结预应力筋的外包层直接接触；并应轻装轻卸，严禁摔掷或在地上拖拉。

（2）露天堆放时，不得直接与地面接触并采取覆盖措施，在堆放期间严禁碰撞踩压。

（二）施工注意事项

1. 施工顺序安排

超高层建筑预应力楼板的每层面积较小，可采用“逐层浇筑、逐层张拉”或“数层浇筑、顺向张拉”。当采用后者时，宜采用早拆模板体系，以节省模板。

在多层轻工业厂房及大型公共建筑中，无粘结预应力楼板的平面尺寸有时会很大，从施工顺序来看，采用“逐层浇筑、逐层张拉”方案，并采取分段流水施工，施工段的长度一般为30～50m。

2. 无粘结预应力筋铺设与固定

（1）无粘结预应力筋的表面，如有破损，可用塑料胶带缠绕修补；胶带搭接宽度不应小于胶带宽度的1/2，缠绕长度应超过破损长度50mm。严重破损的部分，应切除。

（2）在双向板中，无粘结预应力筋需要配置成两个方向的悬垂曲线。必须事先编出无粘结筋的铺设顺序。其方法是将各向无粘结筋各搭接点的标高标出并分别进行比较，若一个方向某一无粘结筋的各点标高均分别低于与其相交的各筋时，则此筋可先放置。按此规律编出全部无粘结筋的铺设顺序。

（3）无粘结预应力筋的铺设，通常是在底部钢筋铺设后进行。无粘结预应力筋应严格按设计要求的曲线形状就位并固定牢靠，其垂直位置宜用支撑钢筋或钢筋马凳控制，其间距为1～2m。在双向连续平板中，各无粘结筋曲线高度的控制点用铁马凳垫好并扎牢。在支座部位，无粘结筋可直接绑扎在梁或墙的顶部钢筋上；在跨中部位，无粘结筋可直接绑扎在板的底部钢筋上。

（4）张拉端模板应按施工图中规定的无粘结预应力筋的位置钻孔。承压板应采用钉子固定在端模板上或点焊固定在钢筋上。曲线筋或折线筋末端的切线应与承压板相垂直，曲线段的起始点至张拉锚固点应有不小于300mm的直线段。当张拉端采用凹入式做法时，可采用塑料穴模或泡沫塑料、木块等形成凹口。

无粘结预应力筋铺设固定完毕后，应进行隐蔽工程验收，当确认合格后，方可浇筑混凝土。

3. 无粘结预应力筋张拉与锚固

楼盖结构宜先张拉楼板，后张拉楼面梁，板中的无粘结筋可依次张拉，梁中的无粘结筋宜对称张拉。

无粘结曲线预应力筋的长度超过25m时，宜采取两端张拉；当筋长超过60m时，宜采取分段张拉。如遇到摩擦损失较大，则宜先松动一次再张拉。在梁板顶面或墙壁侧面的斜槽内张拉无粘结预应力筋时，宜采用变角张拉装置。

变角张拉装置见图4-19，其关键部件是变角块。变角块可以是整体的或分块的，前者仅为某一特定工程用；后者通用性强，分块式搭接采用阶梯形定位方式。如图4-20所示。每一变角块的变角量为5°，通过叠加不同数量的变角块，可以满足5°～60°的变角要求。变角块与顶压器和千斤顶的连接，都要一个过渡块。如顶压器重新设计，则可省去过渡块。安装时要注意块间的槽口搭接，保证变角轴线向结构外侧弯曲。

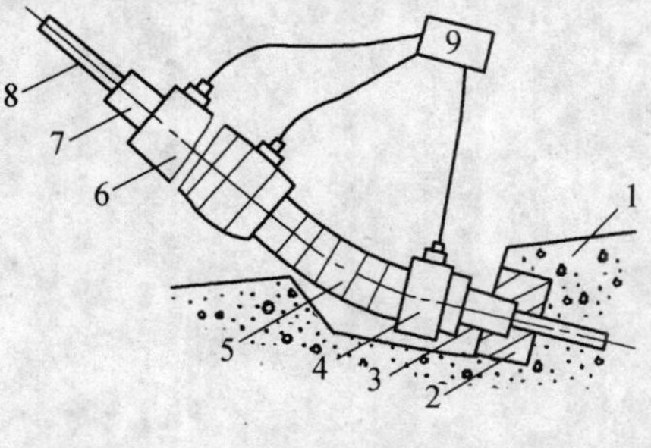

图4-19　变角张拉装置

1—凹口；2—锚垫板；3—锚具；
4—液压顶压器；5—变角块；6—千斤顶；
7—工具锚；8—预应力筋；9—油泵

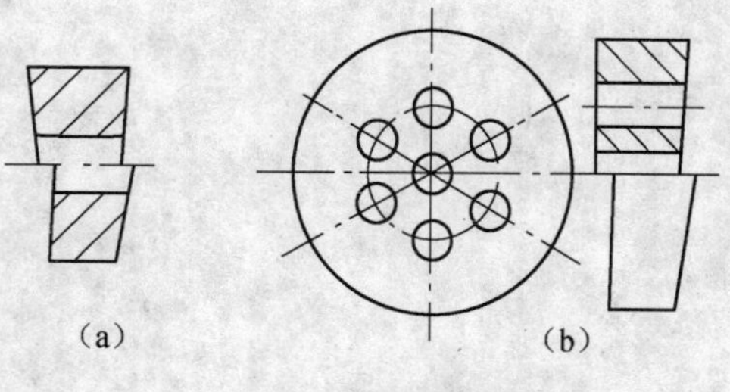

图4-20　变角块

（a）单孔变角块；（b）多孔变角块

无粘结预应力筋张拉伸长值校核与有粘结预应力筋相同；对超长无粘结筋由于张拉初期的阻力大，初拉力以下的伸长值比常规推算伸长值小，应通过试验修正。

4. 锚固区防腐蚀处理

无粘结预应力筋张拉完锚固以后的外露长度应不小于30mm，多余部分宜用手提砂轮锯切割，但不得采用电弧切割，并应及时对锚固区进行严格的密封防护措施，严防水气进入，锈蚀预应力筋，即在锚具与承压板表面涂以防水涂料。为了使无粘结筋端头全封闭，在锚具端头涂防腐润滑油脂后，罩上封端塑料盖帽。

对凹入式锚固区，锚具表面经上述处理后，再用微胀混凝土或低收缩防水砂浆密封。对凸出式锚固区，可采用外包钢筋混凝土圈梁封闭。对留有后浇带的锚固区，可采取二次浇筑混凝土的方法封端。锚固区混凝土或砂浆净保护层最小厚度：梁为25mm，板为20mm。

第五章　钢筋工程施工工艺和质量标准

一、地下室钢筋绑扎工艺

本工艺适用范围：地下室钢筋混凝土底板、墙的钢筋绑扎。

（一）施工准备

1. 材料及主要机具

（1）钢筋：应有出厂合格证，按规定作力学性能复试。当加工过程中发生脆断等特殊情况，还需作化学成分检验。钢筋应无老锈及油污。

（2）铁丝：可采用20~22号铁丝（火烧丝）或镀锌铁丝（铅丝）。铁丝的切断长度要满足使用要求。

（3）控制混凝土保护层用的砂浆垫块、塑料卡、各种挂钩或撑杆等。

（4）工具：钢筋钩子、撬棍、扳子、绑扎架、钢丝刷子、手推车、粉笔、尺子等。

2. 作业条件

（1）按施工现场平面图规定的位置，将钢筋堆放场地进行清理、平整。准备好垫木，按钢筋绑扎顺序分类堆放，并将锈蚀进行清理。

（2）核对钢筋的级别、型号、形状、尺寸及数量是否与设计图纸及加工配料单相同。

（3）当施工现场地下水位较高时，必须有排水及降水措施。

（4）熟悉图纸，确定钢筋穿插就位顺序，并与有关工种做好配合工作，如支模、管线、防水施工与绑扎钢筋的关系，确定施工方法，做好技术交底工作。

（5）根据地下室防水施工方案（采用内贴法或外贴施工），底板钢筋绑扎前做完底板下防水层及保护层；支完底板四周模板（或砌完保护墙，做好防水层）。当地下室外墙防水采用内贴法施工时，在绑扎墙体钢筋之前砌完保护墙，做好防水层及保护层。

（二）操作工艺

1. 工艺流程

画钢筋位置线→运钢筋到使用部位→绑底板及梁钢筋→绑墙钢筋

2. 弹钢筋位置线

按图纸标明的钢筋间距，算出底板实际需用的钢筋根数，一般让靠近底板模板边的那根钢筋离模板边为5cm，在底板上弹出钢筋位置线（包括基础梁钢筋位置线）。

3. 绑基础底板及基础梁钢筋

（1）按弹出的钢筋位置线，先铺底板下层钢筋。根据底板受力情况，决定下层钢筋哪个方向钢筋在下面，一般情况下先铺短向钢筋，再铺长向钢筋。

（2）钢筋绑扎时，靠近外围两行的相交点每点都绑扎，中间部分的相交点可相隔交错绑扎，双向受力的钢筋必须将钢筋交叉点全部绑扎。如采用一面顺扣应交错变换方向，也可采用八字扣，但必须保证钢筋不位移。

（3）摆放底板混凝土保护层用砂浆垫块，垫块厚度等于保护层厚度，按每1m左右距离梅花形摆放。如基础底板较厚或基础梁及底板用钢量较大，摆放距离可缩小，甚至砂浆垫块可改用铁块代替。

（4）底板如有基础梁，可分段绑扎成型，然后安装就位，或根据梁位置线就地绑扎成型。

（5）基础底板采用双层钢筋时，绑完下层钢筋后，摆放钢筋马凳或钢筋支架（间距以1m左右一个为宜），在马凳上摆放纵横两个方向定位钢筋，钢筋上下次序及绑扣方法同底板下层钢筋。

（6）底板钢筋如有绑扎接头时，钢筋搭接长度及搭接位置应符合施工规范要求，钢筋搭接处应用铁丝在中心及两端扎牢。如采用焊接接头，除应按焊接规程规定抽取试样外，接头位置也应符合施工规范的规定。

（7）由于基础底板及基础梁受力的特殊性，上下层钢筋断筋位置应符合设计要求。

（8）根据弹好的墙、柱位置线，将墙、柱伸入基础的插筋绑扎牢固，插入基础深度要符合设计要求，甩出长度不宜过长，其上端应采取措施保证甩筋垂直，不歪斜、倾倒、变位。

4. 墙筋绑扎

（1）在底板混凝土上弹出墙身及门窗洞口位置线，再次校正预埋插筋，如有位移时，按洽商规定认真处理。墙模板宜采用“跳间支模”，以利于钢筋施工。

（2）先绑2～4根竖筋，并画好横筋分档标志，然后在下部及齐胸处绑两根横筋定位，并画好竖筋分档标志。一般情况横筋在外，竖筋在里，所以先绑竖筋后绑横筋。横竖筋的间距及位置应符合设计要求。

（3）墙筋为双向受力钢筋，所有钢筋交叉点应逐点绑扎，其搭接长度及位置要符合设计图纸及施工规范的要求。

（4）双排钢筋之间应绑间距支撑或拉筋，以固定钢筋间距。支撑或拉筋可用ϕ6mm或ϕ8mm钢筋制作，间距1m左右，以保证双排钢筋之间的距离。

（5）在墙筋外侧应绑上带有铁丝的砂浆垫块，以保证保护层的厚度。

（6）为保证门窗洞口标高位置正确，在洞口竖筋上画出标高线。门窗洞口要按设计要求绑扎过梁钢筋，锚入墙内长度要符合设计要求。

（7）各连接点的抗震构造钢筋及锚固长度，均应按设计要求进行绑扎。如首层柱的纵向受力钢筋伸入地下室墙体深度；墙端部、内外墙交接处受力钢筋锚固长度等，绑扎时应注意。

（8）配合其他工种安装预埋管件、预留洞口等，其位置、标高均应符合设计要求。

（三）质量标准

1. 保证项目

（1）钢筋的品种和质量，焊条、焊剂的牌号、性能及使用的钢板，必须符合设计要求和有关标准的规定。进口钢筋焊接前，必须进行化学成分检验和焊接试验，符合有关规定后方可焊接。

（2）钢筋表面必须清洁，带有颗粒状或片状老锈，经除锈后仍有麻点的钢筋，严禁按原规格使用。

（3）钢筋的规格、形状、尺寸、数量、间距、锚固长度、接头设置，必须符合设计要求和施工规范的规定。

（4）焊接接头机械性能，必须符合钢筋焊接规范的专门规定。

2. 基本项目

（1）绑扎钢筋的缺扣、松扣数量不得超过绑扣数的10%，且不应集中。

（2）弯钩的朝向应正确，绑扎接头应符合施工规范的规定，搭接长度不小于规定值。

（3）用Ⅰ级钢筋制作的箍筋，其数量应符合设计要求，弯钩角度和平直长度应符合施工规范的规定。

（4）对焊接头无横向裂纹和烧伤，焊包均匀。接头处弯折不得大于4°，接头处钢筋轴线的偏移不得大于0.1d，且不大于2mm。

（5）电弧焊接头焊缝表面平整，无凹陷、焊瘤，接头处无裂纹、气孔、灰渣及咬边。接头尺寸允许偏差不得超过以下规定：

1）绑条沿接头中心的纵向位移不大于0.5d，接头处弯折不大于4°。

2）接头处钢筋轴线的偏移不大于0.1d，且不大于3mm。

3）焊缝厚度不小于0.05d。

4）焊缝宽度不小于0.1d。

5）焊缝长度不小于0.5d。

6）接头处弯折不大于4°。

3. 允许偏差

钢筋安装及预埋件位置的允许偏差见表5-1。

表5-1 钢筋安装及预埋件位置的允许偏差值

项次	项目		允许偏差（mm）	检验方法
1	钢筋网尺寸	焊接	±10	尺量连续三档，取其最大值
		绑扎	±20	
2	骨架宽、高度		±5	尺量检查
3	骨架长度		±10	
4	箍筋、构造筋间距	焊接	±10	尺量连续三档，取其最大值
		绑扎	±20	
5	受力钢筋	间距	±10	尺量两端、中间各一点，取其最大值
		排距	±5	各一点取其最大值
6	钢筋弯起点位移		20	尺量检查
7	焊接预埋件	中心线位移	5	
		水平高差	+3、-0	
8	受力钢筋保护层	基础	±10	尺量检查
		梁、柱	±5	
		墙、板	±3	

（四）成品保护

（1）成型钢筋应按指定地点堆放，用垫木垫放整齐，防止钢筋变形、锈蚀、油污。

（2）绑扎墙筋时应搭临时架子，不准蹬踩钢筋。

（3）妥善保护基础四周外露的防水层，以免被钢筋碰破。

（4）底板上、下层钢筋绑扎时，支撑马凳要绑牢固，防止操作时踩踏变形。

（5）严禁随意割断钢筋。

（五）应注意的质量问题

1. 墙、柱预埋钢筋位移

墙、柱主筋的插筋与底板上、下筋要固定，绑扎牢固，确保位置准确。必要时可附加钢筋电焊焊牢。混凝土浇筑前应有专人检查修整。

2. 露筋

墙、柱钢筋每隔1m左右加绑带铁丝的水泥砂浆垫块（或塑料卡）。

3. 搭接长度不够

绑扎时应对每个接头进行尺量，检查搭接长度是否符合设计和规范要求。

4. 钢筋接头位置错误

梁、柱、墙钢筋接头较多时，翻样配料加工时，应根据图纸预先画出施工翻样图，注明各号钢筋搭配顺序，并避开受力钢筋的最大弯矩处。

5. 绑扎接头与对焊接头未错开

经对焊加工的钢筋，在现场进行绑扎时，对焊接头要错开搭接位置。因此，加工下料时，凡距钢筋端头搭接长度范围以内不得有对焊接头。

（六）质量记录

本工艺标准应具备以下质量记录：

（1）钢筋出厂质量证明书或检验报告单。

（2）钢筋力学性能复试报告。

（3）进口钢筋应有化学成分检验报告和可焊性试验报告。国产钢筋在加工过程中发生脆断、焊接性能不良和力学性能显著不正常时，应有化学成分检验报告。

（4）钢筋焊接接头试验报告。

（5）焊条、焊剂出厂合格证。

（6）钢筋分项工程质量检验评定资料。

（7）钢筋分项隐蔽工程验收记录。

二、剪力墙结构大模板墙体钢筋绑扎工艺标准

本工艺标准适用范围：外板内模、外砖内模、全现浇大模板等结构形式的墙体钢筋绑扎工程。

（一）施工准备

1. 材料及主要机具

（1）成型钢筋或网片

根据设计图纸要求的规格尺寸，预先加工成型钢筋或点焊网片。

（2）拉筋和支撑筋

采用双层钢筋网片时，在两片钢筋间应绑拉筋和支撑筋，以便固定上下左右钢筋间的距离。

（3）铁丝

可采用20～22号铁丝（火烧丝）或镀锌铁丝（铅丝）。

（4）控制保护层材料

控制混凝土保护层用的砂浆垫块、塑料卡。

（5）工具

钢筋钩子、撬棍、钢筋板子、绑扎架、钢丝刷子、手推车、粉笔、尺子等。

2. 作业条件

（1）检查钢筋的出厂合格证，按规定作力学性能复试，当加工过程中发生脆断等特殊情况，还需作化学成分检验；网片应有加工厂出厂合格证，钢筋应无老锈及油污。

（2）钢筋或点焊网片应按现场施工平面图中指定位置堆放，网片立放时需有支架，平放时应垫平，垫木应上下对正，吊装时应使用网片架吊装。

（3）钢筋外表面如有铁锈时，应在绑扎前清除干净，锈蚀严重侵蚀断面的钢筋不得使用。

（4）检查网片的几何尺寸、规格、数量及点焊质量等，合格后方可使用。

（5）外砖内模工程必须砌完外墙。

（6）应将绑扎钢筋地点清理干净。

（7）弹好墙身、洞口位置线，并将预留钢筋处的松散混凝土剔凿干净。

（二）操作工艺

1. 剪力墙钢筋现场绑扎

（1）工艺流程

修改预留搭接筋→绑立筋→绑横筋→绑拉筋或支撑筋

（2）钢筋的清理、绑扎

将墙身处预留钢筋调直理顺，并将表面砂浆等杂物清理干净。先立2～4根竖筋，并画好横筋分档标志，然后于下部及齐胸处绑两根横筋固定好位置，并在横筋上画好分档标志，然后绑其余竖筋，最后绑其余横筋。

（3）双排钢筋的绑扎

双排钢筋之间应绑拉筋，拉筋直径不小于ϕ6mm，间距不大于600mm，剪力墙底部加强部位的拉筋宜适当加密。为保持两排钢筋的相对距离，宜采用绑扎定位用的梯形支撑筋，间距1000～1200mm。

2. 剪力墙采用预制网片的绑扎

（1）工艺流程

修理预留搭接筋→临时固定网片→绑扎根部钢筋→绑门窗洞加筋→绑拉筋或支撑筋。

（2）预制网片的绑扎

将墙身处预留钢筋调直理顺，并将表面杂物清理干净。按图纸要求将网片就位，网片立起后用木方临时固定支牢。然后逐根绑扎根部搭接钢筋，在搭接部分的中心和两端共绑3个扣。同时将门窗洞口处加固筋也绑扎，要求位置准确。如门窗洞口处预留筋有位移时，应作成灯插弯（1:6）理顺，使门窗洞口处的加筋位置符合设计图纸的要求。

3. 剪力墙钢筋搭接

墙内竖向分布钢筋，当为一级抗震的剪力墙，所有部位和二级抗震剪力墙的加强部位，钢筋接头位置应错开，每次连接的钢筋数量不超过50%。其他剪力墙的钢筋可在同一部位搭接。搭接长度应符合设计要求。

4. 剪力墙钢筋的锚固

（1）剪力墙的水平钢筋在端部锚固应按设计要求施工，做成暗柱。

（2）剪力墙的连梁上下水平钢筋伸入墙内长度 L 不能小于设计要求。

（3）剪力墙的连梁沿梁全长的箍筋构造要符合设计要求，在建筑物的顶层连梁伸入墙体的钢筋长度范围内，应设置间距不小于150mm的构造箍筋。

（4）剪力墙洞口周围应绑扎补强钢筋，其锚固长度应符合设计要求。

5. 剪力墙钢筋与预制外墙板连接

外墙板安装就位后，将本层剪力墙边柱竖筋插入预制外墙板侧面钢筋套环内，竖筋插入外墙板套环内不得少于3个，并绑扎牢固。

6. 剪力墙钢筋与外砖墙连接

绑内墙钢筋时，先将外墙预留的ϕ6mm拉接筋理顺，然后再与内墙钢筋搭接绑牢。

7. 修整

大模板合模之后，对伸出的墙体钢筋进行修整，并绑一道临时水平横筋固定伸出筋的间距（甩筋的间距）。墙体浇混凝土时派专人看管钢筋，浇筑完后，立即对伸出的钢筋（甩筋）进行整理。

（三）质量标准

1. 保证项目

（1）钢筋的品种和性能，焊条的牌号、性能以及接头中使用的钢板和型钢，必须符合设计要求和有关标准的规定。

（2）钢筋带有颗粒状和片状老锈，经除锈后仍留有麻点的钢筋，严禁按原规格使用。钢筋表面应保持清洁。

（3）钢筋的规格、形状、尺寸、数量、锚固长度、接头设置，必须符合设计要求和施工规范的规定。

（4）钢筋焊接接头机械性能试验结果，必须符合焊接规程的规定。

2. 基本项目

（1）钢筋网片和骨架绑扎缺扣、松扣数量不超过绑扣数的10%，且不应集中。

（2）钢筋网片漏焊、开焊不超过焊点数的2%，且不应集中。

（3）弯钩的朝向应正确。绑扎接头应符合施工规范的规定，其中每个接头的搭接长度不小于规定值。

（4）箍筋数量、弯钩角度和平直长度，应符合设计要求和施工规范的规定。

（5）钢筋点焊焊点处熔化金属均匀，无裂纹、气孔及烧伤等缺陷。焊点压入深度符合钢筋焊接规程的规定。

对焊接头：无横向裂纹和烧伤，焊包均匀，接头弯折不大于4°，轴线位移不大于0.1d，且不大于2mm。

电弧焊接头：焊缝表面平整，无凹陷、焊瘤、裂纹、气孔、夹渣及咬边，接头处弯折不大于4°，轴线位移不大于0.1d，且不大于3mm，焊缝宽度不小于0.1d，长度不小于0.5d。

3. 允许偏差

钢筋及预埋件的允许偏差见表5-2。

表5-2　钢筋及预埋件的允许偏差

项　次	项　　目		允许偏差（mm）	检验方法
1	网的长度、宽度		±10	尺量检查
2	钢筋网尺寸	焊接	±10	尺量连续三档，取其最大值
		绑扎	±20	
3	受力钢筋	间距	±10	尺量两端、中间各一点，取其最大值
		排距	±5	
4	箍筋、构造筋间距	焊接	±10	尺量连续三档，取其最大值
		绑扎	±20	
5	焊接预埋件	中心线位移	5	尺量检查
		水平高差	+3、-0	
6	受力筋保护层			尺量检查

（四）成品保护

（1）绑扎钢筋时严禁碰撞预埋件，如碰动应按设计位置重新固定牢靠。

（2）应保证预埋电线管等位置准确，如发生冲突时，可将竖向钢筋沿平面左右弯曲，横向钢筋上下弯曲，绕开预埋管。但一定要保证保护层的厚度，严禁任意切割钢筋。

（3）大模板板面刷隔离剂时，严禁污染钢筋。

（4）各工种操作人员不准任意蹬踩钢筋，掰动及切割钢筋。

（五）应注意的质量问题

1. 水平筋位置、间距不符合要求

墙体绑扎钢筋时应搭设高凳或简易脚手架，以免水平筋发生位移。

2. 下层伸出的墙体钢筋和竖直钢筋绑扎不符合要求

绑扎时应先将下层墙体伸出的钢筋调直理顺，然后再绑扎或焊接。如下层伸出的钢筋位移大时，应征得设计同意进行处理。

3. 门窗洞口加强筋位置尺寸不符合要求

应在绑扎前根据洞口边线将加强筋位置调整，绑扎加强筋时应吊线找正。

4. 剪力墙水平筋锚固长度不符合要求

认真学习图纸。在拐角、十字结点、墙端、连梁等部位钢筋的锚固应符合设计要求。

（六）质量记录

本工艺标准应具备下列质量记录：

（1）钢筋出厂质量证明书或试验报告单。

（2）钢筋力学性能试验报告。

（3）进口钢筋应有化学成分检验报告和可焊性试验报告。国产钢筋在加工过程中，发生脆断、焊接性能不良或机械性能显著不正常的，应有化学成分检验报告。

（4）钢筋焊接试验报告。

（5）焊条、焊剂合格证。

（6）成型网片出厂合格证。

（7）钢筋隐蔽验收记录。

（8）钢筋分项工程质量检验评定资料。

三、现浇框架结构钢筋绑扎工艺

本工艺标准适用范围：多层工业及民用建筑现浇框架、框架-剪力墙结构钢筋绑扎工程。

（一）施工准备

1. 材料及主要机具

（1）钢筋

应有出厂合格证，按规定作力学性能复试。当加工过程中发生脆断等特殊情况，还需作化学成分检验。钢筋应无老锈及油污。

（2）成型钢筋

必须符合配料单的规格、尺寸、形状、数量，并应有加工出厂合格证。

（3）铁丝

可采用20～22号铁丝（火烧丝）或镀锌铁丝（铅丝），铁丝切断长度要满足使用要求。

（4）垫块

用水泥砂浆制成，50mm见方，厚度同保护层，垫块内预埋20～22号火烧丝。或用塑料卡、拉筋、支撑筋。

（5）主要机具

钢筋钩子、撬棍、扳子、绑扎架、钢丝刷子、手推车、粉笔、尺子等。

2. 作业条件

（1）钢筋进场后应检查是否有出厂证明、复试报告，并按施工平面图中指定的位置，按规格、使用部位、编号分别加垫木堆放。

（2）钢筋绑扎前，应检查有无锈蚀，除锈之后再运至绑扎部位。

（3）熟悉图纸，按设计要求检查已加工好的钢筋规格、形状、数量是否正确。

（4）做好抄平放线工作，弹好水平标高线，柱、墙外皮尺寸线。

（5）根据弹好的外皮尺寸线，检查下层预留搭接钢筋的位置、数量、长度，如不符合要求时，应进行处理。绑扎前先整理调直下层伸出的搭接筋，并将锈蚀、水泥砂浆等污垢清除干净。

（6）根据标高检查下层伸出搭接筋处的混凝土表面标高（柱顶、墙顶）是否符合图纸要求，如有松散不实之处，要剔除并清理干净。

（7）模板安装完并办理预检，将模板内杂物清理干净。

（8）按要求搭好脚手架。

（9）根据设计图纸及工艺标准要求，向班组进行技术交底。

（二）操作工艺

1. 绑柱子钢筋

（1）工艺流程

套柱箍筋→搭接绑扎竖向受力筋→画箍筋间距线→绑箍筋

（2）套柱箍筋

按图纸要求间距，计算好每根柱箍筋数量，先将箍筋套在下层伸出的搭接筋上，然后立柱子钢筋，在搭接长度内，绑扣不少于3个，绑扣要向柱中心。如果柱子主筋采用光圆钢筋搭接时，角部弯钩应与模板成45°角，中间钢筋的弯钩应与模板成90°角。

（3）搭接绑扎竖向受力筋

柱子主筋立起之后，绑扎接头的搭接长度应符合设计要求。

（4）画箍筋间距线

在立好的柱子竖向钢筋上，按图纸要求用粉笔画箍筋间距线。

（5）柱箍筋绑扎

1）按已画好的箍筋位置线，将已套好的箍筋往上移动，由上往下绑扎，宜采用缠扣绑扎。

2）箍筋与主筋要垂直，箍筋转角处与主筋交点均要绑扎，主筋与箍筋非转角部分的相交点成梅花交错绑扎。

3）箍筋的弯钩叠合处应沿柱子竖筋交错布置，并绑扎牢固。

4）有抗震要求的地区，柱箍筋端头应弯成135°，平直部分长度不小于10d（d为箍筋直径），如箍筋采用90°搭接，搭接处应焊接，焊缝长度单面焊缝不小于5d。

5）柱上下两端箍筋应加密，加密区长度及加密区内箍筋间距应符合设计图纸要求。如设计要求箍筋设拉筋时，拉筋应钩住箍筋。

6）柱筋保护层厚度应符合规范要求，主筋外皮为25mm，垫块应绑在柱竖筋外皮上，间距一般1000mm（或用塑料卡卡在外竖筋上），以保证主筋保护层厚度准确。当柱截面尺寸有变化时，柱筋应在板内弯折，弯后的尺寸要符合设计要求。

2. 绑剪力墙钢筋

（1）工艺流程

立2~4根竖筋→画水平间距→绑定位横筋→绑其余横筋→绑其余横竖筋

（2）绑扎操作

1）立2~4根竖筋，将竖筋与下层伸出的搭接筋绑扎，在竖筋上画好水平筋分档标志，在下部及齐胸处绑两根横筋定位，并在横筋上画好竖筋分档标志，接着绑其余竖筋，最后再绑其余横筋。横筋在竖筋里面或外面应符合设计要求。

2）竖筋与伸出搭接筋的搭接处需绑3根水平筋，其搭接长度及位置均应符合设计要求。

3）剪力墙筋应逐点绑扎，双排钢筋之间应绑拉筋或支撑筋，其纵横间距不大于600mm，钢筋外皮绑扎垫块或用塑料卡。

4）剪力墙与框架柱连接处，剪力墙的水平横筋应锚固到框架柱内，其锚固长度要符合设计要求。如先浇筑柱混凝土后绑剪力墙筋时，柱内要预留连接筋或柱内预埋铁件，待柱拆模绑墙筋时作为连接用。其预留长度应符合设计或规范的规定。

5）剪力墙水平筋在两端头、转角、十字节点、联梁等部位的锚固长度以及洞口周围加固筋等，均应符合设计抗震要求。

6）合模后对伸出的竖向钢筋应进行修整，宜在搭接处绑一道横筋定位，浇筑混凝土时应有专人看管，浇筑后再次调整以保证钢筋位置的准确。

3. 梁钢筋绑扎

（1）工艺流程

1）模内绑扎

画主次梁箍筋间距→放主梁次梁箍筋→穿主梁底层纵筋及弯起筋→穿次梁底层纵筋并与箍筋固定→穿主梁上层纵向架立筋→按箍筋间距绑扎→穿次梁上层纵向钢筋→按箍筋间距绑扎

2）模外绑扎（先在梁模板上口绑扎成型后再入模内）

画箍筋间距→在主次梁模板上口铺横杆数根→在横杆上面放箍筋→穿主梁下层纵筋→穿次梁下层钢筋→穿主梁上层钢筋→按箍筋间距绑扎→穿次梁上层纵筋→按箍筋间距绑扎→抽横杆使骨架落入模内

（2）绑扎操作

1）在梁侧模板上画出箍筋间距，摆放箍筋。

2）先穿主梁的下部纵向受力钢筋及弯起钢筋，将箍筋按已画好的间距逐个分开；穿次梁的下部纵向受力钢筋及弯起钢筋，并套好箍筋；放主次梁的架立筋；隔一定间距将架立筋与箍筋绑扎牢固；调整箍筋间距使间距符合设计要求，绑架立筋，再绑主筋，主次梁同时配合进行。

3）框架梁上部纵向钢筋应贯穿中间节点，梁下部纵向钢筋伸入中间节点锚固长度及伸过中心线的长度要符合设计要求。框架梁纵向钢筋在端点内的锚固长度也要符合设计要求。

4）箍筋在叠合处的弯钩，在梁中应交错绑扎，箍筋弯钩为135°，平直部分长度为$10d$，如做成封闭箍时，单面焊缝长度为$5d$。

5）梁端第一个箍筋应设置在距离柱节点边缘50mm处。梁端与柱交接处箍筋应加密，其间距与加密区长度均要符合设计要求。

6）在主、次梁受力筋下均应垫垫块（或塑料卡），保证保护层的厚度。受力筋为双排时，可用短钢筋垫在两层钢筋之间，钢筋排距应符合设计要求。

7）梁筋的搭接：梁的受力钢筋直径等于或大于22mm时，宜采用焊接接头，小于22mm时，可采用绑扎接头，搭接长度要符合规范的规定。搭接长度末端与钢筋弯折处的距离，不得小于钢筋直径的10倍。接头不宜位于构件最大弯矩处，受拉区域内Ⅰ级钢筋绑扎接头的末端应做弯钩（Ⅱ级钢筋可不做弯钩），搭接处应在中心和两端扎牢。接头位置应相互错开，当采用绑扎搭接接头时，在规定搭接长度的任一区段内有接头的受力钢筋截面面积占受力钢筋总截面面积百分率，受拉区不大于50%。

4. 板钢筋绑扎

（1）工艺流程

清理模板→模板上画线→绑板下受力筋→绑负弯矩钢筋

（2）绑扎操作

1）清理模板上面的杂物，用粉笔在模板上画好主筋、分布筋间距。

2）按画好的间距，先摆放受力主筋，后放分布筋。预埋件、电线管、预留孔等及时配合安装。

3）在现浇板中有板带梁时，应先绑板带梁钢筋，再摆放板钢筋。

4）绑扎板筋时一般用顺扣或八字扣，除外围两根筋的相交点应全部绑扎外，其余各点可交错绑扎（双向板相交点须全部绑扎）。如板为双层钢筋，两层筋之间须加钢筋马凳，以确保上部钢筋的位置。负弯矩钢筋每个相交点均要绑扎。

5）在钢筋的下面垫好砂浆垫块，间距1.5m。垫块的厚度等于保护层厚度，应满足设计要求，如设计无要求时，板的保护层厚度应为15mm，钢筋搭接长度与搭接位置的要求与前面所述梁相同。

5. 楼梯钢筋绑扎

（1）工艺流程

画位置线→绑主筋→绑分布筋→绑踏步筋

（2）绑扎操作

1）在楼梯底板上画主筋和分布筋的位置线。

2）根据设计图纸中主筋、分布筋的方向，先绑扎主筋，后绑扎分布筋，每个交点均应绑扎。如有楼梯梁时，先绑梁筋后绑板筋，板筋要锚固到梁内。

3）底板筋绑完，待踏步模板吊绑支好后，再绑扎踏步钢筋。主筋接头数量和位置均要符合施工规范的规定。

（三）质量标准

1. 保证项目

（1）钢筋的品种和质量必须符合设计要求和有关标准的规定。

（2）钢筋的表面必须清洁。带有颗粒状或片状老锈，经除锈后仍留有麻点的钢筋，严禁按原规格使用。

(3) 钢筋规格、形状、尺寸、数量、锚固长度、接头位置，必须符合设计要求和施工规范的规定。

(4) 钢筋对焊接头的机械性能结果，必须符合钢筋焊接及验收的专门规定。

2. 基本项目

(1) 缺扣、松扣的数量不超过绑扣数的10%，且不应集中。

(2) 弯钩的朝向应正确，绑扎接头应符合施工规范的规定，搭接长度不小于规定值。

(3) 箍筋的间距数量应符合设计要求，有抗震要求时，弯钩角度为135°，弯钩平直长度为10d。

(4) 钢筋对焊接头，Ⅰ、Ⅱ、Ⅲ级钢筋无烧伤和横向裂纹，焊包均匀。对焊接头处弯折不大于4°，对焊接头处钢筋轴线的偏移不大于0.1d，且不大于2mm。

3. 允许偏差

现浇框架钢筋绑扎允许偏差见表5-3。

表5-3 现浇框架钢筋绑扎允许偏差

项次	项目		允许偏差（mm）	检验方法
1	钢筋网的长度、宽度		±10	尺量检查
2	网眼尺寸		±20	尺量连续三档，取其最大值
3	骨架的宽度、高度		±5	尺量检查
4	骨架的长度		±10	
5	受力钢筋	间距	±10	尺量两端、中间各一点，取其最大值
6		排距	±5	
7	绑扎箍筋、构造筋间距		±20	尺量连续三档，取其最大值
8	钢筋弯起点位移		20	尺量检查
9	预埋件	中心线位移	5	
		水平高差	+3、-0	
10	受力钢筋保护层	梁、柱	±5	
		墙板	±3	

（四）成品保护

(1) 柱子钢筋绑扎后，不准踩踏。

(2) 楼板的弯起钢筋、负弯矩钢筋绑好后，不准在上面踩踏行走。浇筑混凝土时派钢筋工专门负责修理，保证负弯矩筋位置的正确性。

(3) 绑扎钢筋时禁止碰动预埋件及洞口模板。

(4) 钢模板内面涂隔离剂时不要污染钢筋。

(5) 安装电线管、暖卫管线或其他设施时，不得任意切断和移动钢筋。

（五）应注意的质量问题

(1) 浇筑混凝土前检查钢筋位置是否正确，振捣混凝土时防止碰动钢筋，浇完混凝土后立即修整甩筋的位置，防止柱筋、墙筋位移。

（2）梁钢筋骨架尺寸小于设计尺寸：配制箍筋时应按内皮尺寸计算。

（3）梁、柱核心区箍筋应加密，熟悉图纸按要求施工。

（4）箍筋末端应弯成135°，平直部分长度为$10d$。

（5）梁主筋进支座长度要符合设计要求，弯起钢筋位置应准确。

（6）板的弯起钢筋和负弯矩钢筋位置应准确，施工时不应踩到下面。

（7）绑板的钢筋时用尺杆画线，绑扎时随时找正调直，防止板筋不顺直，位置不准。

（8）绑竖向受力筋时要吊正，搭接部位绑3个扣，绑扣不能用同一方向的顺扣。层高超过4m时，搭架子进行绑扎，并采取措施固定钢筋，防止柱、墙钢筋骨架不垂直。

（9）在钢筋配料加工时要注意，端头有对焊接头时，要避开搭接范围，防止绑扎接头内混入对焊接头。

四、双钢筋叠合板钢筋绑扎工艺

本工艺标准适用范围：多层和高层各种民用建筑叠合楼板或屋面板的钢筋绑扎，对条件适合的工业建筑亦可采用。

（一）施工准备

1. 材料及主要机具

（1）钢筋

钢筋的级别、直径必须符合设计要求，应无老锈和油污。钢筋要有出厂质量证明书及复试报告。

（2）绑扎铁丝

20~22号火烧丝。

（3）垫块

用水泥浆制成50mm×50mm，厚度等于保护层设计厚度。

（4）主要机具

电焊机、钢筋扳子、钢筋钩等。

2. 作业条件

（1）叠合板已吊装完毕，梁钢筋已绑扎完毕，叠合层模板已安装完毕，墙体伸出的搭接筋等已按图纸要求检查整修完毕，并将其锈皮及水泥浆等污垢清理干净。以上诸项已分别办完隐检或预检手续。

（2）加工成型的叠合层钢筋进场，按设计要求检查其规格、型状、尺寸和数量是否正确，并按施工平面图中指定的位置，按规格、部位和编号分别加设垫木堆放。

（二）操作工艺

（1）工艺流程

清理板面及板缝，并整理板甩出的筋→绑扎板缝筋→绑扎吊环双向筋→绑扎支座负弯矩筋→质量检验

（2）绑扎操作

1）清理叠合板面及板缝的杂物，按图纸要求整理叠合底板的甩出筋。

2）绑扎拼接板缝ϕ5mm 通长筋。用ϕ5mm 冷拔低碳钢丝平焊成型的双钢筋，绑扎板缝配筋的级别为Ⅳ级，按图纸设计执行。

3）绑扎吊环双向筋时，沿吊环的两个方向均用通长的ϕ8mm 筋双向连接，伸入邻跨400mm，端头加180°钩。与吊环直交穿越吊环，另一向置直交筋下并与之绑扎。

4）绑扎支座负弯矩筋，其保护层保证不大于20mm，其与架立筋每扣均绑扎，负弯矩筋下加设钢筋马凳，以保证负弯矩筋正确的空间位置。

（三）质量标准

1. 保证项目

（1）钢筋的品种和质量必须符合设计要求和有关标准的规定。

检验方法：检查出厂质量证明书和试验报告。

（2）冷拔低碳钢筋的机械性能必须符合设计要求和施工规范的规定。

检验方法：检查出厂质量证明书、试验报告和冷拔记录。

（3）钢筋的表面必须清洁，带有颗粒状或片状老锈，经除锈后仍留有麻点的钢筋，严禁按原规格使用。

检验方法：观察检查。

（4）钢筋的规格、形状、尺寸、数量、锚固长度和接头设置，必须符合设计要求和施工规范的规定。

检验方法：观察或尺量检查。

2. 基本项目

（1）缺扣、松扣的数量不超过绑扣数的10%，且不应集中。

检验方法：观察和手扳检查。

（2）钢筋弯钩朝向正确，绑扎接头、搭接长度符合施工规范的要求。

检验方法：观察和尺量检查。

（3）弯钩角度和平直长度符合施工规范的规定。

检验方法：观察和尺量检查。

（4）点焊焊点无裂纹和多孔性缺陷，焊点处熔化金属均匀、无烧伤。

检验方法；用小锤、放大镜检查。

3. 允许偏差

钢筋绑扎的允许偏差列于表5-4。

表5-4 钢筋绑扎的允许偏差

项次	项目		允许偏差（mm）	检验方法
1	受力筋间距		±10	尺量两端、中间各取一点，取其最大值
2	绑扎构造筋间距		±20	尺量连续三档，取其最大值
3	焊接构造间距		±10	尺量连续三档，取其最大值
4	预埋件	中心线位移	5	
		水平高差	+3、-0	
5	受力钢筋保护层		±3	尺量检查

（四）成品保护

（1）支座负弯矩筋绑好后，不准踩在其上作业或行走，并派专人看护和修整，保持其正确的空间位置。

（2）安装水电管线时，不得任意切断和位移已绑好的钢筋。

（五）应注意的质量问题

（1）支座负弯矩空间位置不准：应加强成品保护和设置钢筋马凳，适量加密。负弯矩筋间距不均，端头不在一条直线上。应加强间距标志划分和端头拉线绑扎。

（2）吊环双向通长ϕ8mm筋，入跨长度不足，或一端长、一端短，配筋要正确，绑扎要排除障碍，使入跨长度到位，两端均匀。

（3）叠合板甩出筋整形不规范：板缝ϕ5mm通长筋不顺直，绑扎不牢。应认真按规定整形，坚持合理的绑扎顺序。

（六）质量记录

本工艺标准应具备以下质量记录：

（1）钢筋质量合格证或试验报告单。

（2）钢筋（原材、焊接）试验报告。

（3）钢筋隐检记录。

（4）钢筋分项工程技术交底。

（5）钢筋分项工程质量检验评定。

五、带肋钢筋径向挤压连接工艺

本工艺标准适用范围：工业与民用建筑、构筑物的钢筋混凝土结构中直径20～40mm的带肋Ⅱ～Ⅲ级钢筋径向挤压连接施工。

（一）施工准备

1. 材料及主要机具

（1）钢筋

钢筋的级别、直径（18～40mm）必须符合设计要求及国家标准，应有出厂质量证明及复试报告。进口钢筋需对挤压连接进行形式检验，符合性能要求后使用。

（2）钢套筒

钢套筒的材质为低碳素镇静钢，其机械性能应满足要求。Ⅱ级钢筋用套筒屈服强度$\sigma_s \geqslant 205\text{N/mm}^2$；抗拉强度$\sigma_b = 335 \sim 520\text{N/mm}^2$，延伸率$\sigma_s \geqslant 20\%$。Ⅲ级钢筋用套筒$\sigma_s \geqslant 230\text{N/mm}^2$，$\sigma_b = 390 \sim 520\text{N/mm}^2$，$\sigma_s \geqslant 20\%$。直径差大于5mm，用变截面钢套筒。套筒规格型号G18、G20、G22、G25、G28、G32、G36、G40，套筒应有出厂合格证，分批验收。

（3）主要机具

超高压泵站、油管、压钳、钢筋挤压压模、吊挂小车、平衡器、角向砂轮、画标志工具及检查压痕卡板卡尺等工具。

注：带肋钢筋挤压连接是将两根需连接的钢筋插入钢套筒，利用压钳沿径向压缩钢套筒，使之产生

塑性变形，靠变形后的钢套筒与被连接的钢筋紧密结合整体的连接方法。

2. 作业条件

（1）参加挤压接头作业的人员必须经过培训，并经考核合格后方可持证上岗。

（2）清除钢套筒及钢筋挤压部位的锈污、砂浆等杂物。

（3）钢筋与钢套筒试套，如钢筋有马蹄、飞边、弯折或纵肋尺寸超大者，应先矫正或用手砂轮修磨，禁止用电气焊切割超大部分。

（4）钢筋端头应有定位标志和检查标志，以确保钢筋伸入套筒的长度。定位标志距钢筋端部的距离为钢套筒长度的1/2。

（5）检查挤压设备是否正常，并试压，符合要求后方准作业。

（二）操作工艺

（1）工艺流程

钢套筒、钢筋挤压部位检查、清理、矫正→钢筋端头压接标志→钢筋插入钢套筒→挤压→检查验收

（2）连接操作

1）钢筋应按标记要求插入钢套筒内，确保接头长度，以防压空。被连接钢筋的轴心与钢套筒轴心应保持同一轴线，防止偏心和弯折。

2）在压接接头处挂好平衡器与压钳，接好进、回油油管，起动超高压泵，调节好压接力所需的油压力，然后将下压模卡板打开，取出下模，把挤压机机架的开口插入被挤压的带肋钢筋的连接套中，插回下模，锁死卡板，压钳在平衡器的平衡力作用下，对准钢套筒所需压接的标记处，控制挤压机换向阀进行挤压。压接结束后将紧锁的卡板打开，取出下模，退出挤压机，则完成挤压施工。

3）挤压时，压钳的压接应对准套筒压痕标志，并垂直于被压钢筋的横肋。挤压应从套筒中央逐道向端部压接，如ϕ32mm 钢筋每端压6道压痕，最后检查压痕。最小直径及压痕总宽度应符合规定。

4）为了减少高空作业并加快施工进度，可先在地面压接半个压接接头，在施工作业区把钢套筒另一端插入预留钢筋，按工艺要求挤压另一端。

（三）成品保护

（1）在地面预制好的接头要用垫木垫好，分规格码放整齐。

（2）套筒内不得有砂浆等杂物。

（3）在高空挤压接头时，要搭好临时架子，不得蹬踩接头。

（四）应注意的质量问题

（1）要认真检查钢套筒的质量，材质不符合要求，无出厂质量证明书，以及外观质量不合格的钢套筒，不得使用。

（2）认真检查钢筋质量，弯曲的钢筋应调直；锈蚀严重的钢筋应禁止使用。

（3）检查接头质量，严格执行操作规程。

（五）质量记录

本工艺标准应具备以下质量记录：

（1）钢筋出厂质量证明书或试验报告单。

（2）钢筋机械性能试验报告。

（3）钢套筒合格证。

（4）接头强度试验报告单。

六、锥螺纹钢筋接头工艺

本工艺标准适用范围：工业与民用建筑现浇钢筋混凝土结构中直径 16～40mm 的热轧Ⅱ、Ⅲ级同级钢筋的同径或异径钢筋的连接。所连接钢筋直径之差不超过 9mm。

采用锥螺纹钢筋接头应经设计人员同意。

（一）施工准备

1. 材料及主要机具

（1）钢筋

钢筋的级别、直径必须符合设计要求，有出厂证明书及复试报告单。

（2）连接套应

有明显的规格标记（如Φ32 或Φ32）。

锥孔用塑料密封盖封住。

同径或异径连接套尺寸在规定的范围内。

锥螺纹塞规拧入连接套后，连接套的大端边缘应在锥螺纹塞规大端的缺口范围内。

有产品合格证。

连接套应分类包装存放，不得混淆和锈蚀。

（3）主要机具

1）钢筋套丝机

型号为 SZ-50A，或其他可套制直径 16mm 及以上的Ⅱ、Ⅲ级钢筋的套丝机。

2）量规

量规包括牙形规、卡规和锥形螺纹塞规。

牙形规是用来检查钢筋连接端的锥螺纹牙形加工质量的量规。

卡规是用来检查钢筋连接端的锥螺纹小端直径的量规。

锥螺纹塞规是用来检查锥螺纹连接套的加工质量的量规。

3）力矩扳手

力矩扳手必须经计量管理部门批准，有制造计量器具许可证的生产厂生产的产品。力矩扳手须定期经计量管理部门批准生产的扭力仪检定，检定合格后方准使用。检定期限每半年一次，且新开工工程必须先进行检定方可使用。

2. 作业条件

（1）操作工人（包括套丝的工人）必须经专门培训，并经考试合格后方可上岗。

（2）接头位置应符合规定。

（3）熟悉图纸，做好技术交底。

（二）操作工艺

（1）工艺流程

钢筋下料→钢筋套丝→接头单体试件试验→钢筋连接→质量检查

（2）钢筋下料

钢筋下料可用钢筋切断机或砂轮锯，不得用气割下料。钢筋下料时，要求钢筋端面与钢筋轴线垂直，端头不得弯曲，不得出现马蹄形。

（3）钢筋套丝

1）套丝机必须用水溶性切削冷却润滑液，不得用机油润滑或不加润滑液套丝。

2）钢筋套丝质量必须用牙形规与卡规检查，钢筋的牙形必须与牙形规相吻合，其小端直径必须在卡规上标出的允许误差之内，锥螺纹丝扣完整牙数不得规定值。

3）在操作工人自检的基础上，质检员必须每批抽检3%，且不少于3个，并填写检验记录。

4）检查合格的钢筋锥螺纹，应立即将其一端拧上塑料保护帽，另一端按规定的力矩值，用扭力扳手拧紧连接套。

（4）接头单体试件试验

1）试件数量

每种规格接头，每300个为一批，不足300个也作为一批，每批做3根试件。

2）试件制作

施工作业之前，从施工现场截取工程用的钢筋长300mm若干根，接头单体试件长度不小于600mm。将其一头套成锥螺纹，用牙形规和卡规检查锥螺纹丝头的加工质量。当其牙形与牙形规吻合，小端直径在卡规上标出的允许误差之内，则判定锥螺纹丝头为合格品，然后再用锥螺纹塞规检查同规格连接套的加工质量。当连接套的大端边缘在锥螺纹塞规大端缺口范围内时，连接套为合格品。

3）试件的拉伸试验

①屈服强度实测值不小于钢筋的屈服强度标准值。

②抗拉强度实测值与钢筋屈服强度标准值的比值不小于1.35（异径钢筋接头以小径钢筋强度为准）。

如有1根试件达不到上述要求值，应再取双倍试件试验。当全部试件合格后，方可进行连接施工。如仍有1根试件不合格，则判定该批连接件不合格，不准使用。

③填写接头拉伸试验报告。

（5）钢筋连接

1）连接套规格与钢筋规格必须一致。

2）连接之前应检查钢筋锥螺纹及连接套锥螺纹是否完好无损。钢筋锥螺纹丝头上如发现杂物或锈蚀，可用钢丝刷清除。

3）将带有连接套的钢筋拧到待接钢筋上，然后按规定的力矩值，用力矩扳手拧紧接头。当听到力矩扳手发出“卡塔”响声时，即达到接头的拧紧值。

4）连接完的接头必须立即用油漆做上标记，防止漏拧。

（6）质量检查

在钢筋连接生产中，操作工人应认真逐个检查接头的外观质量，外露丝扣不得超过1

个完整扣。如发现外露丝扣超过 1 个完整扣，应重拧或查找原因及时消除。不能消除时，应报告有关技术人员作出处理。

专职质量检查人员要抽查接头的外观质量，并用力矩扳手抽检接头的拧紧力矩，并填写抽检记录，发现不合格时应及时处理。

（三）质量标准

1. 保证项目

（1）钢筋的品种和质量必须符合设计要求和有关标准的规定。

检验方法：检查出厂质量证明书和试验报告单。

（2）连接套的规格和质量必须符合要求。

检验方法：检查产品合格证。

（3）接头的强度必须合格。

每种规格接头，每 300 个为一批，不足 300 个也作为一批，每批做 3 根试件做拉力试验。

检验方法：检查接头拉伸试验报告。

（4）接头拧紧力矩值的抽检必须合格。

梁、柱构件：每个构件抽验 1 个接头。

板、墙、基础底板：一个楼层每 100 个接头为一批，不足 100 个也作为一批，每批抽验 3 个接头。

抽查接头的拧紧力矩值必须全部合格。如有 1 个构件中的 1 个接头达不到规定的拧紧力矩值，则该构件的接头必须全部逐个拧到规定的力矩值。

检验方法：检查锥螺纹钢筋接头施工，抽检记录。

（5）钢筋的规格、接头的位置、同一区段内有接头钢筋面积的百分比，必须符合设计要求和施工规范的规定。

检验方法：观察或尺量检查。

2. 基本项目

锥螺纹接头的外露丝扣不得超过 1 个完整扣，否则应重新拧紧接头或进行加固处理。

检验方法：观察检查。

（四）成品保护

注意对连接套和已套丝钢筋丝扣的保护，不得损坏丝扣，丝扣上不得粘有水泥浆等污物。

（五）应注意的质量问题

（1）必须分开施工用和检验用的力矩扳手，不能混用，以保证力矩检验值准确。

（2）钢筋在套丝前，必须对钢筋规格及外观质量进行检查。如发现钢筋端头弯曲，必须先进行调直处理。钢筋边肋尺寸如超差，要先将端头边肋砸扁方可使用。

（3）钢筋套丝，操作前应先调整好定位尺的位置，并按照钢筋规格配以相对应的加工导向套。对于大直径钢筋要分次车削到规定的尺寸，以保证丝扣精度，避免损坏梳刀。

（4）对个别经检验不合格的接头，可采用电弧焊贴角焊缝方法补强，但其焊缝高度和厚度应由施工、设计、监理人员共同确定，持有焊工考试合格证的人员才能施焊。

（5）锥螺纹接头施工应由具有资质证明的专门施工队伍承包施工。

（六）质量记录

本工艺标准应具备以下质量记录：

（1）钢筋出厂质量证明书或试验报告单。

（2）钢筋机械性能试验报告。

（3）连接套合格证。

（4）接头强度检验报告。

（5）接头拧紧力矩值的抽检记录。

七、钢筋电渣压力焊工艺

本工艺标准适用范围：工业与民用建筑现浇钢筋混凝土结构中直径 14～40mm 的Ⅰ级、Ⅱ级竖向或斜向（倾斜度 4:1 范围内）钢筋的连接。

（一）施工准备

1. 材料及主要机具

（1）钢筋

钢筋的级别、直径必须符合设计要求，有出厂证明书及复试报告单。进口钢筋还应有化学复试单，其化学成分应满足焊接要求，并应有可焊性试验。

（2）焊剂

1）焊剂的性能应符合 GB 5293 碳素钢埋弧焊用焊剂的规定。焊剂型号为 HJ 401，常用的为熔炼型高锰高硅低氟焊剂或中锰高硅低氟焊剂。

2）焊剂应存放在干燥的库房内，防止受潮。如受潮，使用前须经 250～300℃ 烘焙 2h。

3）使用中回收的焊剂，应除去熔渣和杂物，并应与新焊剂混合均匀后使用。

4）焊剂应有出厂合格证。

（3）主要机具

1）手工电渣压力焊设备包括：焊接电源、控制箱、焊接夹具、焊剂罐等。

2）自动电渣压力焊设备（应优先采用）包括：焊接电源、控制箱、操作箱、焊接机头等。

3）焊接电源。钢筋电渣压力焊宜采用次级空载电压较高（TSV 以上）的交流或直流焊接电源。一般 32mm 直径及以下的钢筋焊接时，可采用容量为 600A 的焊接电源；32mm 直径及以上的钢筋焊接时，应采用容量为 1000A 的焊接电源。当焊机容量较小时，也可以采用较小容量的同型号、同性能的两台焊机并联使用。

2. 作业条件及安全措施

（1）焊工必须持有有效的焊工考试合格证。

（2）设备应符合要求。焊接夹具应有足够的刚度，在最大允许荷载下应移动灵活，操作方便。焊剂罐的直径与所焊钢筋直径相适应，不致在焊接过程中烧坏。电压表、时间显示器应配备齐全，以便操作者准确掌握各项焊接参数。

（3）电源应符合要求。当电源电压下降大于5%，则不宜进行焊接。

（4）作业场地应有安全防护措施，制定和执行安全技术措施，加强焊工的劳动保护，防止发生烧伤、触电、火灾、爆炸以及烧坏机器等事故。

（5）注意接头位置，注意同一区段内有接头钢筋截面面积的百分比，不符合《混凝土结构工程施工及验收规范》有关条款的规定时，要调整接头位置后才能施焊。

（二）操作工艺

1. 工艺流程

（1）电渣压力焊工艺流程

检查设备、电源→钢筋端头制备→选择焊接参数→安装焊接夹具和钢筋→安放铁丝球（也可省去）→安放焊剂灌、填装焊剂→试焊、做试件→确定焊接参数→施焊→回收焊剂→卸下夹具→质量检查

（2）电渣压力焊施焊过程

闭合电路→引弧→电弧过程→电渣过程→挤压断电

2. 设备、电源的检查

检查设备、电源，确保随时处于正常状态，严禁超负荷工作。

3. 钢筋端头制备

钢筋安装之前，焊接部位和电极钳口接触的（150mm 区段内）钢筋表面上的锈斑、油污、杂物等，应清除干净，钢筋端部若有弯折、扭曲，应予以矫直或切除，但不得用锤击矫直。

4. 选择焊接参数

钢筋电渣压力焊的焊接参数主要包括：焊接电流、焊接电压和焊接通电时间。

不同直径钢筋焊接时，按较小直径钢筋选择参数，焊接通电时间延长约10%。

5. 安装焊接夹具和钢筋

夹具的下钳口应夹紧于下钢筋端部的适当位置，一般为1/2焊剂罐高度偏下5～10mm，以确保焊接处的焊剂有足够的淹埋深度。

上钢筋放入夹具钳口后，调准动夹头的起始点，使上下钢筋的焊接部位位于同轴状态，方可夹紧钢筋。钢筋一经夹紧，严防晃动，以免上下钢筋错位和夹具变形。

6. 引弧、焊剂的准备

安放引弧用的铁丝球（也可省去）。安放焊剂罐、填装焊剂。

7. 试焊、作试件、确定焊接参数

在正式进行钢筋电渣压力焊之前，必须按照选择的焊接参数进行试焊并做试件送试，以便确定合理的焊接参数。试焊检验合格后，方可正式生产。当采用半自动、自动控制焊接设备时，应按照确定的参数设定好设备的各项控制数据，以确保焊接接头质量可靠。

8. 施焊操作要点

（1）闭合回路、引弧

通过操纵杆或操纵盒上的开关，先后接通焊机的焊接电流回路和电源的输入回路，在

钢筋端面之间引燃电弧，开始焊接。

（2）电弧过程

引燃电弧后，应控制电压值。借助操纵杆使上下钢筋端面之间保持一定的间距，进行电弧过程的延时，使焊剂不断熔化而形成必要深度的渣池。

（3）电渣过程

随后逐渐下送钢筋，使上钢筋端部插入渣池，电弧熄灭，进入电渣过程的延时，使钢筋断面加速熔化。

（4）挤压断电

电渣过程结束，迅速下送上钢筋，使其端面与下钢筋端面相互接触，趁热排除熔渣和熔化金属，同时切断焊接电源。

（5）焊毕停歇

接头焊毕，应停歇20～30s后（在寒冷地区施焊时，停歇时间应适当延长），才可回收焊剂和卸下焊接夹具。

9. 质量检查

在钢筋电渣压力焊的焊接生产中，焊工应认真进行自检，若发现偏心、弯折、烧伤、焊包不饱满等焊接缺陷，应切除接头重焊，并查找原因，及时消除。切除接头时，应切除热影响区的钢筋，即离焊缝中心约为1.1倍钢筋直径的长度范围内的部分应切除。

（三）质量标准

1. 保证项目

（1）钢筋的品种和质量，必须符合设计要求和有关标准的规定。

进口钢筋需先经过化学成分检验和焊接试验，符合有关规定后方可焊接。

检验方法：检查出厂质量证明书和试验报告单。

（2）钢筋的规格、焊接接头的位置、同一区段内有接头钢筋面积的百分比，必须符合设计要求和施工规范的规定。

检验方法：观察或尺量检查。

（3）电渣压力焊接头的力学性能检验必须合格。

力学性能检验时，从每批接头中随机切取3个接头做拉伸试验。

1）在一般构筑物中，以300个同钢筋级别接头作为一批。

2）在现浇钢筋混凝土多层结构中，以每一楼层或施工区段的同级别钢筋接头作为一批，不足300个接头仍作为一批。

检验方法：检查焊接试件、试验报告。

2. 基本项目

钢筋电渣压力焊接头应逐个进行外观检查，结果应符合下列要求：

（1）焊包较均匀，突出部分最少高出钢筋表面4mm。

（2）电极与钢筋接触处，无明显的烧伤缺陷。

（3）接头处的弯折角不大于4°。

（4）接头处的轴线偏移应不超过0.1倍钢筋直径，同时不大于2mm。

外观检查不合格的接头应切除重焊或采取补救措施。

检验方法：目测或量测。

（四）成品保护

（1）接头焊毕，应停歇20～30s后才能卸下夹具，以免接头弯折。

（2）焊接完的成品禁止摔砸，以免接头弯折或损坏。

（3）成品应码放整齐。

（五）应注意的质量问题

1. *焊接中保证质量的措施*

（1）在钢筋电渣压力焊生产中，应重视焊接全过程中的任何一个环节。

（2）接头部位应清理干净。

（3）钢筋安装应上下同心；夹具紧固，严防晃动。

（4）引弧过程，力求可靠；电弧过程，延时充分；电渣过程，短而稳定；挤压过程，压力适当。

（5）焊接过程中若出现异常现象，应及时查找原因，排除问题后方可继续施焊。

2. *焊接环境温度*

（1）电渣压力焊可在负温条件下进行，但当环境温度低于-20℃时，则不宜进行施焊。

（2）雨天、雪天不宜进行施焊，必须施焊时，应采取有效的遮蔽措施。焊后未冷却的接头，应避免碰到冰雪。

（六）质量记录

本工艺标准应具备以下质量记录：

（1）钢筋出厂质量证明书或试验报告单。

（2）焊剂合格证。

（3）钢筋机械性能复试报告。

（4）进口钢筋应有化学成分检验报告和可焊性试验报告。国产钢筋在加工过程中发生脆断、焊接性能不良和机械性能明显不正常的，应有化学成分检验报告。

（5）钢筋接头的拉伸试验报告。

八、钢筋气压焊工艺

本工艺标准适用范围：工业与民用建筑现浇钢筋混凝土结构中直径14～40mm的Ⅰ级、Ⅲ级钢筋在垂直位置、水平位置或倾斜位置的对接连接。当两钢筋直径不同时，也可用气压焊连接，但其两直径之差不得大于7mm。

（一）施工准备

1. *材料及主要机具*

（1）钢筋

钢筋的级别、直径必须符合设计要求，有出厂证明书及复试报告单。进口钢筋还应有化学复试单，其化学成分应满足焊接要求，并应有可焊性试验。

（2）氧气（O_2）

气压焊采用氧气纯度应在99.5%以上，质量符合工业用国家标准中Ⅰ类或Ⅱ类一级的技术要求。

（3）乙炔气（C_2H_2）

最好用瓶装溶解乙炔，质量应符合现行国家标准的要求。其纯度必须在98%以上，磷化氢含量不得大于0.06%，硫化氢含量不得大于0.1%，水分含量不得大于1L/m³，丙酮含量应不大于45g/m³。如使用乙炔发生器直接生产的乙炔时，使用的电石质量要符合有关标准规定的优级品或一级品的要求。

（4）主要机具

1）供气装置

应包括氧气瓶、溶解乙炔气瓶（或中压乙炔发生器）、干式回火防止器、减压器及胶管等。氧气瓶和溶解乙炔气瓶的使用应遵照国家有关规定执行。溶解乙炔气瓶的供气能力必须满足现场最大直径钢筋焊接时供气量的要求，若不能满足使用时，可多瓶并联使用。

2）多嘴环管加热器

氧-乙炔混合室的供气量应满足加热圈气体消耗量的需要，多嘴环管加热器应配备多种规格的加热圈，以满足不同直径钢筋焊接的需要，多束火焰应燃烧均匀，调整火焰方便。

3）加压器

加压能力应达到现场最大直径钢筋焊接时所需要的轴向压力。

4）焊接夹具

应确保夹紧钢筋，并且当钢筋承受最大轴向压力时，钢筋与夹头之间不产生相对滑移；应便于钢筋的安装定位，并在施焊过程中保持足够的刚度；动夹头应与定夹头同心，并且当不同直径钢筋焊接时，仍应保持同心。

2. 作业条件及安全注意事项

（1）焊工必须持有有效的焊工考试合格证。

（2）设备及供气应符合要求。

（3）在现场进行钢筋气压焊时，当风速超过5.4m/s，应采取挡风措施；在负温下施工时，对气源设备应采取适当的保温防冻措施；当气温低于－15℃，应对接头采取预热和保温缓冷措施。

（4）作业场地应有安全防护措施，制定和执行安全技术措施，加强焊工的劳动保护，防止发生烧伤、火灾、爆炸以及损坏备等事故。

（5）注意接头位置，注意同一区段内有接头钢筋截面面积的百分比，不符合《混凝土结构工程施工及验收规范》有关条款的规定时，要调整接头位置后才能施焊。

（二）操作工艺

1. 工艺流程

检查设备、气源→钢筋端头制备→安装焊接夹具和钢筋→试焊、做试件→施焊→卸下

夹具→质量检查

2. 设备、气源检查

检查设备、气源，确保处于正常状态。

3. 钢筋端头制备

钢筋端面应切平，并与钢筋轴线相垂直；在钢筋端部两倍直径长度范围内，若有水泥等附着物，应予以清除。钢筋边角毛刺及端面上铁锈、油污和氧化膜应清除干净，并经打磨，使其露出金属光泽，不得有氧化现象。

4. 安装焊接夹具和钢筋

安装焊接夹具和钢筋时，应将两钢筋分别夹紧，并使两钢筋的轴线在同一直线上。钢筋安装后应加压顶紧，两钢筋之间的局部缝隙不得大于3mm。

5. 试焊、做试件

工程开工正式焊接之前，要进行现场条件下钢筋气压焊工艺性能的试验。以确认气压焊工的操作技能，确认现场钢筋的可焊性，并选择最佳的焊接工艺。试验的钢筋从进场钢筋中截取。每批钢筋焊接6根接头，经外观检验合格后，其中3根做拉伸试验，3根做弯曲试验。试验合格后，按确定的工艺进行气压焊。

6. 加压的选择

钢筋气压焊时，应根据钢筋直径和焊接设备等具体条件选用等压法、二次加压法或三次加压法焊接工艺。在两钢筋缝隙密合和镦粗过程中，对钢筋施加的轴向压力，按钢筋横截面积计，应为30～40MPa。为保证对钢筋施加的轴向压力值，应根据加压器的型号，按钢筋直径大小事先换算成油压表读数，并写好标牌，以便准确控制。

7. 施焊的火焰与温度

钢筋气压焊的开始宜采用碳化焰，对准两钢筋接缝处集中加热，并使其内焰包住缝隙，防止钢筋端面产生氧化。

在确认两钢筋缝隙完全密合后，应改用中性焰，以压焊面为中心，在两侧各一倍钢筋直径长度范围内往复宽幅加热。

钢筋端面的合适加热温度应为1150～1250℃；钢筋镦粗区表面的加热温度应稍高于该温度，并随钢筋直径大小而产生的温度梯差而定。

8. 接头成型与卸压

钢筋气压焊中，通过最终的加热加压，应使接头的镦粗区形成规定的合适形状；然后停止加热，略为延时，卸除压力，拆下焊接夹具。

9. 中途灭火的处理

在加热过程中，如果在钢筋端面缝隙完全密合之前发生灭火中断现象，应将钢筋取下重新打磨、安装，然后点燃火焰进行焊接。如果发生在钢筋端面缝隙完全密合之后，可继续加热加压，完成焊接作业。

10. 质量检查

在焊接生产中焊工应认真自检，若发现偏心、弯折、镦粗直径及长度不够、压焊面偏移、环向裂纹、钢筋表面严重烧伤、接头金属过烧、未焊合等质量缺陷，应切除接头重焊，并查找原因及时消除。

（三）质量标准

1. 保证项目

（1）钢筋的品种和质量必须符合设计要求和有关标准的规定。

进口钢筋需先经过化学成分检验和焊接试验，符合有关规定后方可焊接。

检验方法：检查出厂证明书和试验报告单。

（2）钢筋的规格、焊接接头的位置、同一区段内有接头钢筋面积的百分比，必须符合设计要求和施工规范的规定。

检验方法：观察或尺量检查。

（3）气压焊接头的力学性能检验必须合格。

力学性能检验时，从每批接头中随机切取3个接头做拉伸试验。根据工程需要，也可另切取3个接头做弯曲试验。

1）在一般构筑物中，以200个接头为一批。

2）在现浇钢筋混凝土房屋结构中，在同一楼层中以200个接头为一批；不足200个接头仍作为一批。

检验方法：检查焊接试件、试验报告单。

2. 基本项目

钢筋气压焊接头应逐个进行外观检查，结果应符合下列要求：

（1）偏心量不得大于钢筋直径的0.15倍，同时不得大于4mm，当不同直径钢筋相焊接时，按较小钢筋直径计算，当超过限区时，应切除重焊。

（2）两钢筋轴线弯折角不得大于4°，当超过限量时，应重新加热矫正。

（3）镦粗直径应不小于钢筋直径的1.4倍，当小于此限量时，应重新加热镦粗。

（4）镦粗长度应不小于钢筋直径的1.2倍，且凸起部分应平缓圆滑。当小于此限量时，应重新加热镦长。

（5）压焊面偏差不得大于钢筋直径的0.2倍。

（6）接头不得有横向裂纹，若发现有此裂纹时，应切除重焊。

（7）镦粗区表面不得有严重烧伤。

检验方法：目测或量测。

（四）成品保护

（1）接头焊毕，应稍停歇后才能卸下夹具，以免接头弯折。

（2）焊接完的成品禁止摔砸，以免接头弯折或损坏。

（3）成品应码放整齐。

（五）应注意的质量问题

1. 施焊过程中保证质量的措施

（1）在钢筋气压焊生产中，应重视焊接全过程中的任何一个环节。

（2）钢筋端面要切平，且垂直于轴线；打磨见光泽，无氧化现象。

（3）钢筋安装时上下同心，夹具紧固，严防晃动。

（4）加热要适度，加压要适当。

（5）若出现异常现象，应仔细查找原因，及时消除。

2. 焊接环境温度

（1）气压焊可在负温条件下进行，但当环境温度低于－20℃时。则不宜进行施焊。

（2）雨天、雪天不宜进行施焊，必须施焊时，应采取有效地遮蔽措施。焊后未冷却的接头，应避免碰到冰雪。

（六）质量记录

本工艺标准应具备以下质量记录：

（1）钢筋出厂质量证明书或试验报告单。

（2）钢筋机械性能复试报告。

（3）进口钢筋应有化学成分检验报告和可焊性试验报告。国产钢筋在加工过程中发生脆断、焊接性能不良和机械性能显著不正常的，应有化学成分检验报告。

（4）钢筋接头的拉伸试验报告。

（5）如工程需要时，应有钢筋接头的弯曲试验报告。

九、钢筋手工电弧焊工艺

本工艺标准适用范围：工业与民用建筑的钢筋及埋件手工电弧焊。

（一）施工准备

1. 材料及主要机具

（1）钢筋

钢筋的级别、直径必须符合设计要求，有出厂证明书及复试报告单。进口钢筋还应有化学复试单，其化学成分应满足焊接要求，并应有可焊性试验。预埋件的锚爪应用Ⅰ级、Ⅱ级钢筋。钢筋应无老锈和油污。

（2）钢材

预埋件的钢材不得有裂缝、锈蚀、斑痕、变形，其断面尺寸和机械性能应符合设计要求。

（3）焊条

焊条的牌号应符合设计规定。如设计无规定时，应符合表3-11的要求，焊条质量应符合以下要求：

1）药皮应无裂缝、气孔、凹凸不平等缺陷，并不得有肉眼看得出的偏心度。

2）焊接过程中，电弧应燃烧稳定，药皮熔化均匀，无成块脱落现象。

3）焊条必须根据焊条说明书的要求烘干后才能使用。

4）焊条必须有出厂合格证。

（4）主要机具

弧焊机、焊接电缆、电焊钳、面罩、錾子、钢丝刷、锉刀、榔头、钢字码等。

2. 作业条件和安全措施

（1）焊工必须持有考试合格证。

（2）帮条尺寸、坡口角度、钢筋端头间隙、接头位置以及钢筋轴线应符合规定。

（3）电源应符合要求。

（4）作业场地要有安全防护设施、防火和必要的通风措施，防止发生烧伤、触电、中毒及火灾等事故。

（5）熟悉图纸，做好技术交底。

（二）操作工艺

1. 工艺流程

检查设备→选择焊接参数→试焊作模拟试件→送试→确定焊接参数→施焊→质量检验

2. 电源、机具的检查

检查电源、焊机及工具。焊接地线应与钢筋接触良好，防止因起弧而烧伤钢筋。

3. 选择焊接参数

根据钢筋级别、直径、接头形式和焊接位置，选择适宜的焊条直径、焊接层数和焊接电流，保证焊缝与钢筋熔合良好。

4. 试焊、做模拟试件

在每批钢筋正式焊接前，应焊接3个模拟试件做拉力试验，经试验合格后，方可按确定的焊接参数成批生产。

5. 施焊操作

（1）引弧

带有垫板或帮条的接头，引弧应在钢板或帮条上进行。无钢筋垫板或无帮条的接头，引弧应在形成焊缝的部位，防止烧伤主筋。

（2）定位

焊接时应先焊定位点再施焊。

（3）运条

运条时的直线前进、横向摆动和送进焊条三个动作要协调平稳。

（4）收弧

收弧时，应将熔池填满，拉灭电弧时，亦应将熔池填满，注意不要在工作表面造成电弧擦伤。

（5）多层焊

如钢筋直径较大，需要进行多层施焊时，应分层间断施焊，每焊一层后，应清渣再焊接下一层。应保证焊缝的高度和长度。

（6）熔合

焊接过程中应有足够的熔深。主焊缝与定位焊缝应结合良好，避免气孔、夹渣和烧伤缺陷，并防止产生裂缝。

（7）平焊

平焊时要注意熔渣和铁水混合不清的现象，防止熔渣流到铁水前面。熔池也应控制成椭圆形，一般采用右焊法，焊条与工作表面成70°角。

（8）立焊

立焊时，铁水与熔渣易分离。要防止熔池温度过高，铁水下坠形成焊瘤，操作时焊条与垂直面形成60°~80°角。使电弧略向上，吹向熔池中心。焊第一道时，应压住电弧向上运条，同时做较小的横向摆动，其余各层用半圆形横向摆动加挑弧法向上焊接。

（9）横焊

焊条倾斜70°~80°，防止铁水受自重作用坠到下坡口上。运条到上坡口处不做运弧停顿，迅速带到下坡口根部做微小横拉稳弧动作，依次均速进行焊接。

（10）仰焊

仰焊时宜用小电流短弧焊接，溶池宜薄，确保与母材熔合良好。第一层焊缝用短电弧前后推拉动作，焊条与焊接方向成80°~90°角。其余各层焊条横摆，并在坡口侧略停顿稳弧，保证两侧熔合。

（11）钢筋帮条焊

1）钢筋帮条焊适用于Ⅰ、Ⅱ、Ⅲ级钢筋。钢筋帮条焊宜采用双面焊，不能进行双面焊时，也可采用单面焊，见图3-17。

2）帮条宜采用与主筋同级别、同直径的钢筋制作，其帮条长度 l 见表3-13。如帮条级别与主筋相同时，帮条的直径可以比主筋直径小一个规格。如帮条直径与主筋相同时，帮条钢筋可比主筋低一个级别。

3）钢筋帮条接头的焊缝厚度 h 应不小于 $0.3d$，焊缝宽度 b 不小于 $0.7d$。

4）钢筋帮条焊时，钢筋的装配和焊接应符合下列要求：

①两主筋端头之间，应留2~5mm的间隙。

②帮条与主筋之间用四点定位固定，定位焊缝应离帮条端部20mm以上。

③焊接时，引弧应在帮条的一端开始，收弧应在帮条钢筋端头上，弧坑应填满。第一层焊缝应有足够的熔深，主焊缝与定位焊缝，特别是在定位焊缝的始端与终端，应熔合良好。

（12）钢筋搭接焊

1）钢筋搭接焊适用于Ⅰ、Ⅱ、Ⅲ级钢筋。焊接时，宜采用双面焊，不能进行双面焊时，也可采用单面焊，搭接长度 l 应与帮条长度相同。

2）搭接接头的焊缝厚度 h 应不小于 $0.3d$，焊缝宽度 b 不小于 $0.7d$。

3）搭接焊时，钢筋的装配和焊接应符合下列要求：

①搭接焊时，钢筋应预弯，以保证两钢筋的轴线在一条线上。

在现场预制构件安装条件下，节点处钢筋进行搭接焊时，如钢筋预弯确有困难，可适当预弯。

②搭接焊时，用两点固定，定位焊缝应离搭接端部20mm以上。

③焊接时，引弧应在搭接钢筋的一端开始，收弧应在搭接钢筋端头上，弧坑应填满。第一层焊缝应有足够的熔深，主焊缝与定位焊缝，特别是在定位焊缝的始端与终端，应熔合良好。

（13）预埋件T形接头电弧焊

预埋件T形接头电弧焊的接头形式分贴角焊和穿孔塞焊两种。

焊接时，应符合下列要求：

1）钢板厚度δ不小于$0.6d$，并不宜小于6mm。

2）钢筋应采用Ⅰ、Ⅱ级。受力锚固钢筋直径不宜小于8mm，构造锚固钢筋直径不宜小于6mm。锚固钢筋直径在6～25mm以内，可采用贴角焊；锚固钢筋直径为20～32mm时，宜采用穿孔塞焊。

3）采用Ⅰ级钢筋时，贴角焊缝焊脚K不小于$0.5d$；采用Ⅱ级钢筋时，焊缝焊脚K不小于$0.6d$。

4）焊接电流不宜过大，严禁烧伤钢筋。

（14）钢筋与钢板搭接焊

钢筋与钢板搭接焊时，Ⅰ级钢筋的搭接长度l不小于$5d$。焊缝宽度b不小于$0.5d$，焊缝厚度h不小于$0.35d$。

（15）框架结构中钢筋的焊接

在装配式框架结构的安装中，钢筋焊接应符合下列要求：

1）两钢筋轴线偏移较大时，宜采用冷弯矫正，但不得用锤敲击。如冷弯矫正有困难，可采用氧乙炔焰加热后矫正，加热温度不得超过850℃，避免烧伤钢筋。

2）焊接时，应选择合理的焊接顺序，对于柱间节点，可对称焊接，以减少结构的变形。

（16）钢筋低温焊接

1）在环境温度低于－5℃的条件下进行焊接时，为钢筋低温焊接。低温焊接时，除遵守常温焊接的有关规定外，应调整焊接工艺参数，使焊缝和热影响区缓慢冷却。风力超过4级时，应有挡风措施。焊后未冷却的接头应避免碰到冰雪。

2）钢筋低温电弧焊时，焊接工艺应符合下列要求：

①进行帮条平焊或搭接平焊时，第一层焊缝，先从中间引弧，再向两端运弧；立焊时，先从中间向上方运弧，再从下端向中间运弧，以使接头端部的钢筋达到一定的预热效果。在以后各层焊缝的焊接时，采取分层控温施焊。层间温度控制在150～350℃之间，以起到缓冷的作用。

②Ⅱ、Ⅲ级钢筋电弧焊接头进行多层施焊时，采用“回火焊道施焊法”，即最后回火焊道的长度比前层焊道在两端各缩短4～6mm，以消除或减少前层焊道及过热区的淬硬组织，改善接头的性能。

（三）质量标准

1. 保证项目

（1）钢筋的品种和质量，焊条的牌号、性能及接头中使用的钢板和型钢，均必须符合设计要求和有关标准的规定。

进口钢筋需先经过化学成分检验和焊接试验，符合有关规定后方可焊接。

检验方法：检查出厂证明书和试验报告单。

（2）钢筋的规格、焊接接头的位置、同一截面内接头钢筋面积的百分比，必须符合设计要求和施工规范的规定。

检验方法：观察或尺量检查。

（3）弧焊接头的强度检验必须合格。

从成品中每批切取5个接头进行抗拉试验。对于装配式结构节点的钢筋焊接接头，可按生产条件制作模拟试件。

在工厂焊接条件下，以300个同类型接头（同钢筋级别、同接头形式）为一批。

在现场安装条件下，每一至二楼层中以300个同类型接头（同钢筋级别、同接头形式、同焊接位置）作为一批，不足300个时，仍作为一批。

检验方法：检查焊接试件，试验报告单。

2. 基本项目

操作者应在接头清渣后逐个检查焊件的外观质量，其检查结果应符合下列要求：

（1）焊接表面平整，不得有较大的凹陷、焊瘤。

（2）接头处不得有裂纹。

（3）咬边深度、气孔、夹渣的数量和大小，以及接头尺寸偏差，不得超过表5-5所规定的数值。

表5-5　钢筋电弧接头尺寸偏差及缺陷允许值

项　次	项　目	允许偏差（mm）	检验方法
1	帮条沿接头中心线的纵向偏移	$0.5d$	尺量
2	接头弯折 预埋件T形接头钢筋间距	4° 不大于10	直尺
3	接头处钢筋轴线的偏移	$0.1d$且不大于3	尺量
4	焊缝厚度	$+0.05d$ 0	卡尺、尺
5	焊缝宽度	$+0.1d$ 0	尽量
6	焊缝长度	$-0.5d$	
7	横向咬边深度	0.5	目测
8	焊缝气孔及夹渣的数量和大小，在长$2d$的焊缝表面上预埋件T形接头气孔	2个、$6mm^2$3个，直径不大于1.5	尺量、目测

注：1. d为钢筋直径。

2. 负温下，咬边深度不大于0.2mm。

外观检查不合格的接头，经修整或补强后可提交二次验收。

检验方法：目测或量测。

（四）成品保护

注意对已绑扎好的钢筋骨架的保护，不乱踩乱拆，不粘油污，在施工中拆乱的骨架要认真修复，保证钢筋骨架中各种钢筋位置正确。

（五）应注意的质量问题

（1）检查帮条尺寸、坡口角度、钢筋端头间隙、钢筋轴线偏移以及钢材表面质量情况，不符合要求时不得焊接。

(2) 搭接线应与钢筋接触良好，不得随意乱搭，防止打弧。

(3) 带有钢板或帮条的接头，引弧应在钢板或帮条上进行。无钢板或无帮条的接头，引弧应在形成焊缝部位，不得随意引弧，防止烧伤主筋。

(4) 根据钢筋级别、直径、接头形式和焊接位置，选择适宜的焊条直径和焊接电流，保证焊缝与钢筋熔合良好。

(5) 焊接过程中及时清渣，焊缝表面光滑平整，焊缝美观，加强焊缝应平缓过渡，弧坑应填满。

(六) 质量记录

本工艺标准应具备以下质量记录：

(1) 钢筋出厂质量证明书或试验报告单。

(2) 钢筋机械性能试验报告。

(3) 进口钢筋应有化学成分检验报告和可焊性试验报告。国产钢筋在加工过程中发生脆断、焊接性能不良和机械性能显著不正常的，应有化学成分检验报告。

(4) 钢筋接头拉伸试验报告。

(5) 预埋件钢筋T形接头拉伸试验报告。

(6) 焊条出厂合格证。

十、水平钢筋窄间隙焊工艺

本工艺标准适用范围：工业与民用建筑现浇钢筋混凝土结构中直径20mm及以上的热轧Ⅰ、Ⅱ级钢筋的现场水平连接。

(一) 施工准备

1. 材料及主要机具

(1) 钢筋

钢筋的级别、直径必须符合设计要求，有出厂证明书及复试报告单。进口钢筋还应有化学复试单，其化学成分应满足焊接要求，并应有可焊性试验。

(2) 焊条

焊条的牌号应符合设计规定。焊条质量应符合以下要求：

1) 药皮应无裂缝、气孔、凹凸不平等缺陷，并不得有肉眼看得出的偏心度。

2) 焊接过程中，电弧应燃烧稳定，药皮熔化均匀，无成块脱落现象。

3) 焊条必须根据焊条说明书的要求烘干后才能使用。

4) 焊条必须有出厂合格证。

(3) 主要机具

1) 焊接电源

焊接电源可采用市场上的定型产品，其容量大小应能获得300A电流，空载电压应为75V及以上。

2) U形铜模

U形铜模是由铜模、限位支座、固紧装置组成的专用模具。U形铜模可用紫铜板压制或铜棒加工而成，也可用电解铜浇铸后经少许加工而成。铜模大小应与被焊钢筋直径相适应。一种铜模只宜用于相近的两种直径钢筋焊接。铜模应具有一定的厚度和体积。

3）其他机具

焊接电缆、电焊钳、面罩、垫子、钢丝刷、无齿锯等。

2. 作业条件及安全措施

（1）焊工必须持有有效的考试合格证。

（2）接头位置应符合规定。

（3）电源应符合要求。

（4）作业场地应有安全防护设施，以及防火和必要的通风措施，防止发生烧伤、触电、中毒及火灾等事故。

（5）熟悉图纸，做好技术交底。

（二）操作工艺

1. 工艺流程

检查设备→选择焊接参数→试焊、做模拟试件→送试→确定焊接参数→施焊→质量检验

2. 检查电源、弧焊机及工具

焊接地线应与钢筋接触良好，防止因起弧而烧伤钢筋。

3. 选择焊接参数

根据钢筋直径，选择焊接参数。

4. 试焊、做模拟试件

在每批钢筋正式焊接前，应焊接3个模拟试件做拉力试验，经试验合格后，方可按规定的焊接参数成批生产。

5. 施焊操作

（1）钢筋的处理

钢筋端面应较平整，端面和轴线垂直。钢筋应用无齿锯或气压焊专用的切断机切割。钢筋被焊部位的铁锈、油污及水分需清除干净。

（2）钢筋固定

钢筋用紧固装置固定牢固，铜模两侧轴心应一致，以防止接头出现轴线偏移或弯折缺陷。

（3）焊接操作

钢筋窄间隙焊接时，操作过程如下：

第一步，焊条插入间隙底部一侧的钢筋端面引燃电弧，并充分熔透钢筋端面下口，使熔池金属超过1/2的间隙。接着，电弧移至间隙底部另一侧的端面。重复上述的施焊动作。必要时，还要交替施焊，及时使熔池金属连成一体，完成打底焊缝的焊接。

第二步，焊条在间隙中左右前后运弧，连续施焊，使熔敷金属逐渐填充间隙端4/5高度。

第三步，焊至4/5的焊缝厚后，焊缝逐渐扩宽，必要时，改连续焊为断续焊，避免过热。焊缝余高不宜超过3mm，且应平缓过渡至钢筋表面。

（4）拆去铜模

根据气温决定拆模时间。夏季焊完3min后可拆模，冬期为5min后拆模。10℃以下还要覆盖弧形铁皮盖板或岩棉板保温。过早拆模会使焊缝失去保温，接头变脆。

6. 质量检查

在焊接生产中，焊工应认真逐个接头进行自检，如发现质量缺陷，应查找原因及时消除，不合格又无法补救的接头，应切除热影响区后重焊。

（三）质量标准

1. 保证项目

（1）钢筋的品种和质量，焊条的牌号、性能，必须符合设计要求和有关标准的规定。

进口钢筋需先经过化学成分检验和焊接试验，符合有关规定后方可焊接。

检验方法：检查出厂证明书和试验报告单。

（2）钢筋的规格、焊接接头的位置、同一区段内有接头钢筋面积的百分比，必须符合设计要求和施工规范的规定。

检验方法：观察或尺量检查。

（3）窄间隙焊接头的力学性能检验必须合格。

力学性能检验时，从每批接头中随机切取3个接头做拉伸试验；根据工程需要，也可另取3个接头做弯曲试验。

在工厂焊接条件下，以300个同接头形式、同钢筋级别的接头为一批。

在现场安装条件下，每一至二楼层中以300个同接头形式、同钢筋级别的接头作为一批，不足300个，仍作为一批。

检验方法：检查焊接试件、试验报告单。

2. 基本项目

水平钢筋窄间隙焊接头应逐个进行外观检查，结果应符合下列要求：

（1）接头处焊缝应饱满，不得有裂纹，不得有深度大于0.5mm的咬边。

（2）接头处的轴线偏移不得超过0.1倍钢筋直径，同时不大于2mm。

（3）接头处的弯折不大于4°。

（4）接头的焊缝余高为2~3mm。

（5）焊缝气孔及夹渣的数量和大小在全部焊缝表面上不超过2个和$6mm^2$。

外观检查不合格的接头，经修整或补强后可提交二次验收。不合格又不能补救的接头，应切除热影响区后重焊。

检验方法：目测或量测。

（四）成品保护

注意对已绑扎好的钢筋骨架的保护，不乱踩乱拆，不粘油污，在施工中拆乱的骨架应认真修复，保证钢筋骨架中各钢筋位置正确。

（五）应注意的质量问题

（1）应采取尽可能短的电弧施焊，避免产生气孔缺陷。

（2）焊接电流的大小对焊缝有直接影响，电流偏大会使焊缝过热产生脆性组织，电流偏小会产生气孔、夹渣、未焊透等缺陷。故施焊时要选择合适的电流，并保持电流稳定。

（3）焊条对质量的影响很大，应采用合格的焊条。焊接Ⅱ、Ⅲ级钢筋，采用的焊条属低氢型碱性焊条，焊前，焊条需按说明书的要求烘焙，并放在保温筒中备用。保温筒带入工地后接到电焊机上，保持筒内温度为150℃。电焊条应用1根取1根，对变冷的焊条可再烘一次，但不可烘焙第3次。

（六）质量记录

本工艺标准应具备以下质量记录：

（1）钢筋出厂质量证明书或试验报告单。

（2）钢筋机械性能试验报告。

（3）进口钢筋应有化学成分检验报告和可焊性试验报告。国产钢筋在加工过程中发生脆断、焊接性能不良和机械性能显著不正常的，应有化学成分检验报告。

（4）钢筋接头拉伸试验报告。

（5）焊条出厂合格证。

十一、钢筋闪光对焊工艺

本工艺标准适用范围：工业与民用建筑热轧钢筋的连续闪光焊、预热闪光焊、闪光-预热闪光焊。

（一）施工准备

1. 材料及主要机具

（1）钢筋

钢筋的级别、直径必须符合设计要求，有出厂证明书及复试报告单。进口钢筋还应有化学复试单，其化学成分应满足焊接要求，并应有可焊性试验。

（2）主要机具

对焊机及配套的对焊平台、防护深色眼镜、电焊手套、绝缘鞋、钢筋切断机、空压机、水源、除锈机或钢丝刷、冷拉调直作业线。

2. 作业条件及安全措施

（1）焊工必须持有有效的考试合格证。

（2）对焊机及配套装置、冷却水、压缩空气等应符合要求。

（3）电源应符合要求，当电源电压下降大于5%，小于8%时，应采取适当提高焊接变压器级数的措施；大于8%时，不得进行焊接。

（4）作业场地应有安全防护设施，防火和必要的通风措施，防止发生烧伤、触电及火灾等事故。

（5）熟悉料单，弄清接头位置，做好技术交底。

（二）操作工艺

1. 工艺流程

检查设备→选择焊接工艺及参数→试焊、做模拟试件→送试→确定焊接参数→焊接→

质量检验

（1）连续闪光对焊工艺过程

闭合电路→闪光（两钢筋端面轻微接触）→连续闪光加热到将近熔点（两钢筋端面徐徐移动接触）→带电顶锻→无电顶锻

（2）预热闪光对焊工艺过程

闭合电路→断续闪光预热（两钢筋端面交替接触和分开）→连续闪光加热到将近熔点（两钢筋端面徐徐移动接触）→带电顶锻→无电顶锻

（3）闪光-预热闪光对焊工艺过程

闭合电路→一次闪光闪平端面（两钢筋端面轻微徐徐接触）→连续闪光预热（两钢筋端面交替接触和分开）→二次连续闪光加热到将近熔点（两钢筋端面徐徐移动接触）→带电顶锻→无电顶锻

2. 焊接工艺方法选择

当钢筋直径较小，钢筋级别较低，可采用连续闪光焊。采用连续闪光焊所能焊接的最大钢筋直径应符合表5-6的规定。当钢筋直径较大，端面较平整，宜采用预热闪光焊；当端面不够平整，则应采用闪光-预热闪光焊。

Ⅳ级钢筋焊接时，无论直径大小，均应采取预热闪光焊或闪光-预热闪光焊工艺。

连续闪光焊钢筋上限直径见表5-6。

表5-6　连续闪光焊钢筋上限直径

焊机容量（kVA）	钢筋级别	钢筋直径（mm）
150	Ⅰ级	25
	Ⅱ级	22
	Ⅲ级	20
100	Ⅰ级	20
	Ⅱ级	18
	Ⅲ级	16
75	Ⅰ级	16
	Ⅱ级	14
	Ⅲ级	12

3. 焊接参数选择

闪光对焊时，应合理选择调伸长度、烧化留量、顶锻留量以及变压器级数等焊接参数。

4. 电源、焊接设备的检查

检查电源、对焊机及对焊平台、地下铺放的绝缘橡胶垫、冷却水、压缩空气等，一切必须处于安全可靠的状态。

5. 试焊、做试件

在每班正式焊接前，应按选择的焊接参数焊接6个试件，其中3个做拉力试验，3个做冷弯试验。经试验合格后，方可按确定的焊接参数成批生产。

6. 对焊焊接操作

（1）连续闪光焊

通电后，应借助操作杆使两钢筋端面轻微接触，使其产生电阻热，并使钢筋端面的凸出部分互相熔化，并将熔化的金属微粒向外喷射形成火光闪光，再徐徐不断地移动钢筋形成连续闪光，待预定的烧化留量消失后，以适当压力迅速进行顶锻，即完成整个连续闪光焊接。

（2）预热闪光焊

通电后，应使两根钢筋端面交替接触和分开，使钢筋端面之间发生断续闪光，形成烧化预热过程。当预热过程完成，应立即转入连续闪光和顶锻。

（3）闪光-预热闪光焊

通电后，应首先进行闪光，当钢筋端面已平整时，应立即进行预热、闪光及顶锻过程。

（4）保证焊接接头位置和操作要求

1）焊接前和施焊过程中，应检查和调整电极位置，拧紧夹具丝杆。钢筋在电极内必须夹紧，电极钳口变形应立即调换和修理。

2）钢筋端头如起弯或成“马蹄”形则不得焊接，必须调直或切除。

3）钢筋端头120mm范围内的铁锈、油污，必须清除干净。

4）焊接过程中，粘附在电极上的氧化铁要随时清除干净。

5）接近焊接接头区段应有适当均匀的镦粗塑性变形，端面不应氧化。

6）焊接后稍冷却才能松开电极钳口，取出钢筋时必须平稳，以免接头弯折。

7. 质量检查

在钢筋对焊生产中，焊工应认真进行自检，若发现偏心、弯折、烧伤、裂缝等缺陷，应切除接头重焊，并查找原因，及时消除。

（三）质量标准

1. 保证项目

（1）钢筋的品种和质量必须符合设计要求和有关标准的规定。

进口钢筋须先经过化学成分检验和焊接试验，符合有关规定后方可焊接。

检验方法：检查出厂证明书和试验报告单。

（2）钢筋的规格、焊接接头的位置、同一截面内接头钢筋面积的百分比，必须符合设计要求和施工规范的规定。

检验方法：观察或尺量检查。

（3）对焊接头的力学性能检验必须合格。

力学性能检验时，应从每批接头中随机切取6个试件，其中3个做拉伸试验，3个做弯曲试验。

在同一台班内，由同一焊工完成的300个同级别、同直径钢筋焊接接头作为一批。若同一台班内焊接的接头数量较少，可在一周之内累计计算。若累计仍不足300个接头，则应按一批计算。

检验方法：检查焊接试件、试验报告单。

2. 基本项目

钢筋闪光对焊接头外观检查结果，应符合下列要求：

（1）接头部位不得有横向裂纹。

（2）与电极接触处的钢筋表面不得有明显烧伤，Ⅳ级钢筋焊接时不得有烧伤。

检验方法：观察检查。

3. 允许偏差

（1）接头处的弯折角不大于4°。

（2）接头处的轴线偏移，不大于0.1倍钢筋直径，同时不大于2mm。

检验方法：目测或量测。

（四）成品保护

焊接后稍冷却才能松开电极钳口，取出钢筋时必须平稳，以免接头弯折。

冷拉钢筋的焊接应在冷拉之前进行。冷拉过程中，若在接头部位发生断裂时，可在切除热影响区（离焊缝中心约为0.7倍钢筋直径）后再焊再拉，但不得多于两次。同时，其冷拉工艺与要求应符合《混凝土结构工程施工及验收规范》的规定。

（五）质量记录

本工艺标准应具备以下质量记录：

（1）钢筋出厂质量证明书或试验报告单。

（2）钢筋机械性能复试报告。

（3）进口钢筋应有化学成分检验报告和可焊性试验报告。国产钢筋在加工过程中发生脆断、焊接性能不良和机械性能显著不正常的，应有化学成分检验报告。

（4）钢筋接头的拉伸试验报告、弯曲试验报告。

十二、预应力后张法张拉施工工艺

本工艺标准适用范围：一般工业与民用建筑现场预应力混凝土后张预应力液压张拉施工（不包括构件和块体制作）。

（一）施工准备

1. 材料及主要机具

（1）预应力筋

预应力用的热处理钢筋、钢丝、钢绞线的品种、规格、直径，必须符合设计要求及国家标准，应有出厂质量证明书及复试报告。冷拉Ⅰ、Ⅱ、Ⅲ级钢筋还应有冷拉后的机械性能试验报告。

（2）锚具、夹具及连接器

预应力筋的锚具、夹具和连接器的形式，应符合设计及应用技术规程的要求，应有出厂合格证，进入施工现场应按《混凝土结构工程施工及验收规范》的规定进行验收和组装件的静载试验。

（3）水泥

灌浆用的水泥不得低于32.5级普通硅酸盐水泥或按设计要求选用，应有出厂合格证书和复试报告单。

（4）主要机具

液压拉伸机、电动高压油泵、灌浆机具、试模等。

2. 作业条件及安全措施

（1）施加预应力的拉伸机已经过校验并有记录。试车检查张拉机具与设备是否正常、可靠，如发现有异常情况，应修理好后才能使用。灌浆机具准备就绪。

（2）混凝土构件（或块体）的强度必须达到设计要求，如设计无要求时，不应低于设计强度的75%。构件（或块体）的几个尺寸、外观质量、预留孔道及预埋件应经检查验收合格，要拼装的块体已拼装完毕，并经检查合格。

（3）锚夹具、连接器应准备齐全，并经过检查验收。

（4）预应力筋或预应力钢丝束已制作完毕。

（5）灌浆用的水泥浆（或砂浆）的配合比以及封端混凝土的配合比已经试验确定。

（6）张拉场地应平整、通畅，张拉的两端有安全防护措施。

（7）已进行技术交底，并应将预应力筋的张拉吨位与相应的压力表指针读数、钢筋计算伸长值写在牌上，并挂在明显位置处，以便操作时观察掌握。

（二）操作工艺

1. 工艺流程

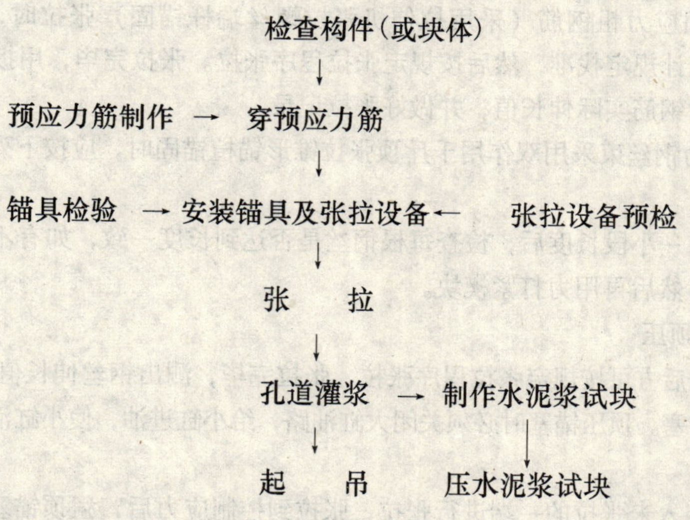

2. 检查构件（或块体）

尤其要认真检查预应力筋的孔道。其孔道必须保证尺寸与位置正确，平顺畅通，无局部弯曲；孔道端部的预埋钢板应垂直于孔道轴线，孔道接头处不得漏浆，灌浆孔和排气孔应符合设计要求的位置。孔道不符合要求时，要清理或做好处理。

3. 穿预应力筋

（1）穿筋前，应检查钢筋（或束）的规格、总长是否符合要求。

（2）穿筋时，带有端杆螺丝的预应力筋，应将丝扣保护好，以免损坏。钢筋束或钢丝束应将钢筋或钢丝顺序编号，并套上穿束器。先把钢筋或穿束器的引线由一端穿入孔道，在另一端穿出，然后逐渐将钢筋或钢丝束拉出到另一端。

（3）钢筋穿好后将束号在构件上注明，以便核对。

4. 安装锚具及张拉设备

安装锚具及张拉设备时，对直线预应力筋，应使张拉力的作用线与孔道中心线在张拉过程中相互重合；对曲线预应力筋，应使张拉力的作用线与孔道末端中心点的切线相互重合。

5. 张拉

（1）预应力筋的张拉程序，应按设计规定进行，若设计无规定时，可采取下列程序之一：

1）$0 \rightarrow 105\% \sigma_{CON}$ 持荷 2min$\rightarrow \sigma_{CON}$。

2）$0 \rightarrow 103\% \sigma_{CON}$。

σ_{CON}为预应力筋的张拉控制应力。

（2）预应力筋的张拉顺序应符合设计要求，当设计无具体要求时，可采取分批、分阶段对称张拉。

采用分批张拉时，应计算分批张拉的预应力损失值，分别加到先张拉预应力筋的张拉控制应力值内，或采用同一张拉值逐根复位补足。

（3）单根预应力粗钢筋（采用拉伸机张拉螺丝端杆锚固）张拉时，应先少许加力，将垫板位置按设计规定找准，然后按规定张拉程序张拉。张拉完毕，用扳子拧紧螺母，将钢筋锚固，测出钢筋实际伸长值，并做好张拉记录。

（4）预应力钢丝束采用双作用千斤顶张拉锥形锚楦锚固时，应按下列要求操作：

1）预拉

将钢丝拉出一小段长度后，检查每根钢丝是否达到长度一致，如有不一致时，应退下楔块进行调整，然后再用力打紧楔块。

2）张拉及顶压

预拉调整以后方可按规定张拉程序张拉。张拉完毕，测出钢丝伸长值，若与规定符合，就可进行顶压锚塞。顶压锚塞时必须关闭大缸油路，给小缸进油，使小缸活塞猛顶锚塞。

3）校核

将千斤顶装入未张拉的一端进行张拉，张拉到控制应力后，猛顶锚塞。当两端都张拉顶压完毕后，应测量钢丝滑入锚楦中的内缩量是否符合要求，如果大于规定数值，必须再张拉，补回损失。

4）断丝和滑脱的处理

钢丝断丝和滑脱的数量，严禁超过构件同一截面钢丝总数的3%，且一束钢丝只允许一根。如超过上述规定，必须重新张拉，这时应把钢丝拉到原来的张拉吨位，拉松锚塞，用一根钢钎插入垫板槽口内，卡住锚塞，然后大缸回油，锚塞被拉出，取出整个锚楦。分别检查锚环是否被抽成凹槽，锚塞的细齿是否被抽平，若有这类情况，要调换锚具，重新张拉，如果锚环、锚塞仍然完好无损，则只要在顶压时加大压力顶紧锚塞。

6. 填写施加预应力记录

认真填写预应力张拉记录，包括张拉程序、张拉过程出现的问题及解决措施等。

7. 孔道灌浆

（1）灌浆孔道应用水清洗干净，并检查灌浆孔、出气孔是否与预应力筋孔道连通，否则，应事先处理。

（2）预应力筋张拉完后应尽早进行孔道灌浆，以减少预应力损失。

（3）灌浆压力一般为0.4~0.6MPa。

（4）灌浆顺序应先下后上，避免上层孔道漏浆把下层孔道堵住，待排气孔冒出浓浆后，即堵死排气孔，再压浆至0.6MPa，保持1~2min后，即可堵塞灌浆孔。

（5）制作试块并注意养护。

8. 端部处理

浇筑封端混凝土或端部防护处理，并注意混凝土养护。

（三）质量标准

1. 保证项目

（1）预应力筋的品种和质量必须符合设计要求和有关标准的规定。

检验方法：检查出厂质量证明书和试验报告单。

（2）冷拉钢筋的机械性能必须符合设计要求和施工规范的规定。

检验方法：检查出厂质量证明书、试验报告和冷拉记录。

（3）预应力筋所用的锚具、夹具和连接器质量必须符合设计要求和施工规范及专门规定。

检查数量：按《混凝土结构工程施工及验收规范》的规定抽取试件。

检验方法：检查锚具、夹具和连接器的出厂合格证、硬度、静载锚固性能及外观尺寸检查报告。

（4）混凝土强度及块体立缝混凝土（砂浆）强度，必须符合设计要求和施工规范和规定。

检验方法：检查同条件养护混凝土（砂浆）试块的试验报告。

（5）锚固阶段张拉端预应力筋的内缩量必须符合混凝土施工规范的规定。

检验方法：检查施加预应力记录。

（6）孔道水泥浆强度必须符合设计要求或施工规范的规定。

检验方法：全面观察检查和检查水泥浆试块的试验报告。

2. 基本项目

（1）实际建立的预应力值与设计规定值偏差的百分率应不超过±5%。

检查数量：按预应力混凝土工程不同类型件数各抽查10%，但均不少于3种。

检验方法：检查施加预应力记录。

（2）预应力筋（钢丝、钢绞线或钢筋）断裂或滑脱的数量严禁超过结构同一截面预应力总根数的3%，且一束钢丝不超过一根。

检查数量：全数检查。

检验方法：全面观察和检查施加预应力记录。

（四）成品保护

（1）构件起吊时不得发生扭曲和损坏。

（2）堆放场地应平整、坚实，垫块要上下一致。

（五）应注意的质量问题

1. 预应力张拉端的设置

预应力张拉端的设置应符合设计要求，当设计无具体要求时，应符合下列规定：

（1）抽芯成形孔道的预应力张拉

对曲线预应力筋和长度大于24m的直线预应力筋，应在两端张拉；对长度不大于24m的直线预应力筋，可在一端张拉。

（2）预埋波纹管孔道的预应力张拉

对曲线预应力筋和长度大于30m的直线预应力筋，宜在两端张拉，对长度不大于30m的直线预应力筋，可在一端张拉。当同一截面中有多根一端张拉的预应力筋时，张拉端宜分别设置在结构的两端。当两端同时张拉一根预应力筋时，宜先在一端锚固，再在另一端补足张拉力后进行锚固。

2. 平卧重叠构件的预应力张拉

平卧重叠浇筑的构件，宜先上后下逐层进行张拉。为了减少上下层之间因摩阻引起的预应力损失，可逐层加大张拉力。但底层张拉力不宜比顶层张拉力大5%（钢丝、钢绞线、热处理钢筋）或9%（冷拉Ⅱ、Ⅲ、Ⅳ级钢筋），且最大张拉应力：冷拉Ⅱ、Ⅲ、Ⅳ级钢不得超过屈服强度的90%，钢丝、钢绞线不得超过屈服强度的75%，热处理钢筋不得超过标准强度的70%。张拉后的实际预应力值的偏差不得超过规定值的5%。

3. 锚固后的外露长度

预应力锚固后的外露长度，不宜小于30mm。锚具应用封端混凝土保护，如需长期外露，应采取措施防止锈蚀。

4. 孔道灌浆

预应力筋张拉后，孔道应尽快灌浆。用连接器连接的多跨连续预应力筋的孔道灌浆，应张拉完一跨随即灌筑一跨，不应在各跨全部张拉完毕后一次连续灌浆。

5. 灌浆水泥浆及砂浆的要求

（1）孔道灌浆应采用强度等级不低于32.5级的普通硅酸盐水泥配置的水泥浆；对孔隙大的孔道，可采用砂浆灌浆。水泥浆及砂浆强度，应满足设计要求，且均不应低于$20N/mm^2$。

（2）灌浆水泥浆水灰比为0.4～0.45，搅拌后3h泌水率宜控制在2%，最大不得超过3%，水泥浆中可掺入对预应力筋无腐蚀作用的外加剂。一般可掺入0.05%～0.1%的铝粉或0.25%的木质素磺酸钙减水剂。

6. 冷拉粗钢筋作预应力筋

当用冷拉粗钢筋作预应力筋时，必须先焊上端杆螺丝，然后再进行冷拉，使各对焊接头进行一次冷拉考验。

（六）质量记录

本工艺标准应具备以下质量记录：

(1) 混凝土构件、块体张拉强度试件试压报告单。

(2) 预应力筋的出厂质量证明或试验报告单。

(3) 预应力筋的冷拉记录。

(4) 冷拉预应力筋的机械性能试验报告。

(5) 冷拉预应力筋焊接接头试验报告。

(6) 预应力筋锚具和连接器的合格证及检验记录。

(7) 预应力张拉设备校验记录。

(8) 预应力张拉记录。

(9) 预应力孔道灌浆试块强度试压报告单及水泥出厂合格证。

(10) 混凝土构件、块体标准试块强度试压报告。

(11) 设计要求的其他有关资料。

第六章 建筑钢筋构造

一、现浇混凝土框架、剪力墙、框架-剪力墙、框支剪力墙钢筋构造

（一）框架梁

1. 梁中间支座下部钢筋构造，是在支座两边应有一排梁纵筋均伸入支座锚固的情况下，为保证相邻纵筋在支座内上下左右彼此之间的净距均满足规范要求和保证节点部位钢筋混凝土的浇注质量所采取的构造措施。

2. 梁中间支座下部钢筋构造同样适用于非框架梁。当用于非框架梁时，下部钢筋的锚固长度详见相应的非框架梁构造及其说明。

3. 梁中间支座下部钢筋构造见图6-1。

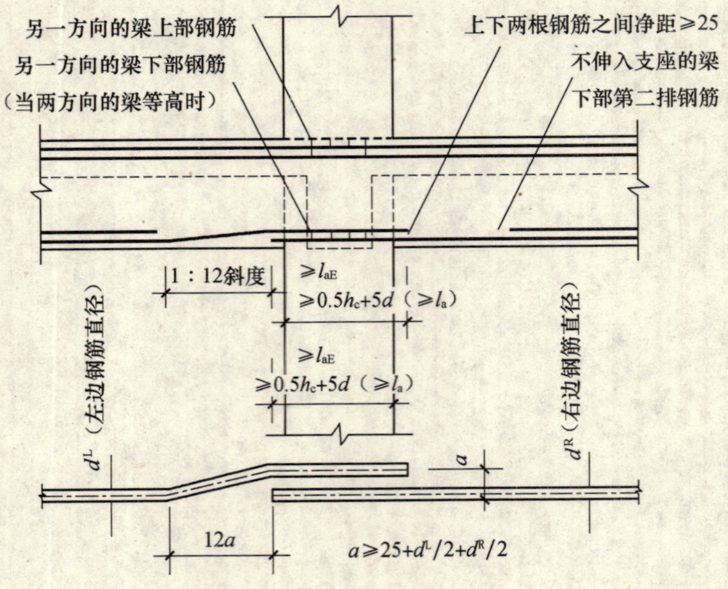

图6-1 梁中间支座下部钢筋构造

4. 图中 l_a 为受拉钢筋最小锚固长度，l_{aE} 为受拉钢筋抗震锚固长度。

（二）抗震框架柱纵向钢筋连接构造

1. 柱相邻纵向钢筋连接接头相互错开，在同一截面内钢筋接头面积百分率不应大于50%。连接区域和位置见图6-2。

2. 框架柱纵向钢筋直径 $d>28$mm 时以及偏心受拉柱内的纵筋，不宜采用绑扎搭接接头。

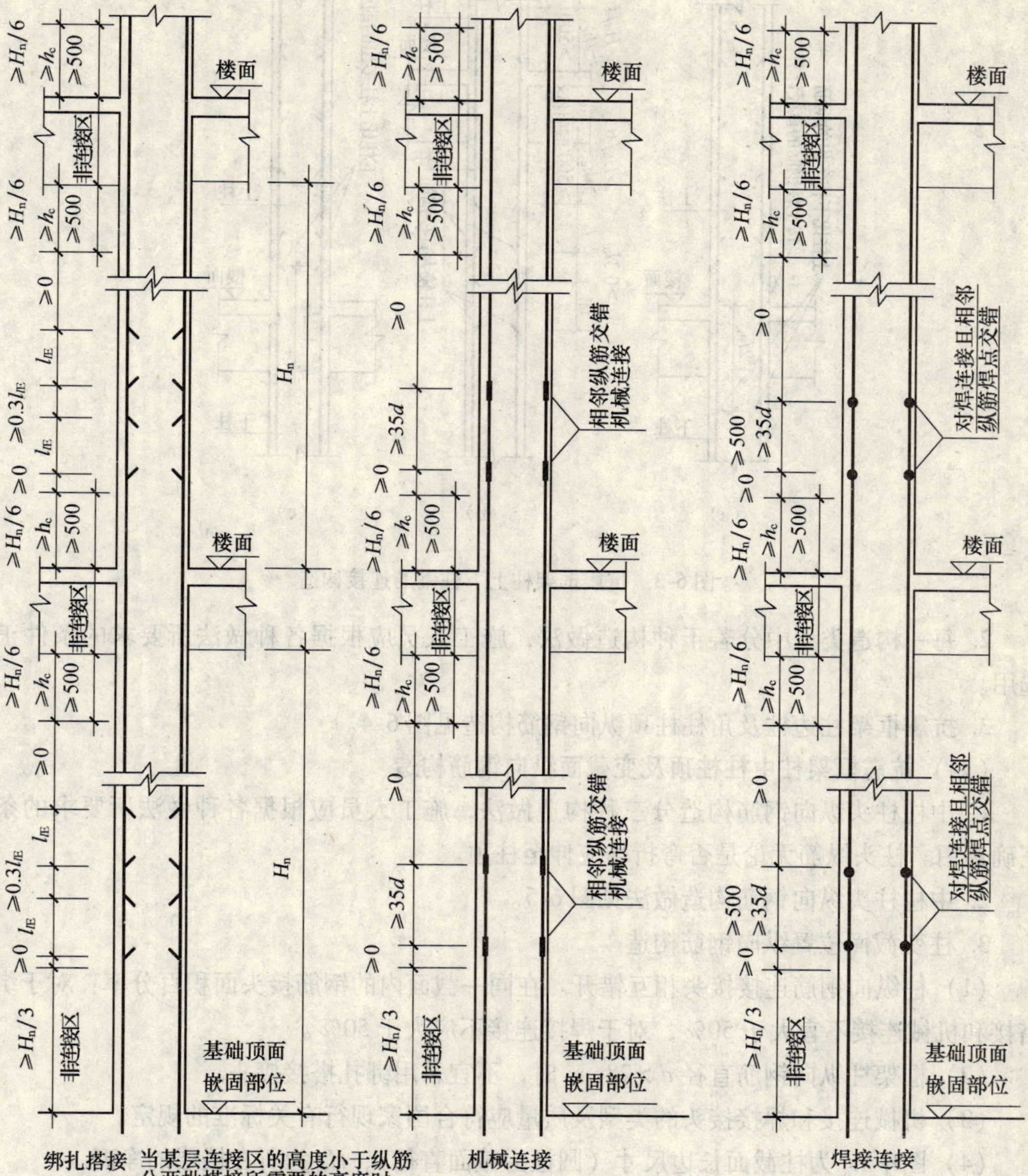

图6-2　抗震框架柱纵向钢筋连接区域和位置

3. 机械连接和焊接接头的类型及质量应符合国家现行有关标准的规定。

4. 图中 h_c 为柱截面长边尺寸（圆柱为截面直径），H_n 为所在楼层的柱净高。

5. 上柱钢筋比下柱多时见图6-3（a），上柱钢筋直径比下柱钢筋直径大时见图6-3（b），下柱钢筋比上柱多时见图6-3（c）。图中示意为绑扎搭接，也可采用机械连接或对焊连接。

（三）抗震框架柱边柱及角柱柱顶纵向钢筋构造

1. 抗震框架边柱和角柱柱顶纵向钢筋构造分（一）、（二）两种类型。根据设计指定的类型选用。当未指定类型时。允许施工人员根据具体情况自主选用。

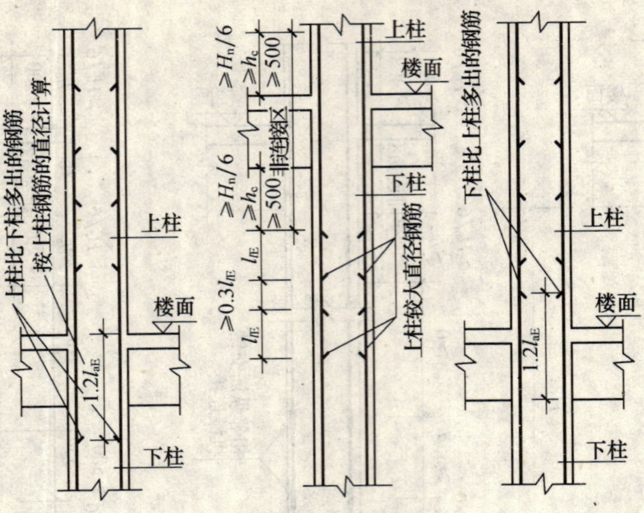

(a)　　(b)　　(c)

图 6-3　抗震框架柱上下柱钢筋连接构造

2. 每一构造类型中分若干种构造做法，施工人员应根据各种做法所要求的条件正确选用。

3. 抗震框架柱边柱及角柱柱顶纵向钢筋构造见图 6-4。

（四）抗震框架柱中柱柱顶及变截面纵向钢筋构造

1. 中柱柱头纵向钢筋构造分三种构造做法，施工人员应根据各种做法所要求的条件正确选用。柱头纵筋无论是否弯折均应伸至柱顶。

2. 中柱柱头纵向钢筋构造做法见图 6-5。

3. 柱变截面位置纵向钢筋构造

（1）柱纵向钢筋连接接头相互错开。在同一截面内的钢筋接头面积百分率：对于绑扎搭接和机械连接不宜大于 50%，对于焊接连接不应大于 50%。

（2）框架柱纵向钢筋直径 $d>28$mm 时，不宜采用绑扎搭接接头。

（3）机械连接和焊接接头的类型及质量应符合国家现行有关标准的规定。

（4）图中 h_c 为柱截面长边尺寸（圆柱为截面直径），H_n 为所在楼层的净高。

（5）柱变截面位置纵向钢筋构造做法见图 6-6。

（五）抗震墙上柱及梁上柱纵向钢筋构造

1. 柱纵向钢筋连接相邻接头相互错开。在同一截面内的钢筋接头百分率：对于绑扎搭接和机械连接不宜大于 50%；对于焊接连接不应大于 50%。

2. 柱纵向钢筋直径 $d>28$mm 时，不宜采用绑扎搭接接头。

3. 机械连接和焊接接头的类型及质量应符合国家现行有关标准的规定。

4. 图中 h_0 为柱截面长边尺寸（圆柱为直径），H_n 为所在楼层的柱净高。

5. 墙上起柱，在墙顶面标高以下锚固范围内的柱箍筋按上柱非加密区箍筋要求配置。梁上起柱，在梁内设两道柱箍筋。

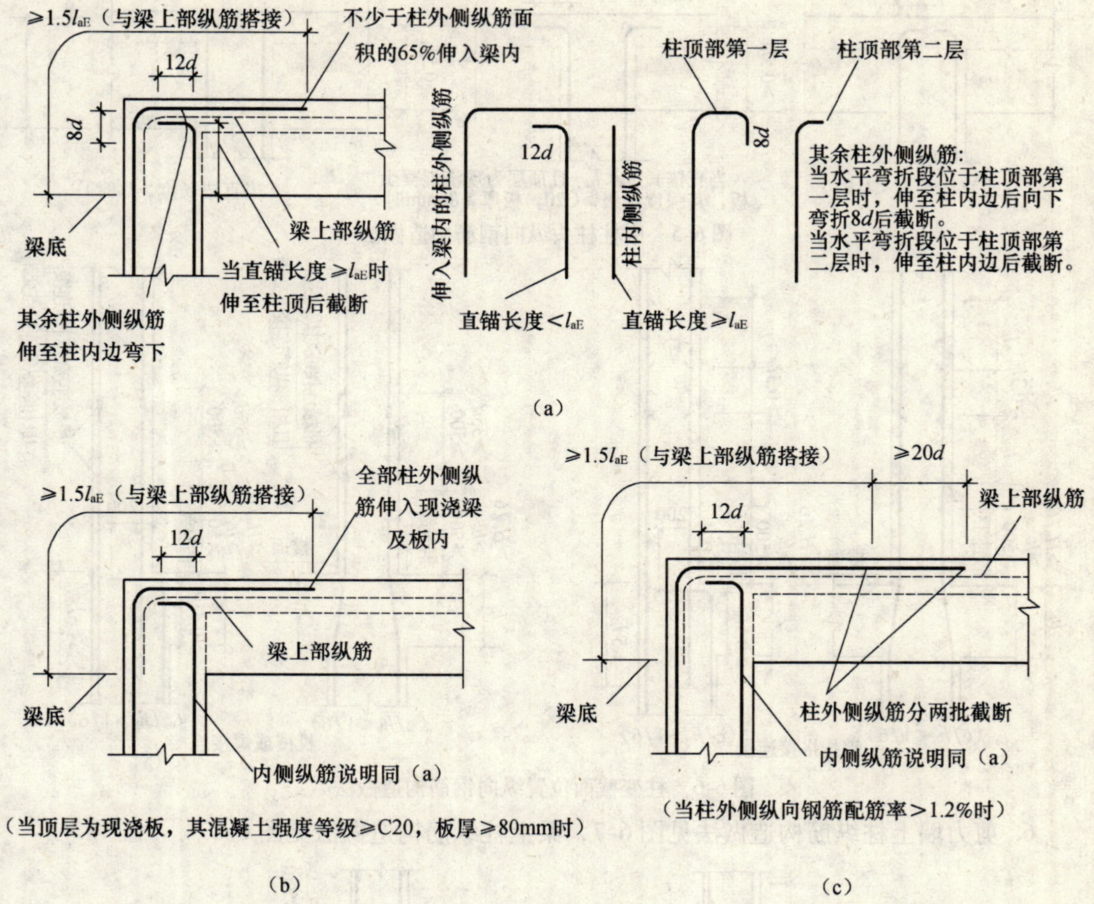

柱顶纵向钢筋构造（一），（a）～（c）

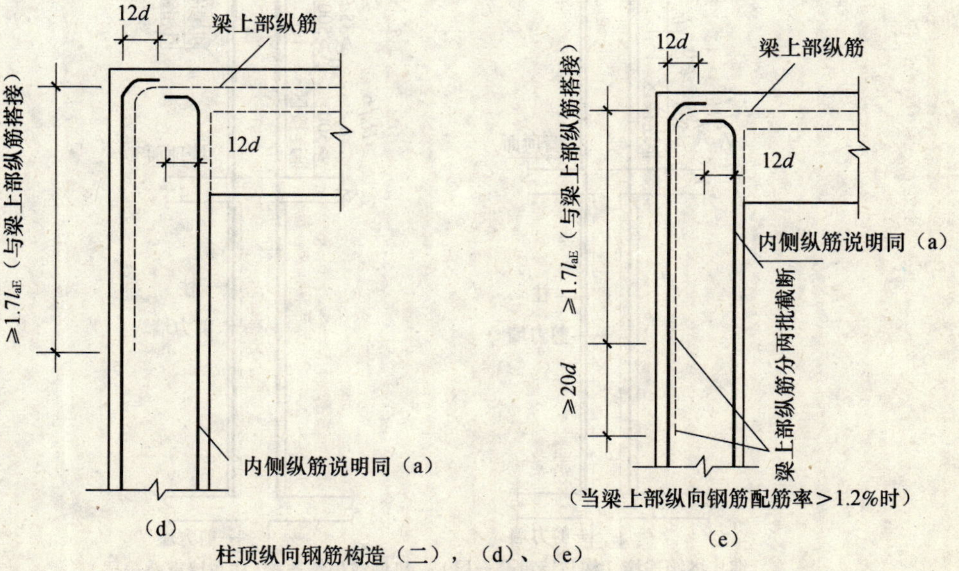

柱顶纵向钢筋构造（二），（d）、（e）

图 6-4　抗震框架柱边柱及角柱柱顶纵向钢筋构造

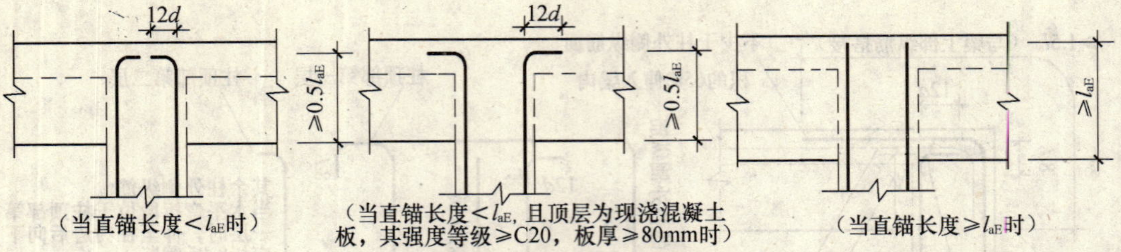

图 6-5　中柱柱头纵向钢筋构造做法

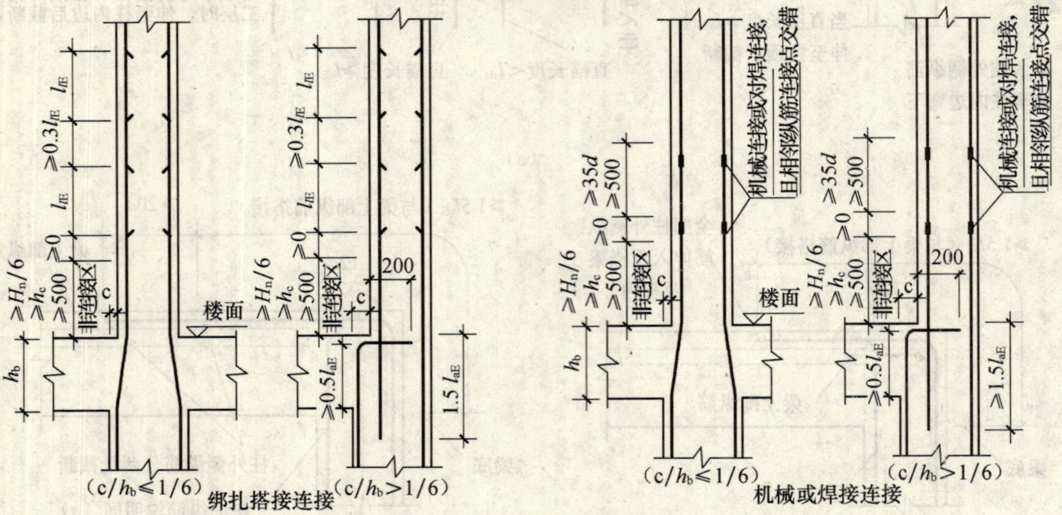

图 6-6　柱变截面位置纵向钢筋构造做法

6. 剪力墙上柱纵筋构造做法见图 6-7，梁上柱纵筋构造做法见图 6-8。

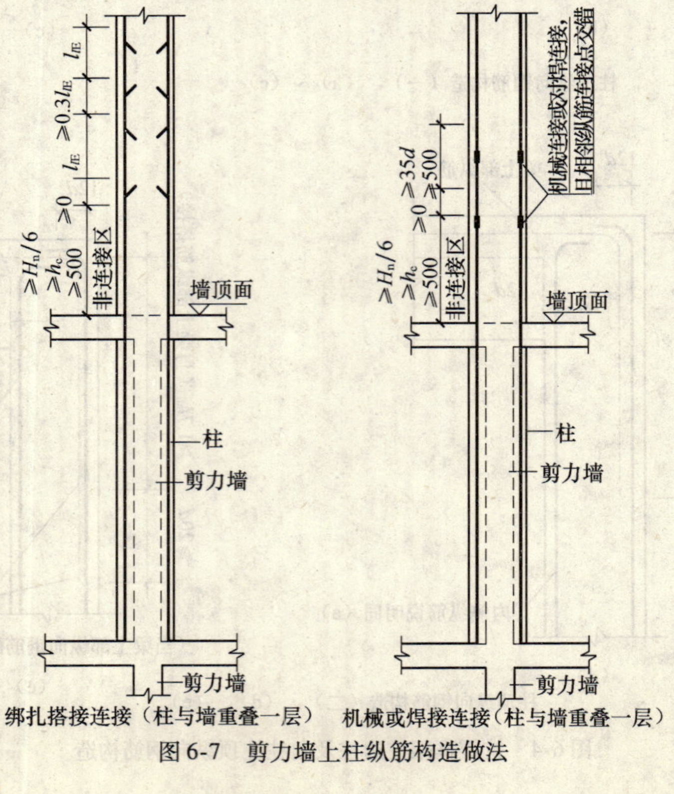

图 6-7　剪力墙上柱纵筋构造做法

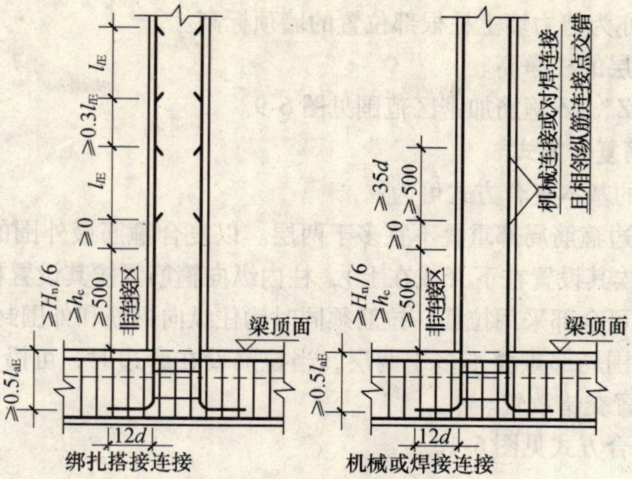

图 6-8　梁上柱纵筋构造做法

（六）抗震框架柱、墙上柱、梁上柱箍筋加密区范围

1. 一至四级抗震等级的柱箍筋按图 6-9 所示加密区范围加密。具体工程设计注有全高加密箍筋的柱除外。

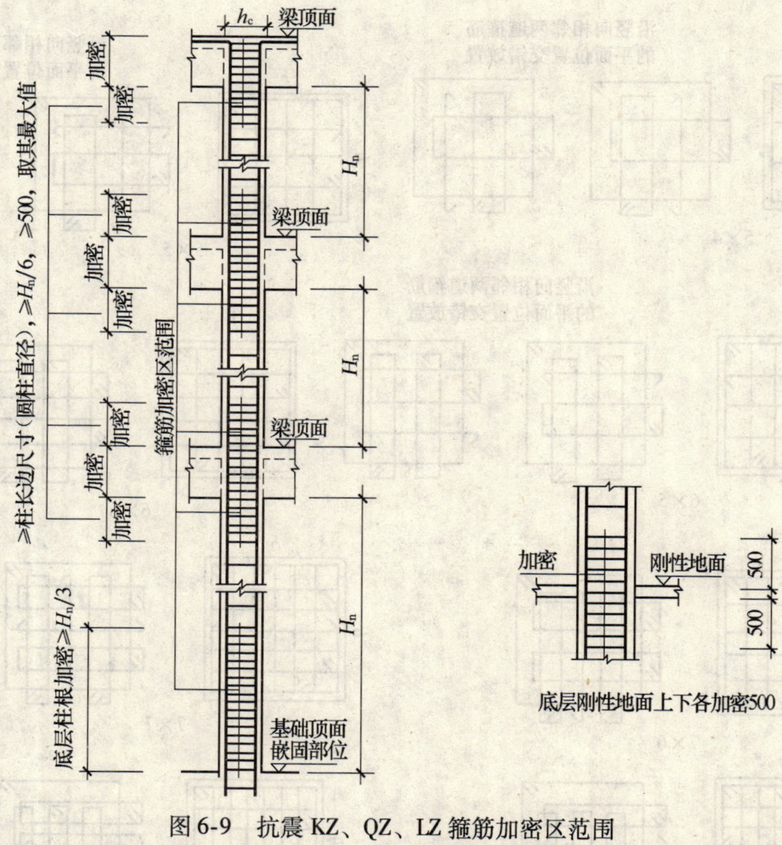

图 6-9　抗震 KZ、QZ、LZ 箍筋加密区范围

2. 当柱纵筋采用搭接连接时，应在柱纵筋搭接长度范围内均按≤5d（d 为搭接钢筋较小直径）及≤100mm 的间距加密箍筋。

3. 图 6-9 所包含的柱箍筋加密区范围及构造适用于抗震框架柱、剪力墙上柱和梁上柱。图中梁顶标高亦为剪力墙上柱根部位置的墙顶标高。

4. H_n 为所在楼层的柱净高。

5. 抗震 KZ、QZ、LZ 箍筋加密区范围见图 6-9。

（七）矩形箍筋复合方式

矩形复合箍筋的基本复合方式可为：

1. 沿复合箍周边箍筋局部重叠不宜多于两层。以复合箍筋最外围的封闭箍筋为基准，柱内的横向箍筋紧挨其设置在下（或在上），柱内纵向箍筋紧挨其设置在上（或在下）。

2. 柱内复合箍可全部采用拉筋，拉筋须同时钩住纵向钢筋和外围封闭箍筋。

3. 为使箍筋外围局部重叠不多于两层，当拉筋设在旁边时，可沿竖向将相邻两道箍筋按其各自平面位置交错放置。

4. 矩形箍筋复合方式见图 6-10。

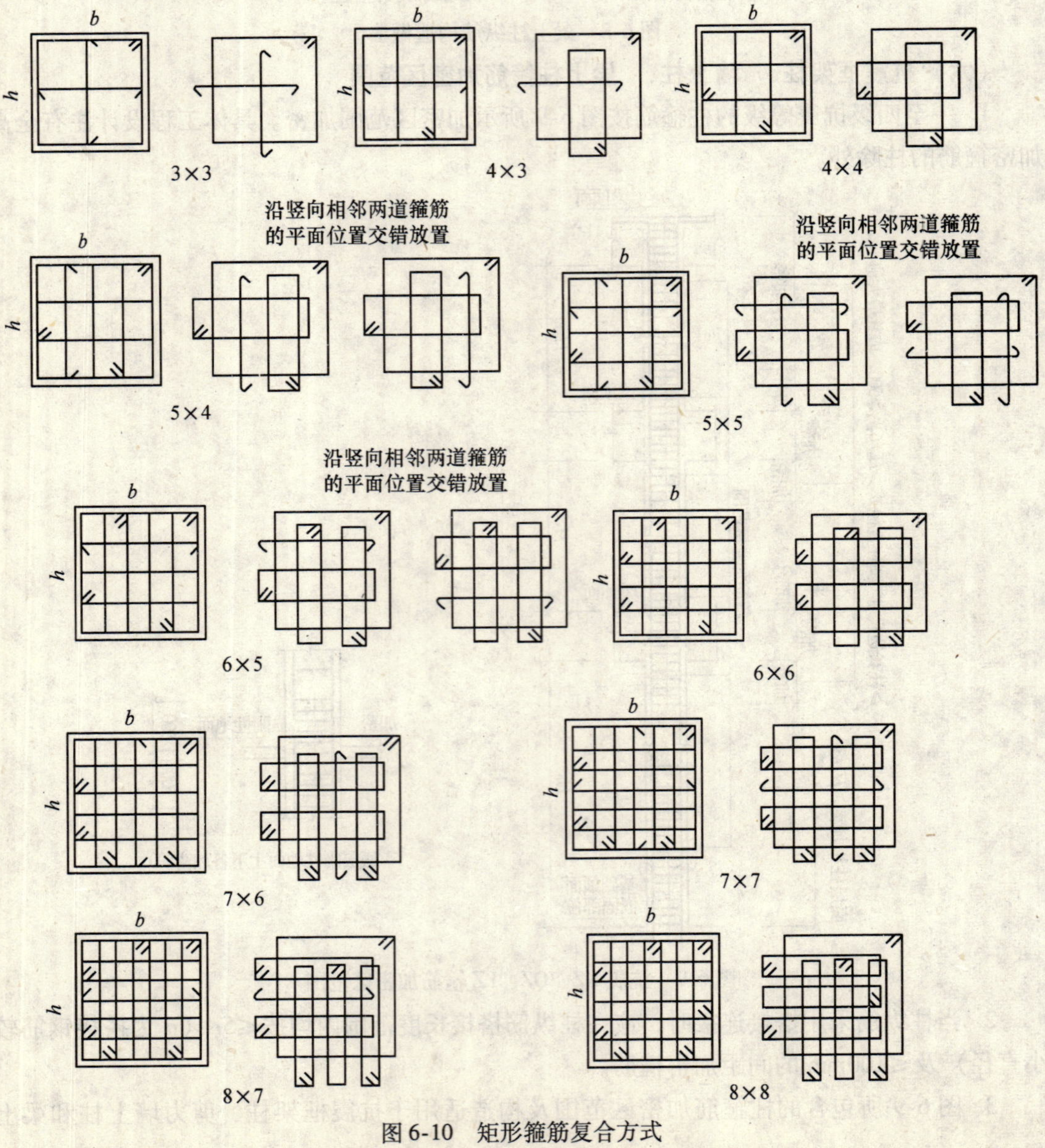

图 6-10　矩形箍筋复合方式

（八）抗震楼层框架梁纵向钢筋构造

抗震楼层框架梁构造见图 6-11。

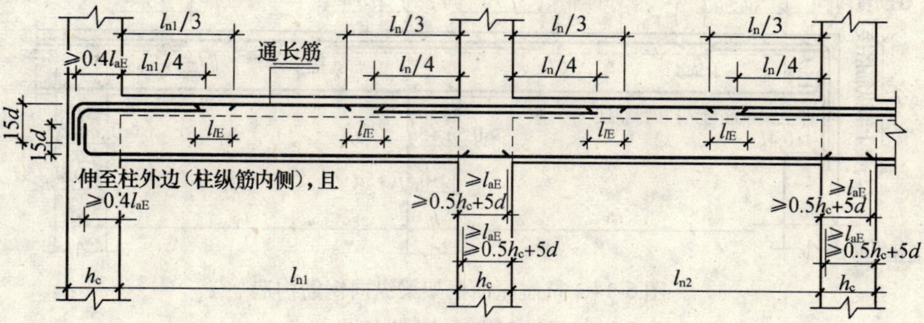

图 6-11　抗震楼层框架梁构造

1. 跨度值 l_n 为左跨 l_{ni} 和右跨 l_{ni+1} 之较大值，其中 $i=1$，2，3，…

2. 有悬挑端的楼层框架梁，其悬挑部分的构造应符合设计计算要求。

3. 图中 h_c 为柱截面沿框架方向的高度。

4. 当贯通筋 $d>28$mm 时，应采用机械连接或等强对接焊接长，其要求见具体工程的设计说明。当 $d\leqslant 28$mm 时，除按图示位置搭接外，当支座上部纵向钢筋与通长筋直径相同时，也可在跨中 $l_{ni}/3$ 范围内采用一次机械连接或对焊连接或绑扎搭接接长。

5. 当梁纵筋（不包括侧面 G 打头的构造筋）采用绑扎搭接接长时，箍筋应加密。搭接长度范围内均按 $\leqslant 5d$（d 为搭接钢筋较小直径）及 $\leqslant 100$mm 的间距加密箍筋。

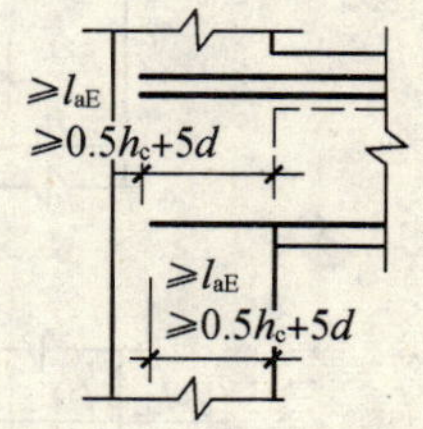

图 6-12　纵筋在端支座直锚构造

6. 纵筋在端支座直锚构造见图 6-12。

当楼层框架梁的纵向钢筋直锚长度 $\geqslant l_{aE}$ 且 $\geqslant 0.5h_c+5d$ 时，可以直锚。

（九）抗震屋面框架梁纵向钢筋构造

1. 抗震屋面框架梁纵向钢筋构造，见图 6-13，该构造与抗震柱顶纵向钢筋构造（一）配合使用（图 6-4）。

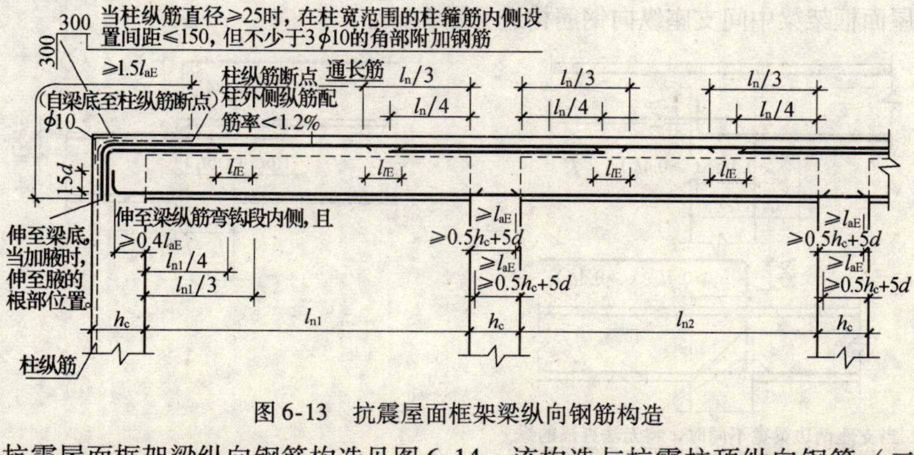

图 6-13　抗震屋面框架梁纵向钢筋构造

2. 抗震屋面框架梁纵向钢筋构造见图 6-14，该构造与抗震柱顶纵向钢筋（二）配合使用（图 6-4）。

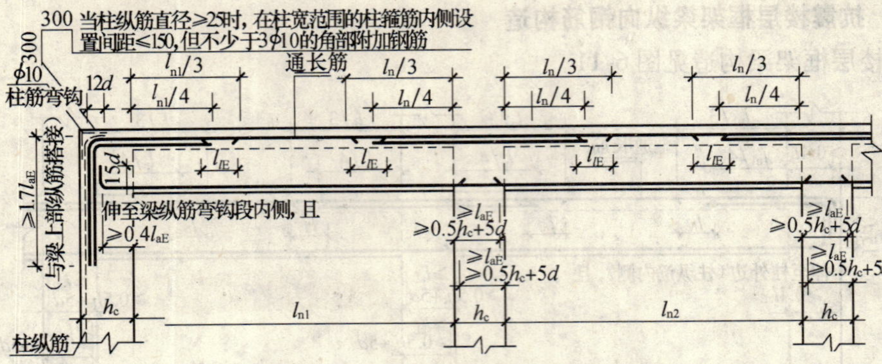

图 6-14 抗震屋面框架梁纵向钢筋构造

（十）框架梁、屋面框架梁中间支座纵向钢筋构造

1. 框架梁中间支座纵向钢筋构造见图 6-15。

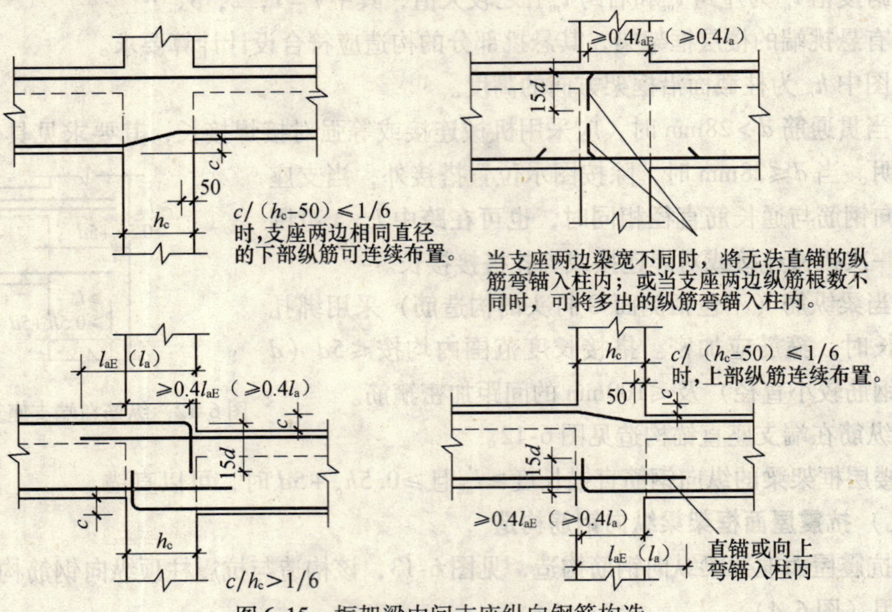

图 6-15 框架梁中间支座纵向钢筋构造

2. 屋面框架梁中间支座纵向钢筋构造见图 6-16。

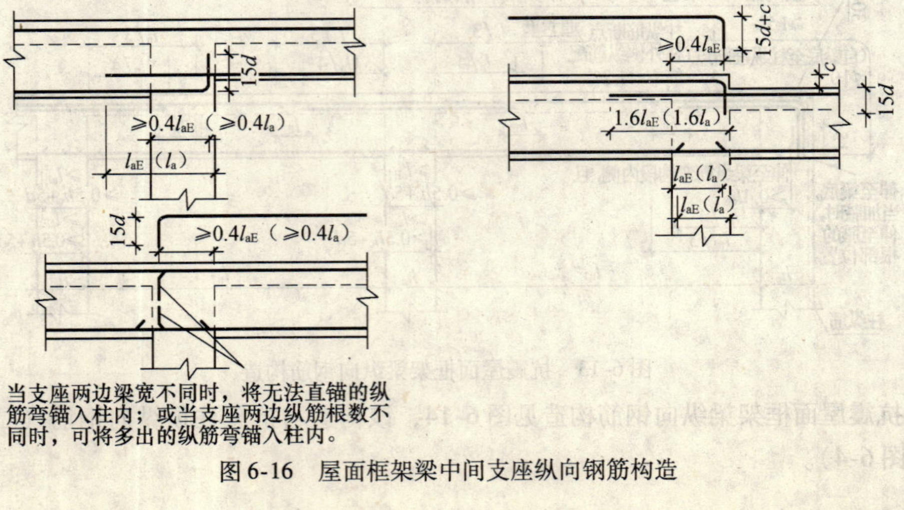

图 6-16 屋面框架梁中间支座纵向钢筋构造

（1）括号内为非抗震梁纵筋的锚固长度。

（2）当屋面框架梁为抗震、楼层框架梁为一级至四级抗震等级时，梁的下部纵筋在中间支座的水平直锚长度除应满足本图注明者外，尚应满足≥$0.5h_c+5d$。

（3）当纵向钢筋直锚入柱内的长度≥l_{aE}（≥l_a）且同时满足上条要求时，可不必往上（下）弯锚。

（4）梁侧面抗扭纵筋在中间支座及端支座的锚固长度均≥l_{aE}（≥l_a）。

（十一）框架梁、屋面框架梁箍筋及梁侧面纵向构造筋

1. 框架梁、屋面框架梁箍筋加密区做法见图6-17。

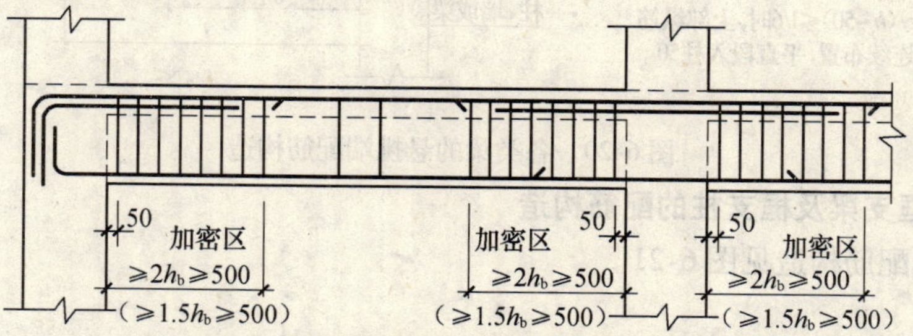

弧形梁沿梁中心线展开，箍筋间距沿凸面线量度，h_b为梁截面高度。

图6-17　框架梁、屋面框架梁箍筋加密区做法

图中括号内为二至四级抗震等级的数据，括号外为一级抗震等级的数据，非抗震框架梁、屋面框架梁无加密区。

2. 梁侧面纵向构造钢筋和拉筋做法见图6-18。

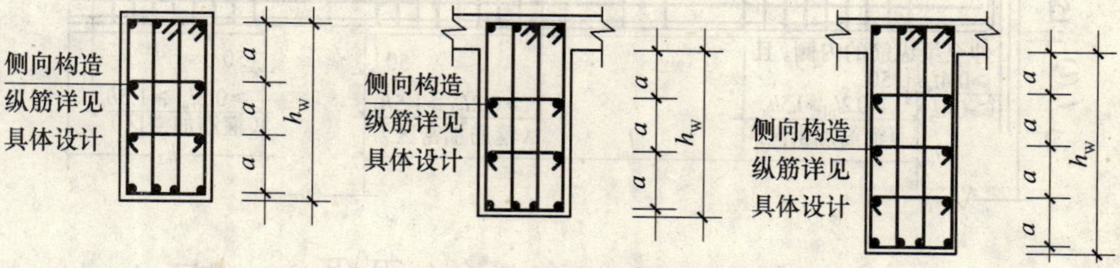

图6-18　梁侧面纵向构造钢筋和拉筋做法

（1）当箍筋为多肢复合箍时，应采用大箍套小箍的形式。

（2）当h_w≥450mm时，在梁的两个侧面应沿高度配置纵向构造钢筋，纵向构造钢筋间距a≤200mm。

（3）当梁宽≤350mm时，拉筋直径为6mm；梁宽＞350mm时，拉筋直径为8mm。拉筋间距为非加密区箍筋间距的两倍。当设有多排拉筋时，上下两排拉筋竖向错开设置。

（十二）悬挑梁和各类梁的悬挑端配筋构造

1. 纯悬挑梁配筋构造见图6-19。

2. 各类梁的悬挑端配筋构造见图6-20。

（1）当纯悬挑梁的纵向钢筋直锚长度≥l_a且≥$0.5h_c+5d$时，可不必往下弯锚；当直锚伸至对边仍不足l_a时，则应按图示弯锚。

（2）梁下部肋形钢筋锚长为12d。当为光面钢筋时，其锚长为15d。

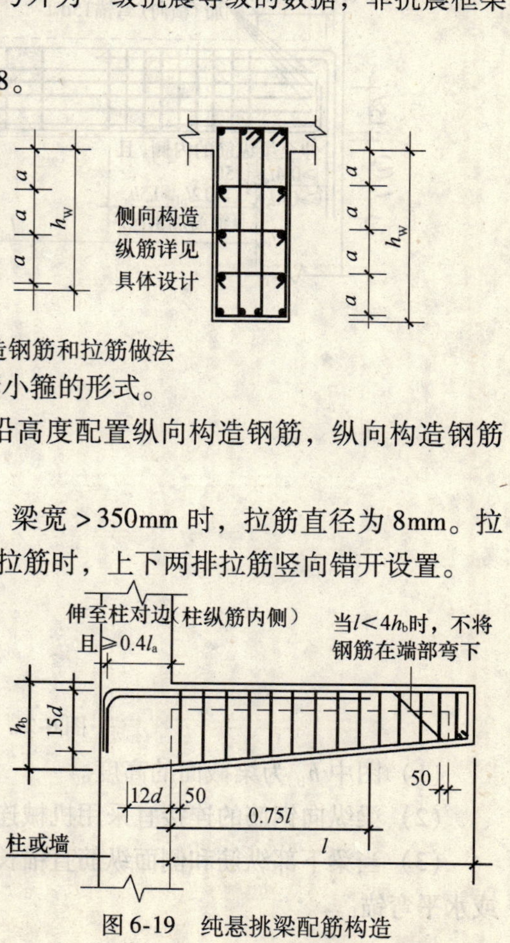

图6-19　纯悬挑梁配筋构造

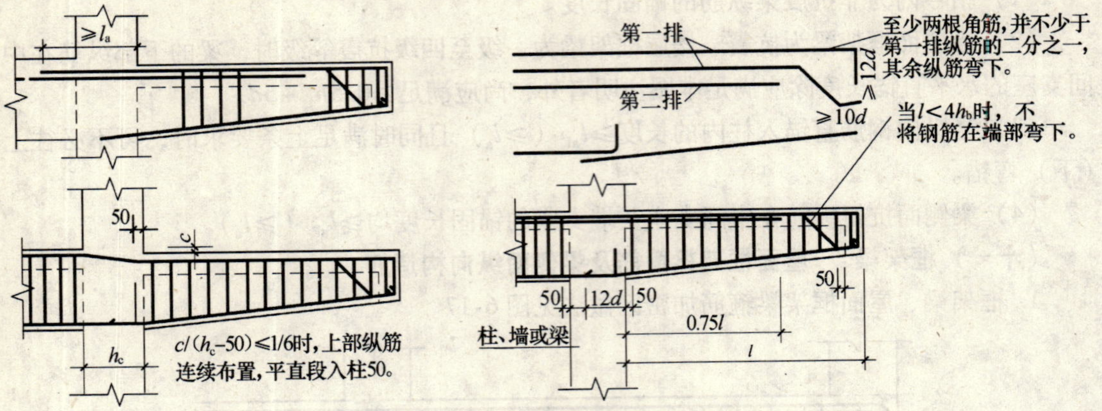

图6-20　各类梁的悬挑端配筋构造

（十三）框支梁及框支柱的配筋构造

1. 框支梁配筋构造见图6-21。

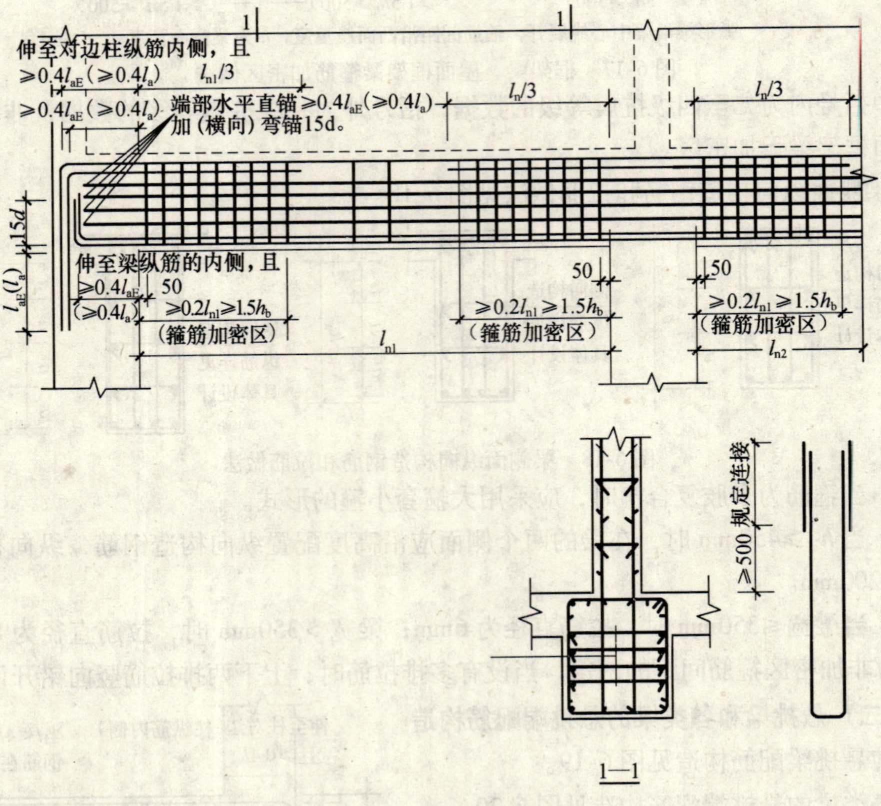

图6-21　框支梁配筋构造

（1）图中h_b为梁截面的高度。

（2）梁纵向钢筋的连接宜采用机械连接接头。

（3）当梁下部纵筋和侧面纵筋直锚长度≥l_{aE}（≥l_a）且≥$0.5h_c+5d$时，可不必往上或水平弯锚。

2. 框支柱的配筋构造见图 6-22。

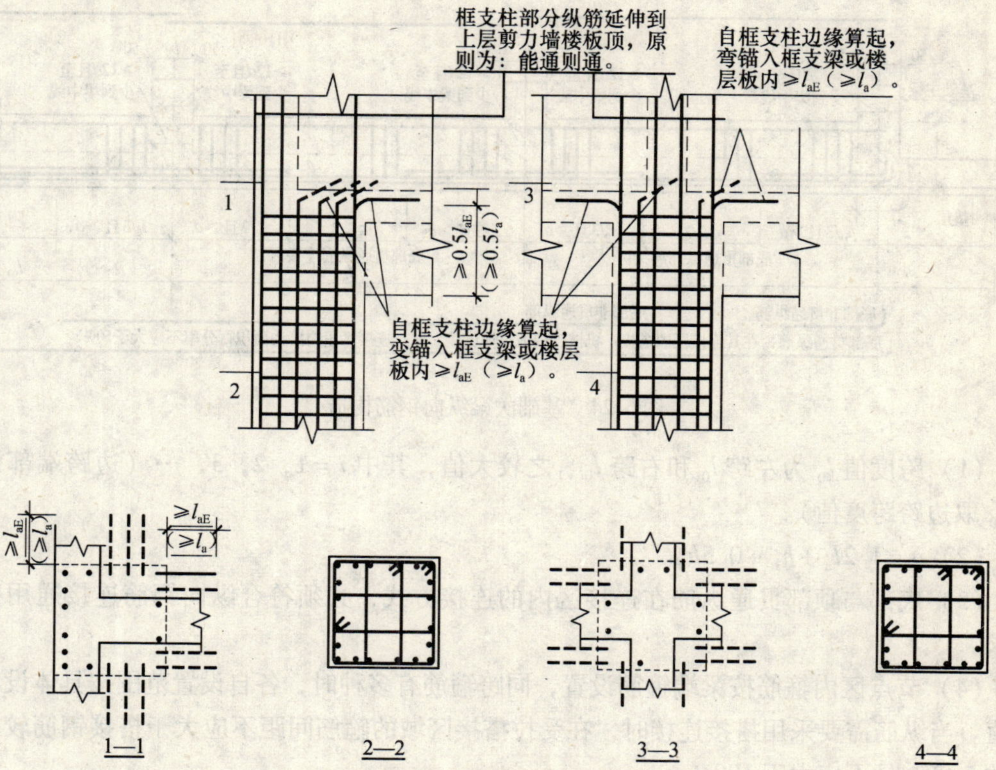

图 6-22　框支柱配筋构造

（1）柱底纵筋的连接构造同框架柱。

（2）柱纵向钢筋的连接宜采用机械连接接头。

二、筏形基础构造详图

（一）基础主、次梁纵向钢筋与箍筋构造

1. 基础主梁纵向钢筋构造见图 6-23。

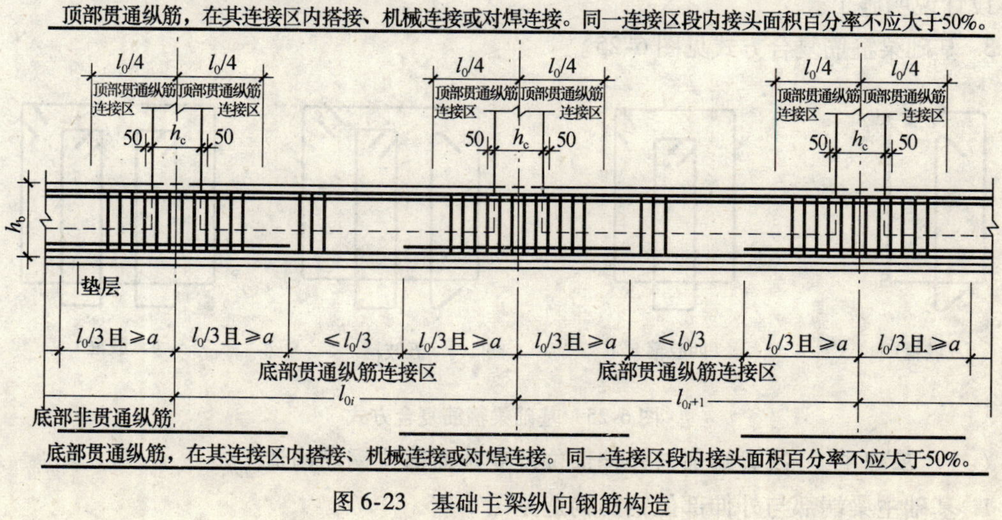

图 6-23　基础主梁纵向钢筋构造

2. 基础次梁纵向钢筋构造见图6-24。

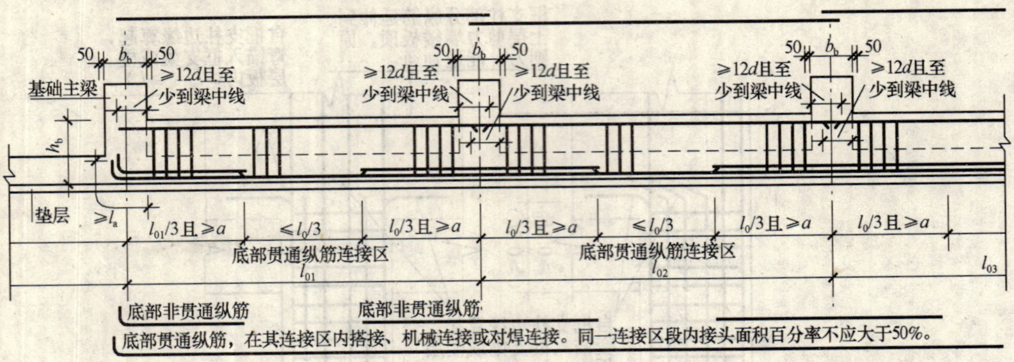

图6-24　基础次梁纵向钢筋构造

（1）跨度值 l_0 为左跨 l_{0i} 和右跨 l_{0i+1} 之较大值，其中 $i=1$，2，3，…（边跨端部计算用 l_0 取边跨跨度值）。

（2）$a=1.2l_a+h_b+0.5h_c$。

（3）底部与顶部贯通纵筋在连接区内的连接方式，必须符合纵向钢筋连接通用构造要求。

（4）节点区内箍筋按梁端箍筋设置，同跨箍筋有多种时，各自设置范围按具体设计注写值。当纵筋需要采用搭接连接时，在受拉搭接区域的箍筋间距不应大于搭接钢筋较小直径的5倍，且不应大于100mm。

在受压搭接区域的箍筋间距不应大于搭接钢筋较小直径的10倍，且不应大于200mm。

（5）不同配置的底部贯通纵筋，应在两毗邻跨中配置较小一跨的跨中连接区域连接（即配置较大一跨的底部贯通纵筋须越过其标注的跨数终点或起点伸至毗邻跨的跨中连接区域）。

（6）基础主梁相交处位于同一层面的交叉纵筋，何梁纵筋在下，何梁纵筋在上，应按具体设计说明施工。

3. 基础梁箍筋复合方式见图6-25。

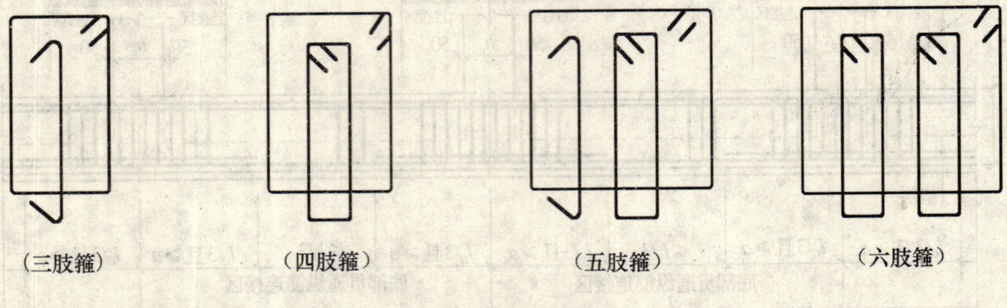

图6-25　基础梁箍筋复合方式

（二）基础主、次梁端部与外伸部位及变截面部位钢筋构造

1. 基础主梁端部与外伸部位钢筋构造见图6-26。

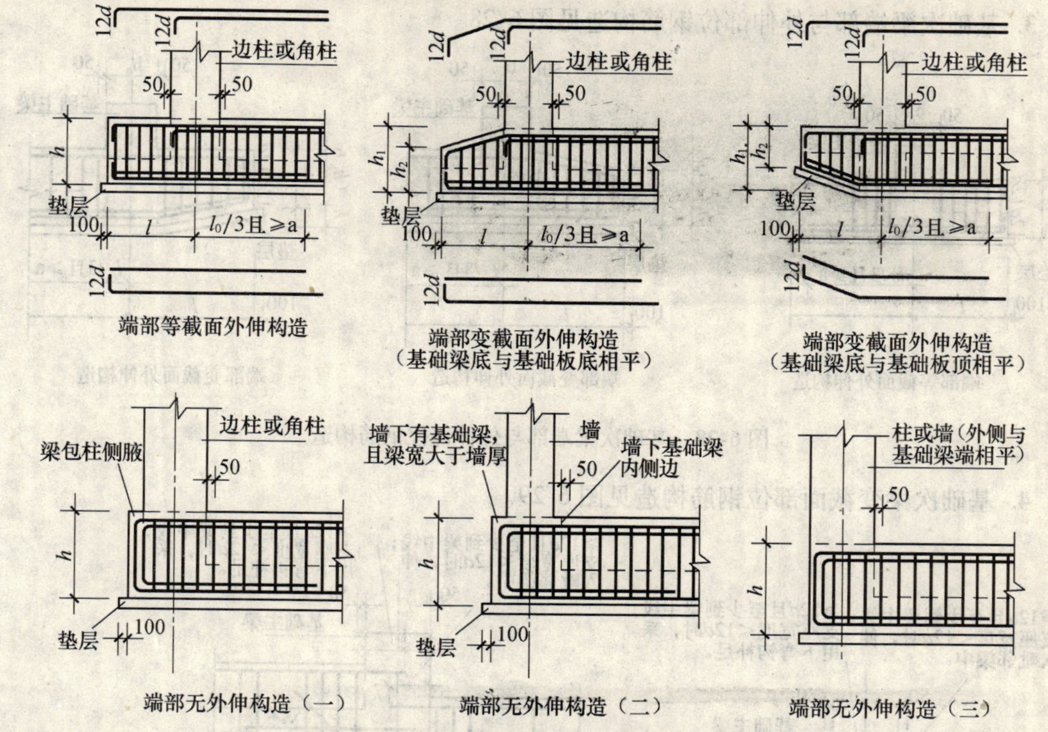

图 6-26　基础主梁端部与外伸部位钢筋构造

（1）跨内纵向钢筋与箍筋构造，外伸部位与节点内箍筋复合方式详见基础主梁纵向钢筋与箍筋构造。

（2）端部无外伸构造中基础梁底部与顶部纵筋成对连通设置（可采用通长钢筋，或将底部与顶部钢筋对焊连接后弯折成型），并向跨内延伸或在跨内规定区域连接。

2. 基础主梁变截面部位钢筋构造见图 6-27。

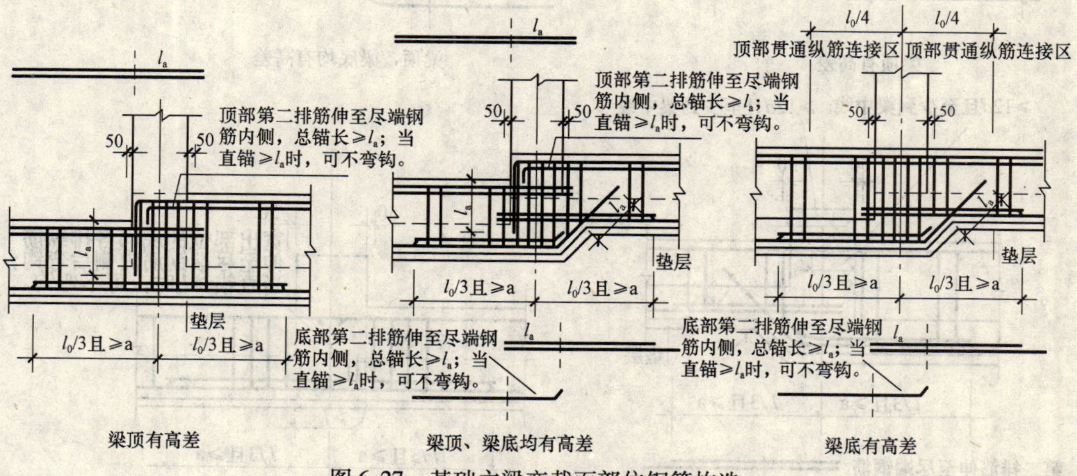

图 6-27　基础主梁变截面部位钢筋构造

（1）当基础主梁变标高及变截面形式与本图不同时，按设计图施工。

（2）跨内纵向钢筋与箍筋构造、箍筋复合方式以及其他相关要求详见基础主梁纵向钢筋与箍筋构造。

（3）梁底台阶可取 45°角或 60°角。

3. 基础次梁端部与外伸部位钢筋构造见图 6-28。

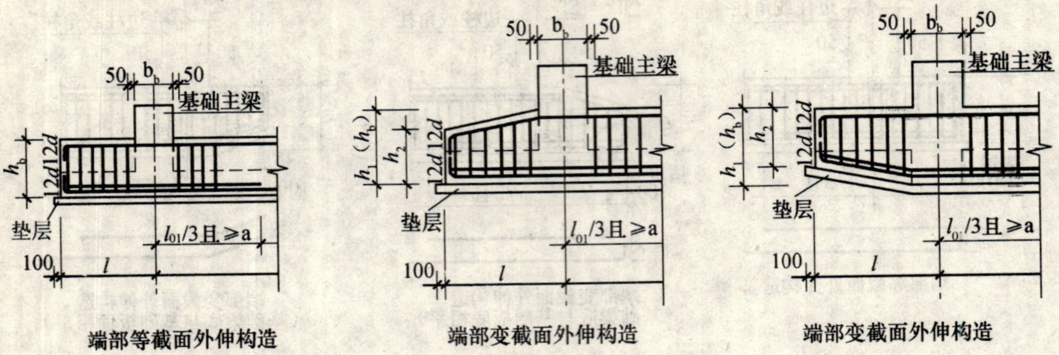

图 6-28　基础次梁端部与外伸部位钢筋构造

4. 基础次梁变截面部位钢筋构造见图 6-29。

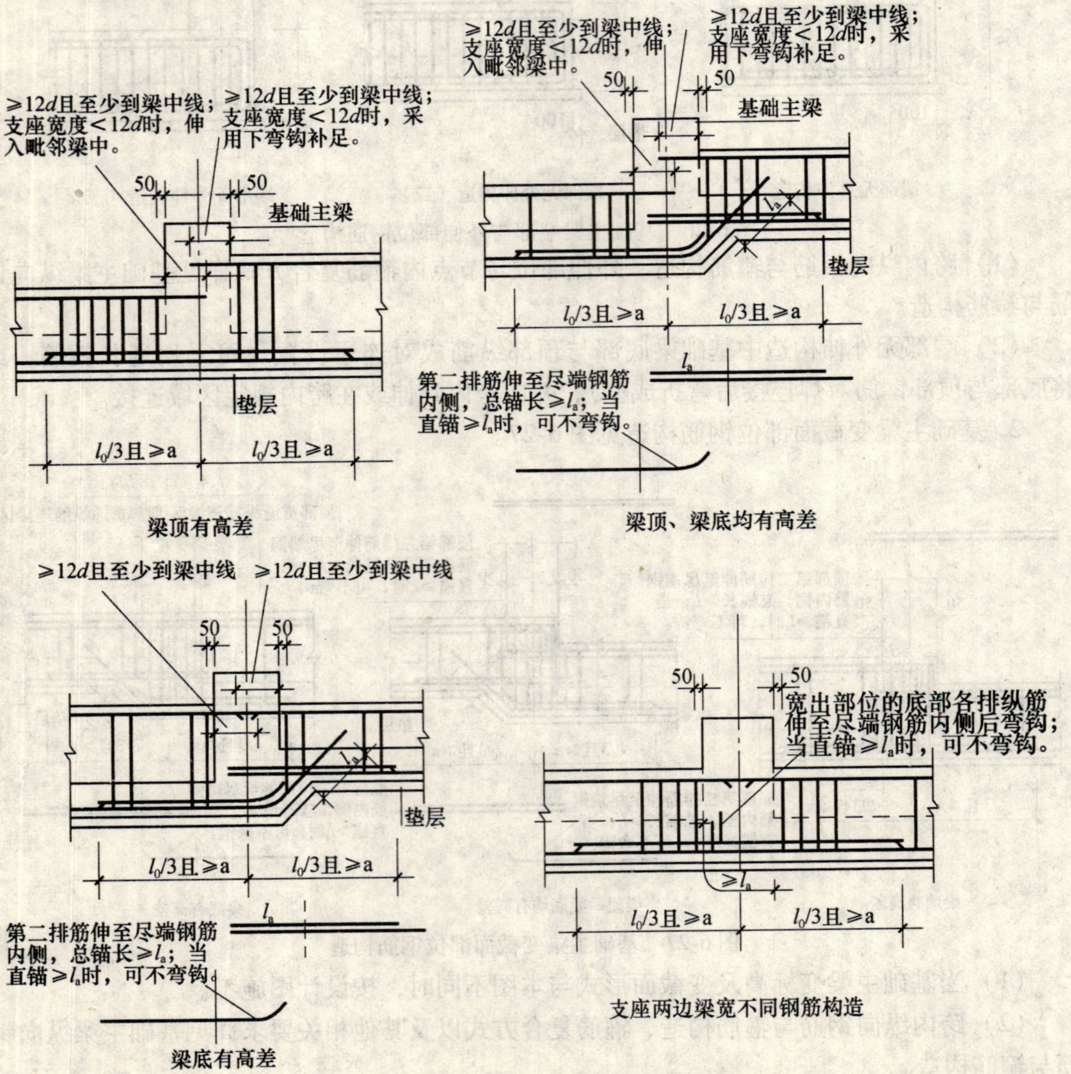

图 6-29　基础次梁变截面部位钢筋构造

（三）墙、柱钢筋在基础主梁中的锚固构造

1. 墙竖向钢筋插筋构造见图 6-30

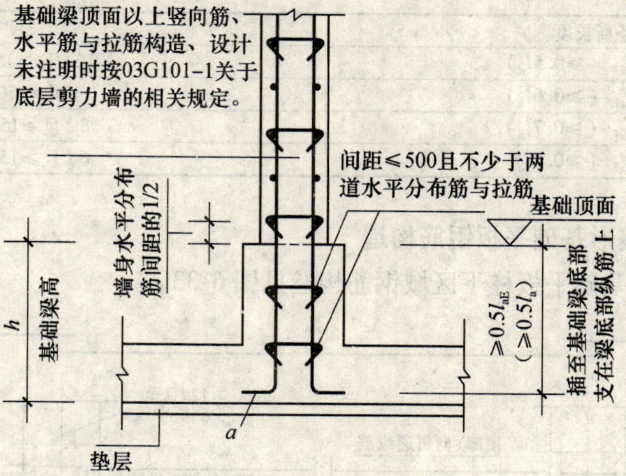

图 6-30　墙竖向钢筋插筋构造

2. 柱插筋构造

（1）基础梁底与基础板顶相平时插筋构造见图 6-31。

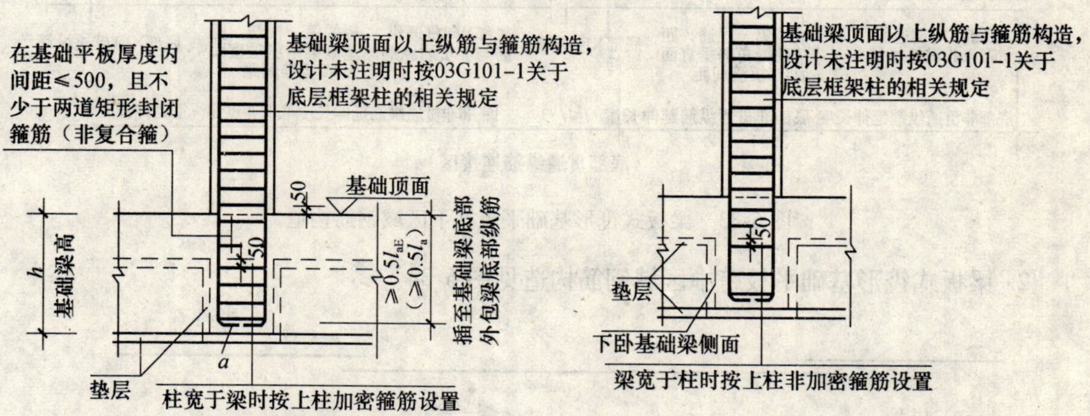

柱插筋构造（柱宽于梁）　　　　柱插筋构造（梁宽于柱）

图 6-31　基础梁底与基础板顶相平时插筋构造

（2）基础梁底与基础板底相平时插筋构造见图 6-32。

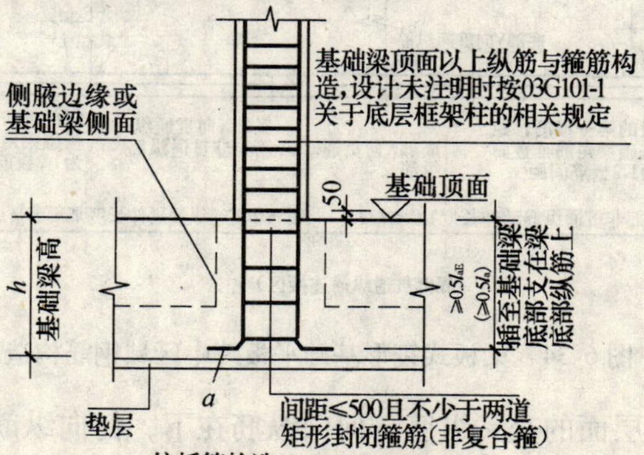

柱插筋构造

图 6-32　基础梁底与基础板底相平时插筋构造

（3）柱、墙插筋应伸至梁底部，其锚固竖直长度与弯钩长度见表6-1。

表6-1　墙、柱插筋锚固竖直长度与弯钩长度

竖直长度	弯钩长度 a
$\geqslant 0.5l_{aE}$（$\geqslant 0.5l_a$）	$12d$ 且 $\geqslant 150$
$\geqslant 0.6l_{aE}$（$\geqslant 0.6l_a$）	$10d \geqslant 150$
$\geqslant 0.7l_{aE}$（$\geqslant 0.7l_a$）	$8d$ 且 $\geqslant 150$
$\geqslant 0.8l_{aE}$（$\geqslant 0.8l_a$）	$6d$ 且 $\geqslant 150$

（四）梁板式筏形基础平板钢筋构造

1. 梁板式筏形基础平板柱下区域钢筋构造见图6-33。

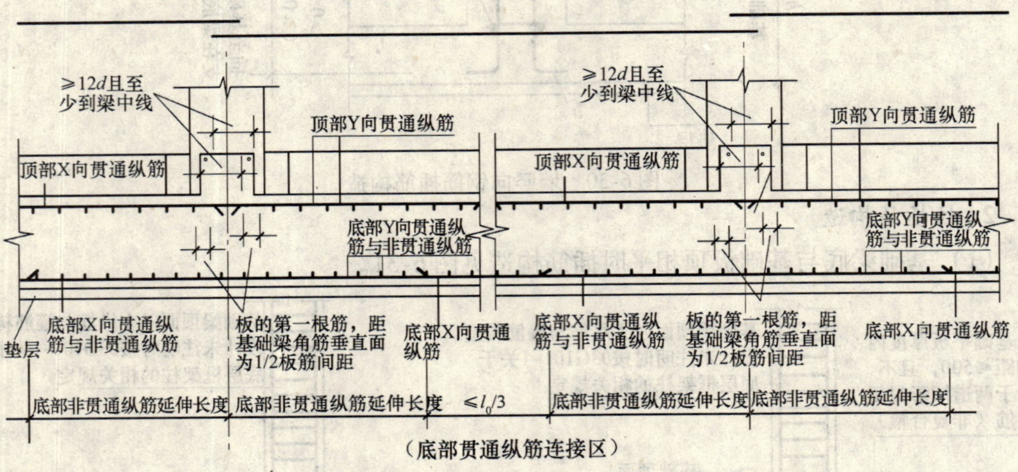

图6-33　梁板式筏形基础平板柱下区域钢筋构造

2. 梁板式筏形基础平板跨中区域钢筋构造见图6-34。

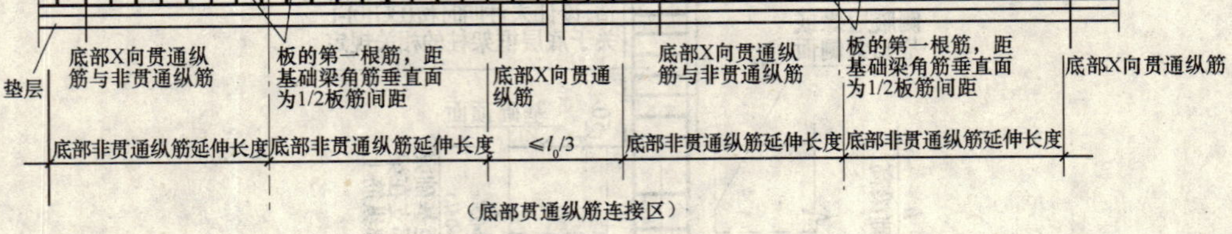

图6-34　梁板式筏形基础平板跨中区域钢筋构造

（1）基础平板同一层面的交叉纵筋，何向纵筋在下，何向纵筋在上，应按具体设计说明施工。

（2）当具体工程在基础平板内设置拉筋时，根据施工是否方便，拉筋可采用直形（ ），也可采用S形（ ）。

（五）梁板式筏形基础平板端部与外伸部位及变截面部位钢筋构造

1. 梁板式筏形基础平板端部与外伸部位钢筋构造见图6-35。

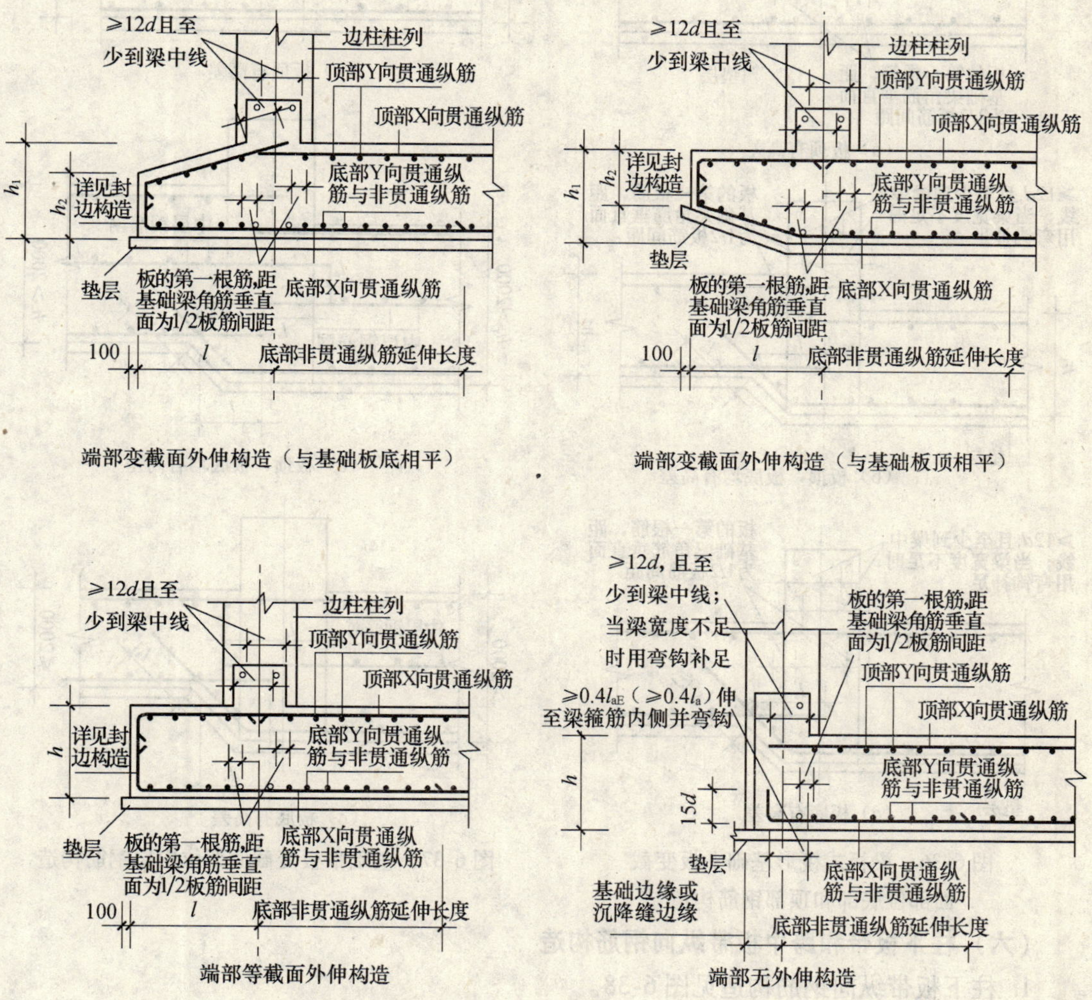

图6-35　梁板式筏形基础平板端部与外伸部位钢筋构造

2. 梁板式筏形基础平板变截面部位底部和顶部钢筋构造见图6-36。

3. 基础平板变截面部位中层钢筋构造见图6-37。

（1）本图构造规定适用于梁板式筏形基础平板变截面部位（板底或板顶标高变化）的钢筋构造。

（2）基础平板同一层面的交叉纵筋，何向纵筋在下，何向纵筋在上，应按具体设计说明施工。

（3）当梁板式筏形基础平板的施工图变截面形式与本图不同时，应按设计图施工。

（4）板底台阶可为45°角或60°角。

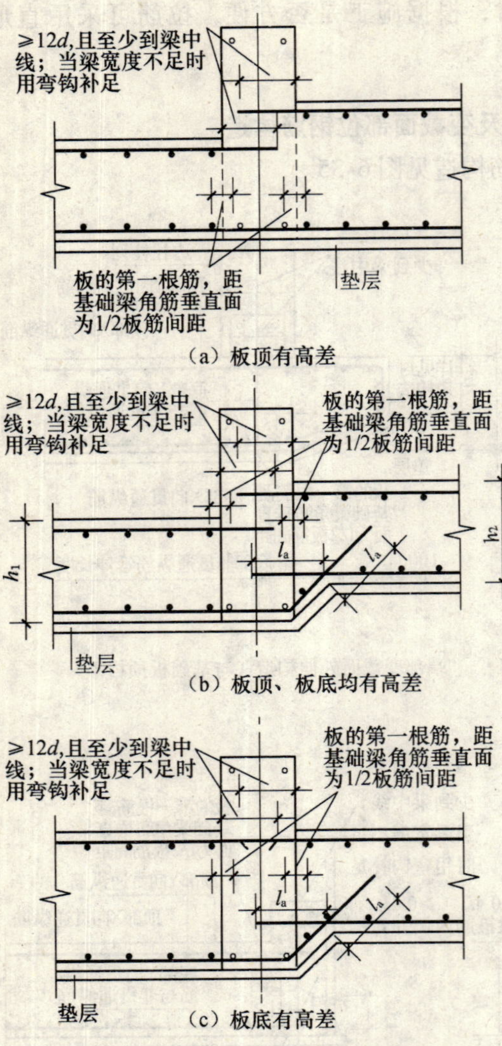

图6-36 梁板式筏形基础平板变截面部位底部和顶部钢筋构造

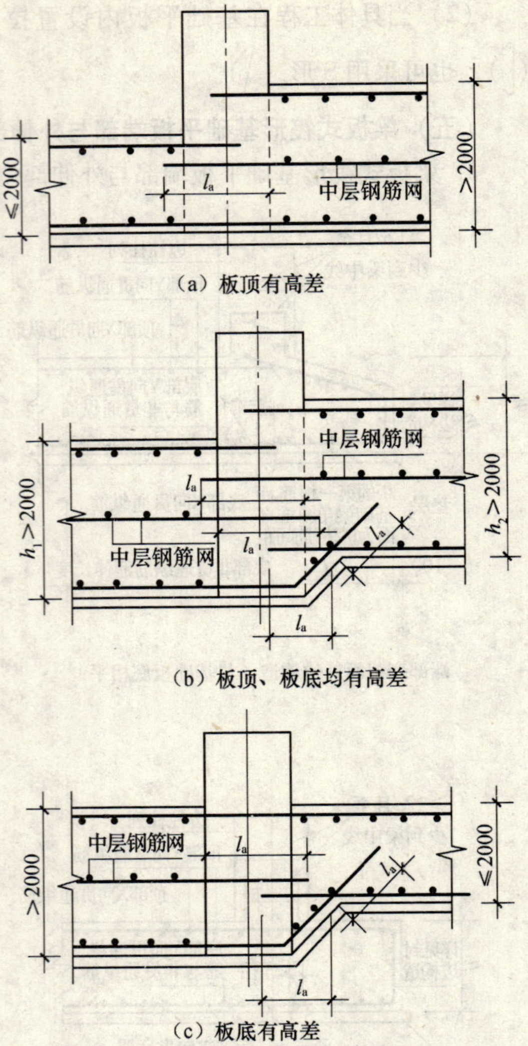

图6-37 基础平板变截面部位中层钢筋构造

(六) 柱下板带和跨中板带纵向钢筋构造

1. 柱下板带纵向钢筋构造见图6-38。

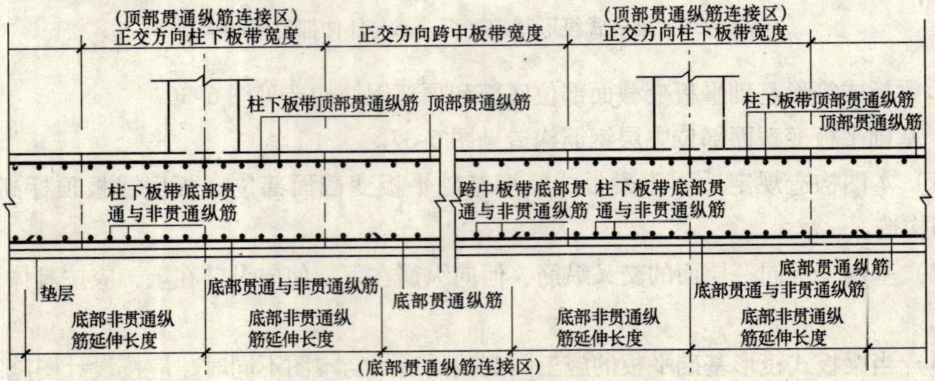

图6-38 柱下板带纵向钢筋构造

2. 跨中板带纵向钢筋构造见图6-39。

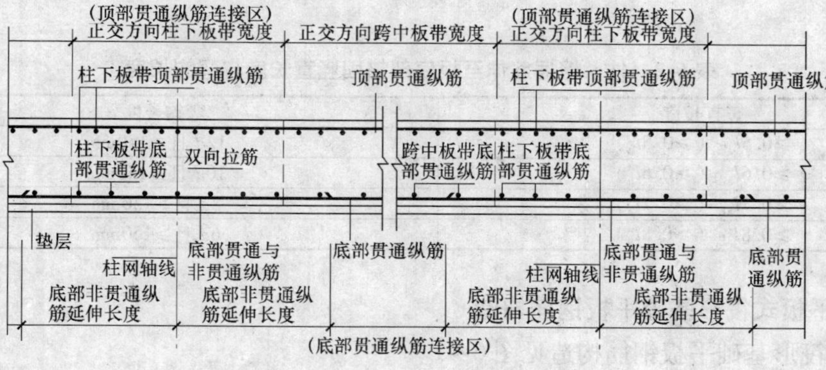

图6-39 跨中板带纵向钢筋构造

(1) 不同配置的底部贯通纵筋，应在两毗邻跨中配置较小一跨的跨中连接区域连接（即配置较大一跨的底部贯通纵筋须越过其标注的跨数终点或起点伸至毗邻跨的跨中连接区域）。

(2) 底部与顶部贯通纵筋在本图所示连接区内的连接方式必须满足纵筋连接通用构造的要求。

(3) 基础平板同一层面的交叉纵筋，何向纵筋在下，何向纵筋在上，应按具体设计说明施工。

(4) 当具体工程在基础平板内设置拉筋时，根据施工是否方便，拉筋可采用直形（），也可采用S形（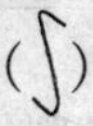）。

（七）柱、墙插筋在基础平板中的锚固构造

1. 柱、墙插筋在基础平板中的锚固构造见图6-40。

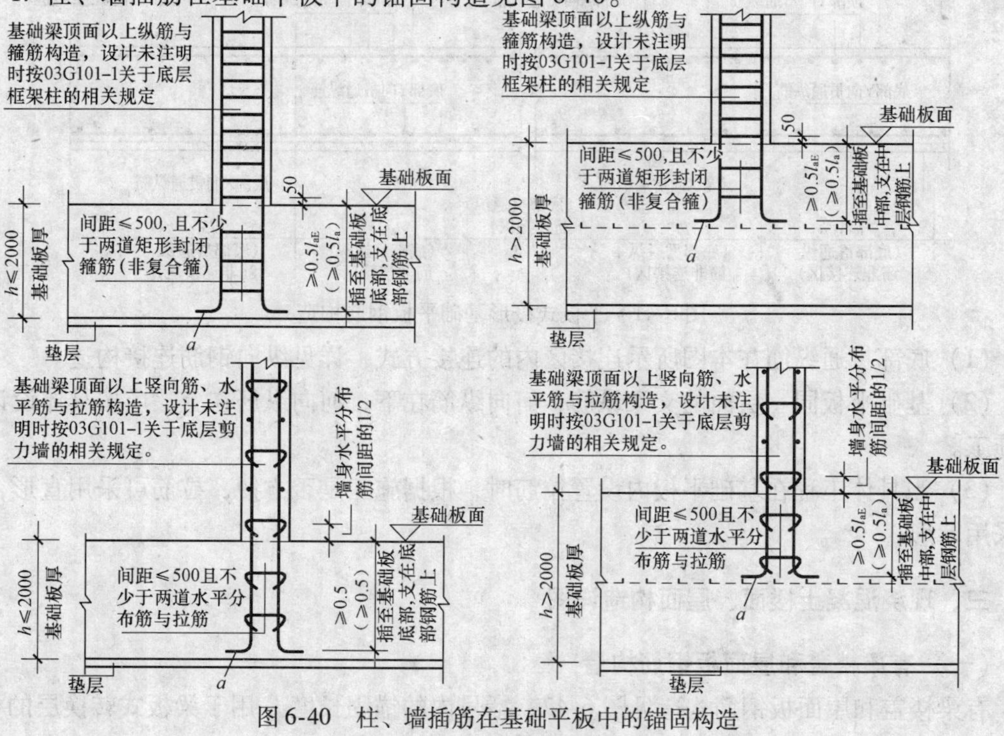

图6-40 柱、墙插筋在基础平板中的锚固构造

2. 柱、墙插筋应伸至板底部（或中部钢筋网的位置），其锚固竖直长度与弯钩长度见表6-2。

表6-2 柱、墙插筋伸至板底部锚固竖直长度与弯钩长度

竖直长度	弯钩长度 a
$\geqslant 0.5l_{aE}$（$\geqslant 0.5l_a$）	$12d$ 且≥150mm
$\geqslant 0.6l_{aE}$（$\geqslant 0.6l_a$）	$10d$ 且≥150mm
$\geqslant 0.7l_{aE}$（$\geqslant 0.7l_a$）	$8d$ 且>150mm
$\geqslant 0.8l_{aE}$（$\geqslant 0.8l_a$）	$6d$ 且≥150mm

（八）平板式筏形基础平板钢筋构造

平板式筏形基础平板钢筋构造见图6-41。

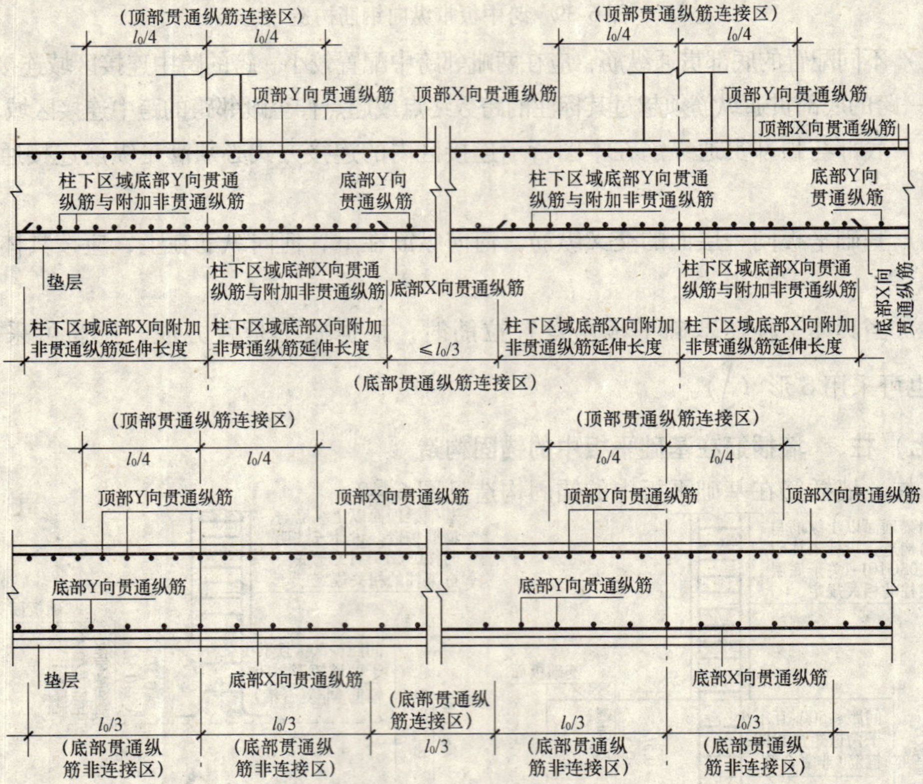

图6-41 平板式筏形基础平板钢筋构造

（1）底部贯通纵筋在本图所示连接区内的连接方式，详见纵向钢筋连接构造。

（2）基础平板同一层面的交叉纵筋，何向纵筋在下，何向纵筋在上，应按具体设计说明施工。

（3）当具体工程在基础平板内设置拉筋时，根据施工是否方便，拉筋可采用直形，也可采用S形。

三、现浇混凝土楼面、屋面构造详图

（一）有梁楼盖和屋面板钢筋构造

有梁楼盖和屋面板钢筋构造见图6-42，括号内的锚固长度 l_a 用于梁板式转换层的板。

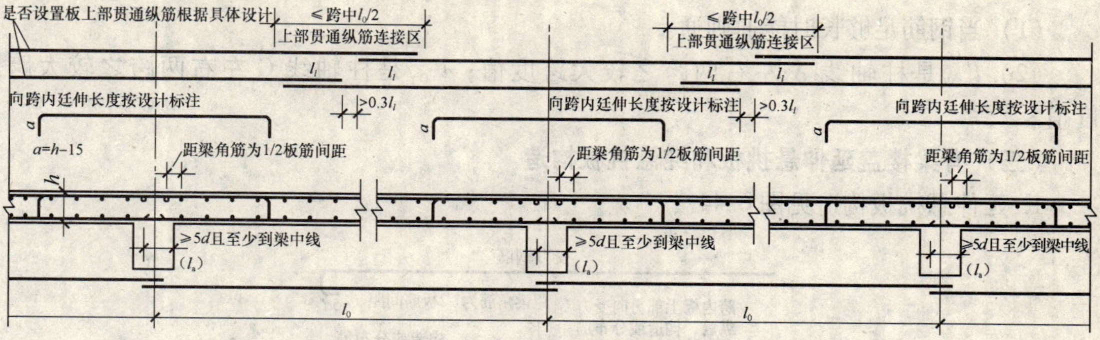

图 6-42　有梁楼盖和屋面板钢筋构造

（1）当相邻等跨或不等跨的上部贯通纵筋配置不同时。应将配置较大者越过其标注的跨数终点或起点延伸至相邻跨的跨中连接区域连接。

（2）板上部贯通纵筋的连接要求纵向钢筋连接构造。不等跨板上部贯通纵筋连接构造见图 6-43。

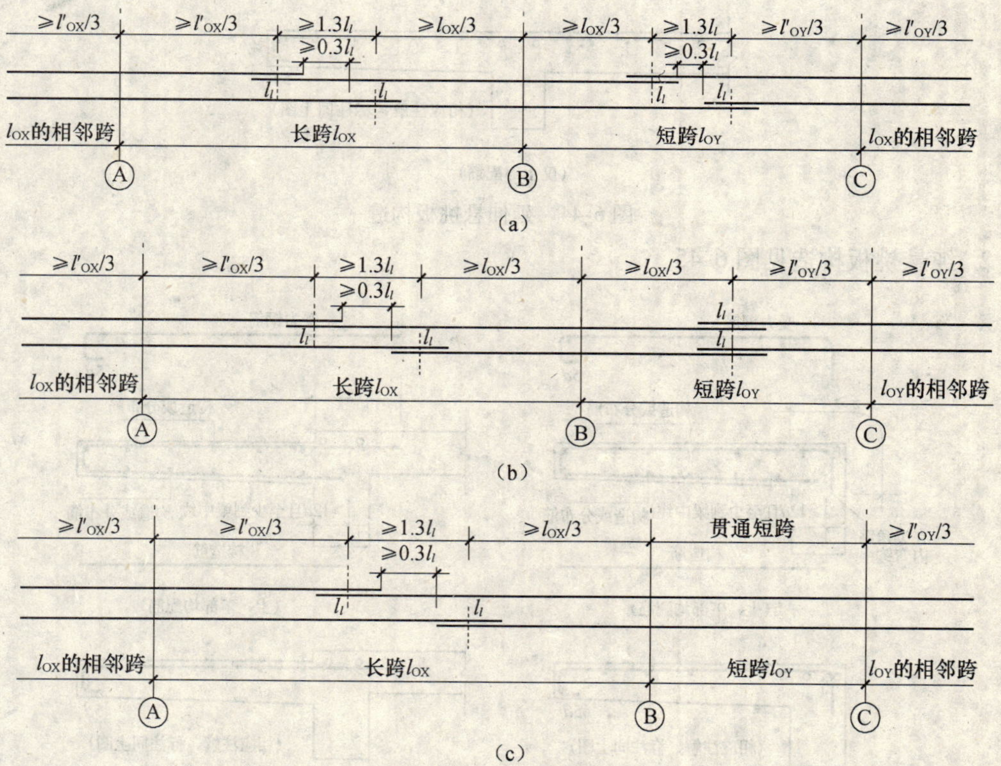

图 6-43　不等跨板上部贯通纵筋连接构造

（3）除所示搭接连接外，板上部纵筋在跨内也可采用机械连接，在连接区内也可采用焊接，但钢筋接头面积百分率不应超过 50%。

（4）板位于同一层面的两向交叉纵筋，何向在下，何向在上，应按具体设计说明施工。

（5）当支座为混凝土剪力墙、砌体墙或圈梁时，其构造与梁为支座时相同。

（6）当为 HPB235 光圆钢筋时，端部应设 180°弯钩，其平直段长度为 3d。

（二）不等跨板上部贯通纵筋连接构造

不等跨板上部贯通纵筋有三种连接构造，分别见图 6-43（a）、（b）、（c）。

（1）当钢筋足够长时能通则通。

（2）l'_{OX}是柱轴线 A 左右两跨之较大跨度值；l'_{OY}是柱轴线 C 左右两跨之较大跨度值。

（三）有梁楼盖延伸悬挑板和纯悬挑板构造

1. 延伸悬挑板构造见图 6-44。

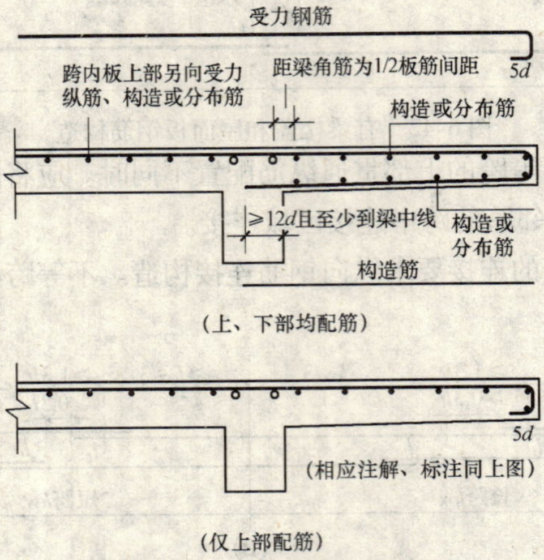

图 6-44　延伸悬挑板构造

2. 纯悬挑板构造见图 6-45。

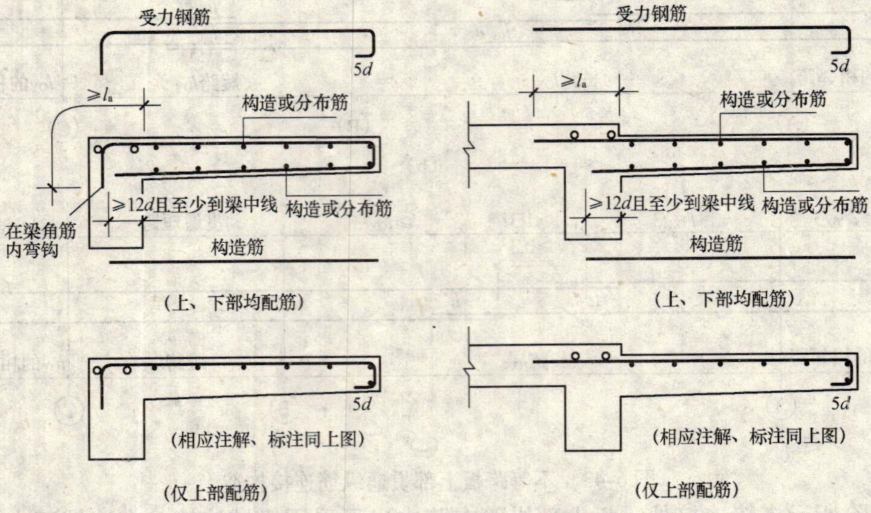

图 6-45　纯悬挑板构造

（1）位于悬挑阳角附近的延伸悬挑板，其上部受力钢筋在跨内部分须与另一向受力钢筋上下交叉，为保证悬挑阳角两边悬挑板上部受力筋的保护层等厚（均能保证受弯计算高度），在下交叉的钢筋应按同层面受力钢筋交叉构造施工。

（2）当为 HPB235 光圆钢筋时，在钢筋端点应设 180°弯钩，其平直段长度为 $3d$。

（四）柱上板带和跨中板带纵向钢筋构造

1. 柱上板带纵向钢筋构造见图 6-46。

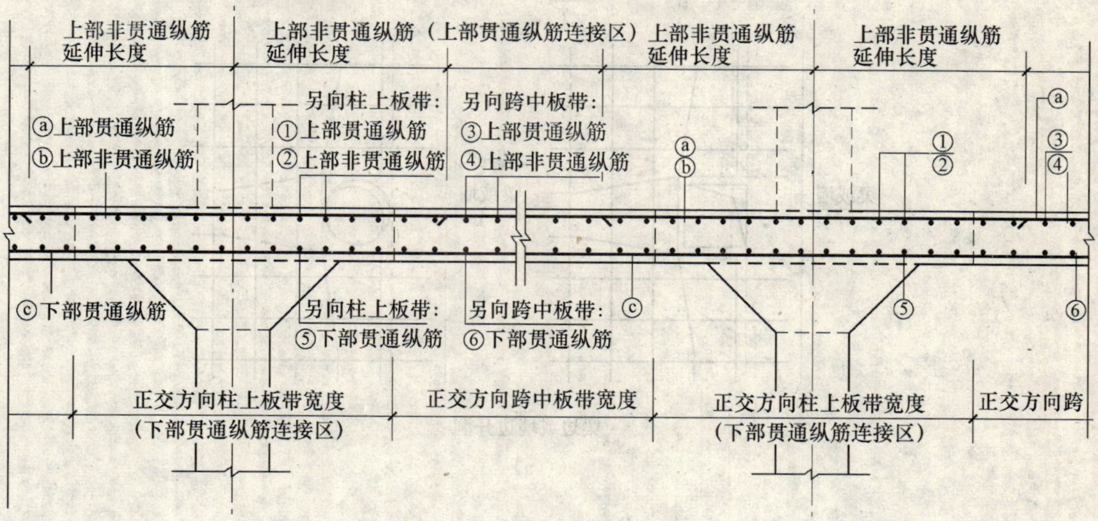

图 6-46　柱上板带纵向钢筋构造

2. 跨中板带纵向钢筋构造见图 6-47。

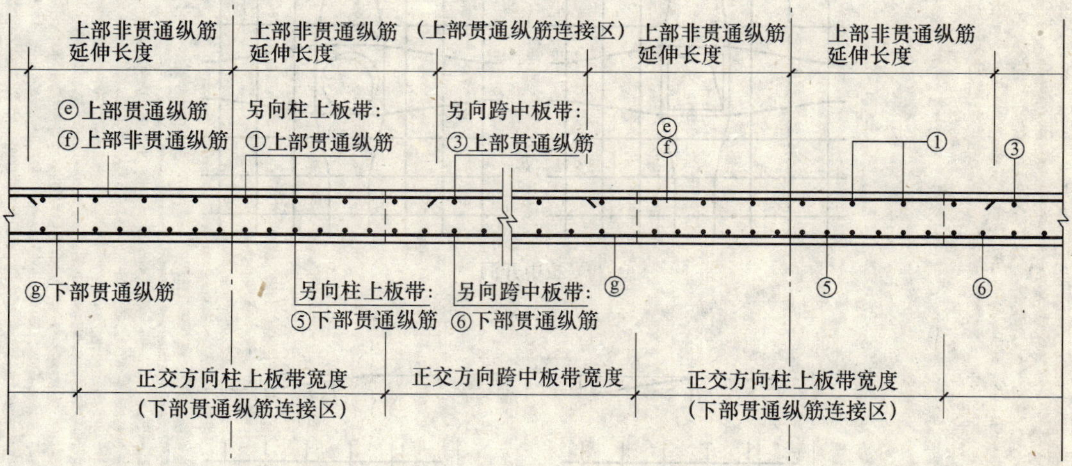

图 6-47　跨中板带纵向钢筋构造

（1）当相邻等跨或不等跨的上部贯通纵筋配置不同时。应将配置较大者越过其标注的跨数终点或起点延伸至相邻跨的跨中连接区域连接。

（2）本图构造同样适用于无柱帽的无梁楼盖。

（五）板开洞与洞边加强构造（洞口无集中荷载）

1. 矩形洞边长和圆形洞直径不大于 300mm 时，受力钢筋绕过孔洞不设补强钢筋，见图 6-48（a）、（b）、（c）。

2. 矩形洞边长和圆形洞直径大于 300mm 但不大于 1000mm 时，补强钢筋构造见图 6-49（a）、（b）。

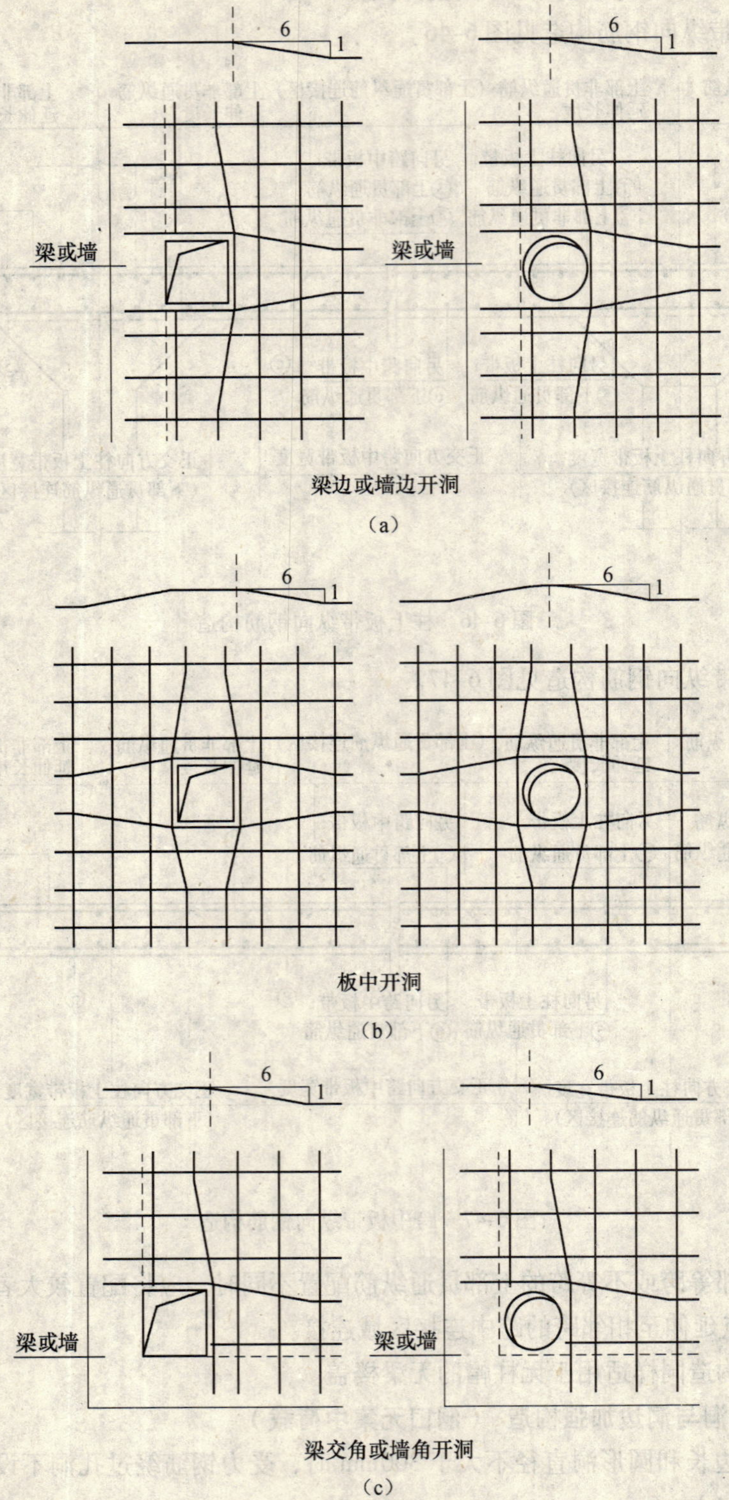

图 6-48　洞边不设补强钢筋构造

当设计未注写补强钢筋时，按每边配置两根直径不小于 12mm 且不小于同向被切断纵向钢筋总面积的 50% 补强。补强钢筋的强度等级与被切断钢筋相同，并布置在同一层面，两根补强钢筋之间的净距为 30mm。

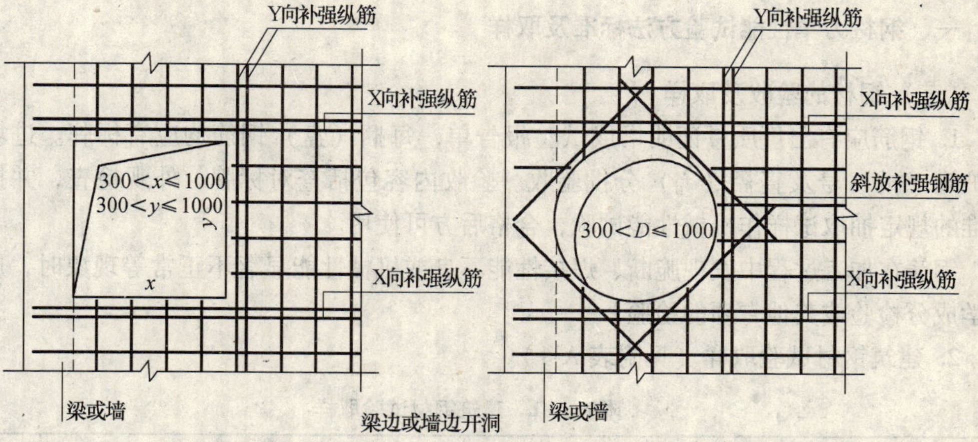

（a）

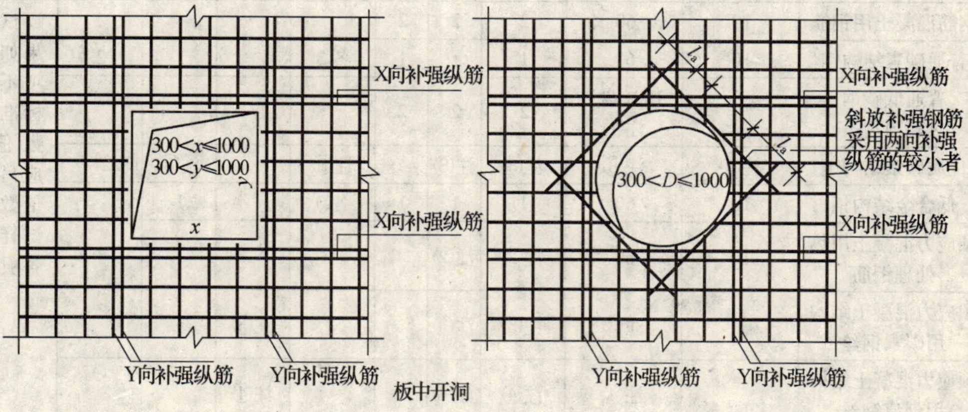

（b）

图 6-49　洞边设补强钢筋构造

附录A 钢材机械性能试验

一、钢材力学性能试验方法标准及取样

（一）钢材的验收及取样

1. 钢筋应有出厂质量证明书或试验报告单，每捆（盘）钢筋均应有标牌。进场时应按炉罐（批）号及直径（d_0）分批验收。验收内容包括查对标牌、外观检查，并按有关标准的规定抽取试样作机械性能试验，合格后方可使用。

钢筋在加工过程中发现脆断、焊接性能不良或机械性能显著不正常等现象时，应进行化学成分检验或其他专项的检验。

2. 建筑钢材试验取样（见附表A-1）。

附表A-1 建筑钢材试验取样

序号	钢材名称	每批最多炉罐号(个)不大于	钢筋验收每批量(t)不大于	抽样数(根、盘)	试验取样数量						复验取样数量
					拉力	冷弯	常、低温冲击	反复弯曲	化学分析	时效冲击	
1	钢筋混凝土用钢筋	10	60	2	2	2					试验结果如有一项不符合标准规定数值时，应另取双倍数量的试样重做各项试验
2	普通碳素结构钢	10	60	1	1	1	各3		1	2	
3	普通低碳钢热轧圆盘条		100(盘)注①	2	2	2					
4	优质碳素结构钢	注⑧	注⑧	注⑧	注⑧		注⑧		注⑧		
5	低合金结构钢	10	60	1	1	1	各3		1		
6	预应力混凝土用热处理钢筋	10	60	注②	注②						
7	预应力混凝土结构用碳素钢丝		注③	注③	注③			注③			
8	预应力混凝土结构用刻痕钢丝		注④	注④	注④			注④			
9	预应力钢筋混凝土用钢绞线		注⑤	注⑤	注⑤						
10	冷拉钢筋		20注⑥	2	2	2					
11	冷拔低碳钢丝		注⑦	注⑦	注⑦			注⑦			

注：①盘条应成批交货，每批应由同一尺寸和同一钢号组成。每批数量规定为100盘，剩余的盘数少于50盘者并入另一批，多于50盘者则另为一批。每一批中，炉罐号数量的多少不予限制。盘条表面及直径的检查，其检查盘数不限。

在每一批外观检查合格的盘条中任选两盘，每盘取一试样作冷弯或扭转试验。试样必须取自盘条尾部经检查合格的部位。当试验结果即使有一个不合格时，除将该不合格的盘报废外，并在该批盘条中另取四盘（每盘取一试样）进行复验，复验时如有一个试样的试验结果不合格，则该批盘条不得交货。但供方有权在每盘上进行取样试验。试验结果合格的各盘，即可予以验收。

②从每批预应力钢筋混凝土用热处理钢筋中选取10%的数（不少于25盘）进行拉力试验。试验结果，如有一项不合格时，该不合格盘报废，再从未试验过的钢筋中取双倍数量的试样进行复验，如仍有一项不合格；则该批定为不合格品。

③预应力混凝土结构碳素钢丝外观和尺寸应逐盘检查。从每批外观和尺寸检查合格的钢丝中任意选取10%的盘数，但不少于15盘，由每盘钢丝两端各取一套试样进行抗拉强度、弯曲和伸长率的试验。屈服强度按2%盘，但不得少于3盘检验。检验结果即使有任一项不合格时，该不合格盘报废，再从未检验过的钢丝中取两倍数量的试样进行不合格项目复验。复验结果即使有一个试样不合格时，则该批钢丝报废。

④从外表、尺寸检查合格的每批刻痕钢丝中，任意选取10%盘，但不少于15盘，由每盘两端各取一个试样进行抗拉强度、弯曲和伸长率的试验。屈服强度按2%抽验，但不得少于3盘。检验结果，即使有一个试样不合格，除将不合格的该盘报废外。应从未检验过的钢丝中，取双倍数量的试样进行不合格项目复验，复验结果即使有一个试样不合格，则该批钢丝报废。

⑤每盘钢绞线均应检查外观和直径。经检查合格的钢绞线，每10t内任选15%（盘），但不少于10盘，自每盘任一端截取一个试样作机械性能试验，如批量不足10盘，则逐盘作机械性能试验。钢绞线实际破断拉力之测定，采用整根钢绞线作破断拉力试验，或作全部钢丝拉力之和。在进行拉力试验时，拉力试验机负荷能力不应大于钢绞线或钢丝破断拉力的5倍。伸长率的测定，按双方协议的办法进行。

⑥冷拉钢筋应分批进行验收，每批由不大于20t的同级别、同直径冷拉钢筋组成；钢筋表面不得有裂纹和局部缩颈。作预应力筋时，应逐根检查；从每批冷拉钢筋中抽取两根钢筋，每根取两个试样分别进行拉力和冷弯试验，如有一项试验结果不符合规定时，应另取双倍数量的试样重做各项试验；如仍有一个试样不合格，则该批冷拉钢筋为不合格品。

计算冷拉钢筋的屈服点和抗拉强度，应采用冷拉前的截面面积；拉力试验包括屈服点、抗拉强度和伸长率三个指标。

⑦冷拔低碳钢丝逐盘检查外观，钢丝表面不得有裂纹、机械损伤；甲级钢丝的机械性能应逐盘检验，从每盘钢丝上的任一端截取两个试样，分别做拉力和反复弯曲试验。并按其抗拉强度确定该盘钢丝的组别；乙级钢丝的机械性能可分批抽样检验，以同一直径的钢丝5t为一批，从中选取3盘，每盘各截取2根试样，分别作拉力和反复弯曲试验。如有一个试样不合格，应在未取过试样的钢丝盘中，另取双倍数量的试样，再做全部各项试验；如仍有一根试样不合格，则该批钢丝应逐盘试验，合格者方可使用。冷拔低碳钢丝的拉力试验包括抗拉强度和伸长率两个指标。

⑧钢材应成批交货，系由同一炉罐号、同一尺寸与同一热处理制度的钢材组成一批。为检验钢的质量，由每批选出下列数目试样进行试验：化学分析每炉罐一个、机械性能及冲击韧性每批各二个、硬度每批2%，但不少于三个。

试样数目在二个和二个以上时，应在不同根的钢材上分别选取。

（二）样坯的切取

1. 样坯应在外观及尺寸合格的钢材上切取。

2. 切取样坯时，应防止因受热、加工硬化及变形而影响其力学及工艺性能。

（1）用烧割法切取样坯时，从样坯切割线至试样边缘必须留有足够的加工余量，一般应不小于钢材的厚度或直径，但最小不得少于20mm。对厚度或直径大于60mm的钢材，其加工余量可根据双方协议适当减小。

（2）冷剪样坯所留的加工余量可按附表A-2选取。

附表 A-2　冷剪样坯所留的加工余量

厚度或直径（mm）	加工余量（mm）
≤4	4
>4～10	厚度或直径
>10～20	10
>20～35	15
>35	20

（三）样坯切取位置及方向

1. 对截面尺寸（附图 A-1 中的 D 和 a）小于或等于 60mm 的圆钢、方钢和六角钢，应在中心切取拉力及冲击样坯；截面尺寸大于 60mm 时，则在直径或对角线距外端四分之一处切取（如附图 A-1 所示）。

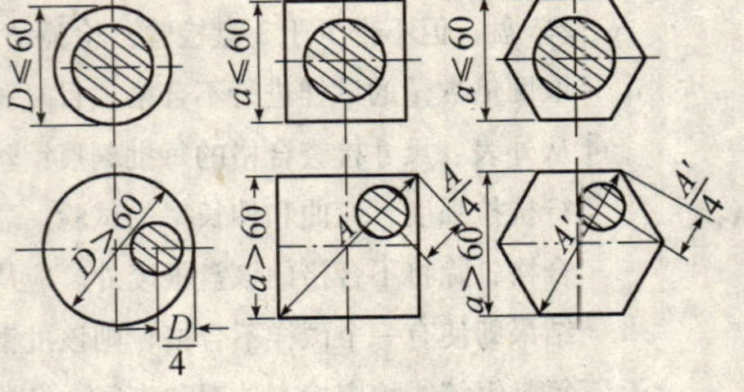

附图 A-1　样坯切取位置

2. 样坯不需热处理时，截面尺寸小于或等于 40mm 的圆钢、方钢和六角钢，应使用全截面进行拉力试验。当试验机条件不能满足要求时，应加工成相应的圆形比例试样。

3. 样坯需要热处理时，应按有关产品标准规定的尺寸，从圆钢、方钢和六角钢上切取。

4. 应从圆钢和方钢端部沿轧制方向切取弯曲样坯，截面尺寸小于或等于 35mm 时，应以钢材全截面进行试验。截面尺寸大于 35mm 时，圆钢应加工成直径 25mm 的圆形试样，并应保留宽度不大于 5mm 的表面层；方钢应加工成厚度为 20mm 并保留一个表面层的矩形试样，如附图 A-2 所示。

5. 应从工字钢和槽钢腰高四分之一处沿轧制方向切取矩形拉力、弯曲和冲击样坯。拉力、弯曲试样的厚度应是钢材厚度，如附图 A-3 所示。

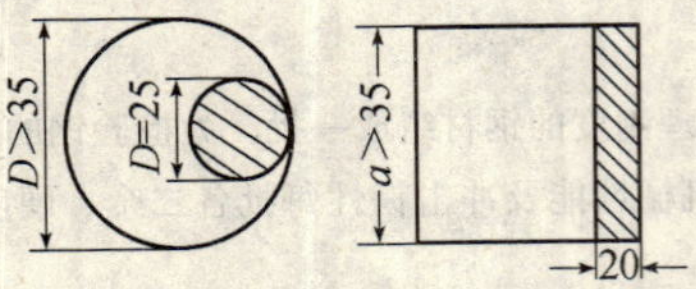

附图 A-2　从钢材端部沿轧制方向切取弯曲样坯

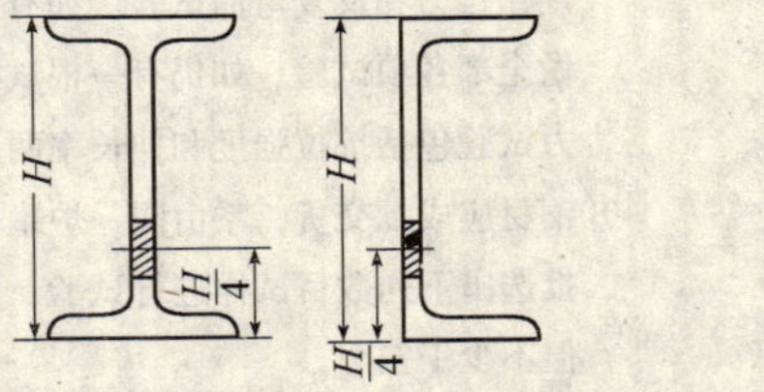

附图 A-3　工字钢和槽钢沿轧制方向取样位置

6. 应从角钢和乙字钢腿长以及 T 形钢腰高三分之一处切取矩形拉力、弯曲和冲击样坯，如附图 A-4 所示。

7. 应从扁钢端部沿轧制方向在距边缘为宽度三分之一处切取拉力、弯曲和冲击样坯，如附图 A-5 所示。

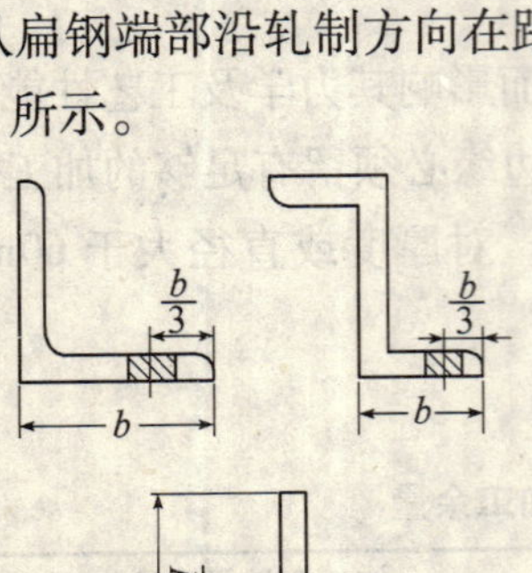

附图 A-4　角钢、乙字钢、T 形钢取样位置

附图 A-5　扁钢取样位置

8. 型钢尺寸如不能满足上述要求时，可使样坯中心线向中部移动或以其全截面进行

试验。

9. 应在钢板端部垂直于轧制方向切取拉力、冲击及弯曲样坯。对纵轧钢板，应在距边缘为板宽四分之一处切取样坯（如附图 A-6 所示）。对横轧钢板，则可在宽度的任意位置切取样坯。

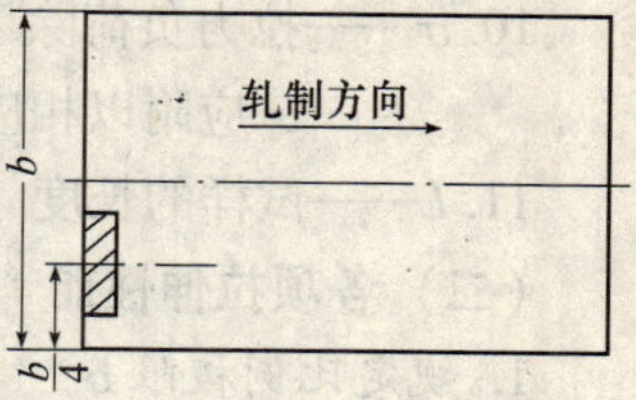

附图 A-6　钢板取样的位置

10. 从厚度小于或等于 25mm 的钢板及扁钢上取下的样坯应加工成保留原表面层的矩形拉力试样。当试验机条件不能满足要求时，应加工成保留一个表面层的矩形试样。厚度大于 25mm 时，应根据钢材厚度，加工成相应的圆形比例试样，试样中心线应尽可能接近钢材表面，即在头部保留不大显著的氧化皮。

11. 在钢板、扁钢及工字钢、槽钢、角钢、乙字钢、T 字钢上切取冲击样坯时，应在一侧保留表面层，冲击试样缺口轴线应垂直于该表面层（如附图 A-7 所示）。

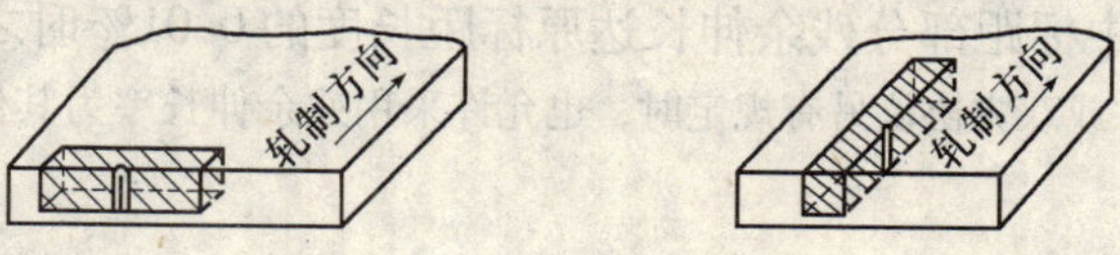

附图 A-7　各种型钢切取冲击样坯的位置

12. 测定应变、时效、冲击韧性时，切取样坯的位置应与一般冲击样坯位置相同。

13. 钢板及扁钢厚度小于或等于 30mm 时，弯曲样坯厚度应为钢材厚度；大于 30mm 时，样坯应加工成厚度为 20mm 的试样，并保留一个表面层。

14. 钢带样坯应从每卷的外端或内端切取。

15. 盘条、钢丝样坯应从每盘的两端切取。

二、钢材拉力试验

抗拉性能是钢材的重要性能。由拉力试验所测得的屈服点、抗拉强度和伸长率是钢材的重要技术指标，是作评定钢材质量是否合格的一个试验项目。

（一）常用主要符号及定义

1. l——试样两头部或两夹持部分（不带头试样）间的平行部分长度（mm）。

2. l_0 和 l_1——试样原标距长度和拉断后标距部分长度（mm）。

3. l_e——引伸计两夹持刀口间的基础长度（mm）。

4. d_0 和 d_1——圆形试样标距部分原始和拉断后（缩颈处）的直径（mm）。

5. a_0 和 a_1——板状试样标距部分原始和拉断后（缩颈处）的厚度（mm）。

6. b_0 和 b_1——板状试样标距部分原始和拉断后（缩颈处）的宽度（mm）。

7. F_0 和 F_1——试样标距部分原始和拉断后（缩颈处）的最小横截面积（mm^2）。

8. r——规定残余伸长率，即试样受规定拉力负荷并卸除后，标距部分残余伸长与原标距长度的百分比，如 0.01%、0.2% 等。

9. P——作用于试样上的轴向拉力负荷（kN），在试验记录或报告，P 应附以所求应力的角注，如P_p、$P_{0.01}$、$P_{0.2}$、P_s、P_b等。

10. σ——拉力负荷除以试样原横截面积所得的应力（MPa），在试验记录或报告中，σ应附以相应的角注，如σ_p、$\sigma_{0.01}$、$\sigma_{0.2}$、σ_s、σ_b等。

11. L——试样的长度（mm）。

（二）各项拉伸性能

1. 规定比例极限σ_p

试样拉伸到拉伸曲线上的一定负荷P_p点时，负荷与伸长间已不成直线关系而产生规定程度的偏差，即通过该点的切线与负荷轴间夹角的正切值已较其在弹性直线部分之值增加50%，此点对应之应力即为所试材料的规定比例极限。

注：如有关技术条件或双方协议另有规定时，也允许采用上述切线与负荷轴间夹角正切值增量为25%或10%的负荷所对应之应力作为规定比例极限，并分别以σ_{p25}或σ_{p10}表示之。

2. 规定残余伸长应力$\sigma_{0.01}$

试样在拉伸过程中标距部分残余伸长达原标距长度的0.01%时之应力。

注：如有关技术条件或双方协议另有规定时，也允许采用残余伸长率为其他数值时之应力作为规定残余伸长应力。

3. 屈服强度$\sigma_{0.2}$

试样在拉伸过程中标距部分残余伸长达原标距长度的0.2%时之应力。

4. 屈服点σ_s

试样在拉伸过程中负荷不增加或开始下降而仍能继续伸长时的恒定最大或首次下降的最小负荷所对应之应力即分别为材料的屈服点、上屈服点σ_{su}或下屈服点σ_{sl}。当材料具有上、下屈服点时，应测其下屈服点并仅以σ_s表示之。

对于拉伸曲线呈明显屈服现象的材料，应测其屈服点或下屈服点；对拉伸曲线无明显屈服现象者，则必须测其屈服强度。

5. 抗拉强度σ_b

试样拉断前的最大负荷所对应之应力。

6. 伸长率δ

试样拉断后标距长度的增量与原标距长度的百分比。

7. 断面收缩率ψ

试样拉断后缩颈处横截面积的最大缩减量与原横截面积的百分比。

（三）试样的形状及尺寸

1. 拉力试样分为比例的和非比例的两种。比例试样系按公式$l_0 = K\sqrt{F_0}$计算而得的试样，式中系数K通常为5.65和11.3，前者称为短试样，后者称为长试样。据此，短、长圆形试样的标距长度l_0分别等于$5d_0$和$10d$。

非比例试样的标距长度与其原横截面间无上述一定关系，而是根据制品（薄板、薄带、细管、细线、小截面型材和异型材、周期截面型材等）的尺寸和材质给以规定的平行长度和标距长度。定标距拉力试样大多是不经切削加工的整拉材料。

2. 试样平行长度l：圆形试样不小于$l_0 + d_0$，板状试样不小$l_0 + \frac{b_0}{2}$。仲裁试验时，平

行长度 l：圆形试样为 l_0+2d_0，板状试样为 l_0+b。

3. 钢筋试样的长度（L）：拉力试样为 $5d_0+200$mm 或 $10d_0+200$mm。拉力试样的长度与试验机上、下夹头间的最小距离和夹头的长度有关，可灵活掌握。

4. 试样一般应不经切削加工进行拉力试验。如受拉力机吨位的限制，直径为 22～40mm的钢筋可进行切削加工，制成直径 d_0（标距部分直径）为 20mm 的标准试样，进行拉力试验。

5. 对不经切削加工的整拉线材，采用 l_0 为 100mm 或 200mm 的定标距试样，后者适用于伸长率较小的线材。但有特殊要求时，对较粗线材也可采用 $l_0=11.3\sqrt{F_0}$的比例试样。当 l_0 为 100mm 时，试样总长度 L 应能使两夹具间距不小于 150mm。

6. 预应力冷拉钢丝标距 $l_0=100$mm。

7. 试样有下列缺陷之一者不允许用于试验：

（1）不符合标准所规定的各项要求。

（2）表面有显著横向刀痕或机械损伤。

（3）有明显变形或淬火裂纹。

（4）表面有肉眼可见的冶金缺陷。

（四）拉力试验的标准试样

1. 圆形试样的直径通常为 3～25mm，其各部分允许偏差及表面加工光洁度应符合附表 A-3 和附图 A-8 的规定。对钢筋一般采用直径 d_0 为 10mm 的短、长比例试样。

附表 A-3　圆形试样的允许偏差

试样直径 d_0（mm）	试样标距部分直径 d_0 的允许偏差（mm）	试样标距长度内最大与最小直径的允许差值（mm）
<5	±0.05	0.01
5～<10	±0.1	0.02
≥10	±0.2	0.05

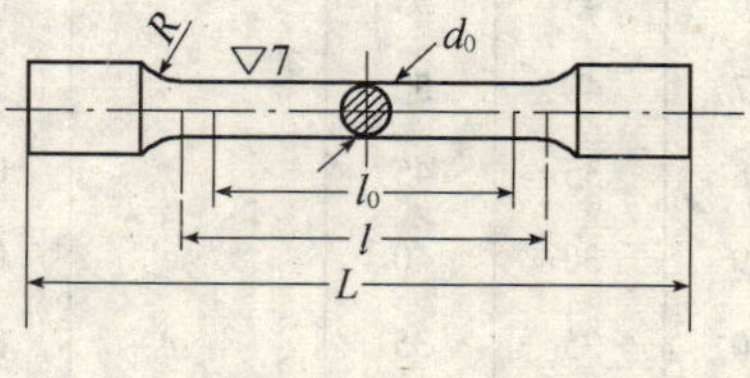

附图 A-8　圆形试样

2. 板状试样的宽度，根据制品厚度采用 10mm、15mm、20mm 和 30mm 四种。对钢材按附表 A-4 的规定执行。板状试样采用短、长比例两种。对厚度小于 0.5mm 的薄板、带，亦可采用规定的宽度 b_0 及标距长度 l_0。试样各部分尺寸的允许偏差及侧面加工光洁度应符合附表 A-5 和附图 A-9 的规定。

附表 A-4　钢材试样的尺寸

一般尺寸			短试样 $l_0=5.65\sqrt{F_0}$				长试样 $l_0=11.3\sqrt{F_0}$			
a_0	b_0	h	试样号数	l_0	l	L	试样号数	l_0	l	L
25	30	100	33	155	170		033	310	325	
24	30	100	34	150	165		034	300	315	
23	30	90	35	150	165		035	300	315	
22	30	90	36	145	160		036	290	305	
21	30	80	37	140	155		037	280	295	
20	30	80	38	140	155		038	280	295	
19	30	80	39	135	150		039	270	285	
18	30	80	40	130	145		040	260	275	
17	30	80	41	130	145		041	260	275	
16	30	80	42	125	140		042	250	265	
15	30	70	43	120	135		043	240	255	
14	30	70	44	115	130		044	230	245	
13	30	70	45	110	125		045	220	235	
12	30	60	46	105	120	$L=l+2h+2h_1$	046	210	225	$L=l+2h+2h_1$
11	30	60	47	105	120		047	210	225	
10	30	60	48	100	115		048	200	215	
9	30	50	49	95	110		049	190	205	
8	30	50	50	90	105		050	180	195	
7	30	50	51	80	95		051	160	175	
6	30	50	52	75	90		052	150	165	
5	30	50	53	70	85		053	140	155	
4	20	40	54	50	60		054	100	110	
3.5	20	40	55	45	55		055	90	100	
3	20	40	56	45	55		056	90	100	
2.5	20	40	57	40	50		057	80	90	
2	20	40	58	35	45		058	70	80	
1.5	20	40	59	30	40		059	60	70	
1	20	40	60	25	35		060	50	60	
0.5	20	40	61	20	30		061	40	50	

注：1. 对介于两个厚度之间的试样，应选用接近的试样的标距长度，如正好等于两个试样的平均厚度时，应采用较厚试样的标距长度。

2. 带头板状试样头部宽度 B 规定为平行部分宽度 b_0 加 10mm。由头部过渡到平行部分的圆弧半径，根据制备试样所用铣刀直径而定，通常可为 25～40mm。此时 h_1 相应为 15～20mm。

3. 允许将不同厚度的试样分组加工，此时采用该组最厚试样的规定长度作为共用的长度，但每组中最大与最小规定长度之差应不超过 25mm。

附表 A-5　板状试样各部分尺寸允许偏差

板状试样宽度 b_0 (mm)	试样标距部分宽度 b_0 的允许偏差 (mm)	试样标距长度内最大与最小宽度的允许差值 (mm)
10 15	±0.2	0.1
20 30	±0.5	0.2

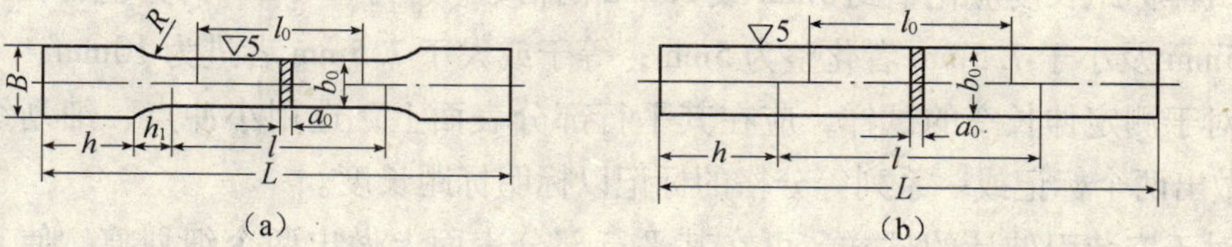

附图 A-9　板状试样

(a) 板状带头试样；(b) 板状不带头试样

板状试样分带头和不带头两种。带头试样两头部轴线与标距部分轴线间的偏差不大于 0.5mm。仲裁试验时采用带头试样。

对于切削加工圆形及板状试样，平行部分到头部的过渡必须缓和，其圆弧半径 R 的大小可按试样材质与切削加工工艺而定。头部的形状及尺寸按试样大小、材料特点、试验目的以及试验机夹具的结构自行设计。

（五）试样尺寸测定

1. 圆形、板状试样的截面尺寸（直径、厚度及宽度）应在其标距长度的两端及中间予以测量。圆截面直径应在每处两个相互垂直的方向上各测一次，取其算术平均值，选用三处截面积中的最小者。

2. 试样截面尺寸的测量精度应满足附表 A-6 的要求。

附表 A-6　试样截面尺寸的测量精度

试样截面尺寸范围 (mm)	最低测量精度 (mm)
0.2~0.5	0.002
>0.5~10.0	0.01
>10.0	0.05

注：试样尺寸大于 0.5mm 到 10mm 时，试验后尺寸的测量精度可放宽到 0.02mm。

3. 等截面不加工整拉试样的横截面积可采用质量法按下式计算：

$$F_0 = \frac{W}{\gamma \cdot L} \cdot 1000\text{mm}^2$$

式中　W——试样的质量 (g)，测量精度达 0.5%；

γ——所试材料的密度 (g/cm^3)，取三位有效数字；

L——试样的总长度 (mm)，测量精度达 0.1mm。

整拉圆线、圆管试样可按第 1 条分别实测其直径、外径及壁厚求得横截面积。如有关技术条件或协议另有规定，也允许采用上述制品的公称尺寸计算横截面积。

（六）试样横截面积数值化整

面积小于 $10mm^2$ 时，化整到小数后第二位；等于和大于 $10m^2$ 到小于 $100mm^2$ 时，化整到小数后一位；等于和大于 $100mm^2$ 时，化整到个位数。所需位数以后的数字按四舍六入五单双法处理。

（七）试样标距长度及引伸计基础长度的标记

1. 试样标距长度应化整到5mm或10mm的倍数。小于2.5mm的数值舍去之；等于或大于2.5mm及小于7.5mm者化整为5mm；等于或大于7.5mm者进为10mm。

2. 对于测定伸长率的试样，应在其平行部分表面上，选用小冲点、细划线或有颜色的记号做出两个标记或一系列等分格的标记以标明标距长度。

3. 对于安装引伸计的试样，可在其平行部分表面上做出两个细划痕，使其间距等于引伸计的基础长度。

4. 试验前后试样标距长度或引伸计基础长度的标记及测量均应精确到0.1mm。

（八）试验条件

1. 试验速度

试样拉伸速度可根据试验机特点及试样材质、尺寸及试验目的来确定，但需保证所测性能的准确性。除有关技术条件或双方协议有特殊要求外，拉伸速度规定为：

（1）屈服前，应力增加速度为10MPa/s。

注：在不影响试样性能的情况下，生产检验允许采用10~30MPa/s的应力增加速度。

（2）屈服后，试验机活动夹头在负荷下的移动速度为不大于0.5l/min。

对不需测定屈服性能的材料，则在全部拉伸过程中均可按（2）中规定的速度进行，但必须平稳而无冲击地施荷。

2. 试验温度

试验应在20±10℃的温度下进行。如试验温度超出这一范围，应在试验记录和报告中予以注明。

（九）试验仪器

1. 各种类型拉力试验机均可使用，但必须满足相应标准或技术条件的规定。试验机应符合下列基本要求：

（1）测力示值误差不大于±1%。

（2）在规定负荷下停止施荷时，试验机操作应能精确到测力度盘上的一个最小分格，负荷示值应能保持不少于30s。

（3）负荷指示灵敏。

（4）试验机及其夹持装置应保证试样轴向受力。

（5）加、卸荷平稳。

（6）试验机应备有调速指示装置，试验时能在标准规定的速度范围内灵活调节。

（7）试验机应备有记录装置，能满足标准用绘图法测定强度特性的要求，负荷坐标轴每1mm所代表的应力不大于10MPa。

2. 各种类型引伸计均可用于测定试样的伸长。测定规定比例极限、规定残余伸长应力及屈服强度时，其刻度尺每分格值应分别为不大于0.002mm、0.001mm及0.02mm。

3. 根据试样尺寸测量精度的要求选用相应精度的任一种量具或仪器，如游标卡尺、螺旋千分尺或精度更高的测微仪。

4. 试验机、引伸计及测量工具或仪器必须由计量部门定期检定。

（十）性能测定

1. 屈服点的测定

对有明显屈服现象的材料，其屈服点可借助于试验机测力度盘的指针或拉伸曲线来确定。

（1）指针法：当测力度盘的指针停止转动的恒定负荷或第一次回转的最小负荷即为所求屈服点负荷 P_s。

（2）图示法：在拉伸曲线上找出屈服平台的恒定负荷附图 A-10（a）或第一次下降的最小负荷附图 A-10（b）即为所求屈服点负荷 P_s。

（3）屈服点按下式计算：

$$\sigma_s = \frac{P_s}{F_0}(\mathrm{MPa})$$

式中　P_s——试样到达屈服平台时最大或最小荷载（N）；

F_0——试样原截面积（mm^2）。

2. 屈服强度的测定

对拉伸曲线无明显屈服现象的材料（附图 A-11）则必须测定其屈服强度。

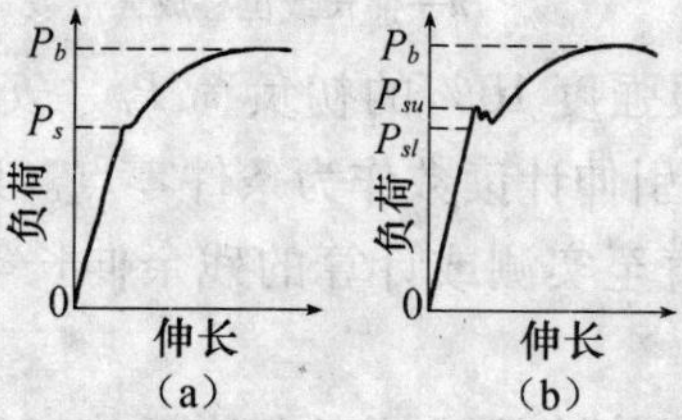

（a）　　（b）

附图 A-10　拉伸曲线上屈服平台

（a）恒定负荷；（b）第一次下降的最小负荷

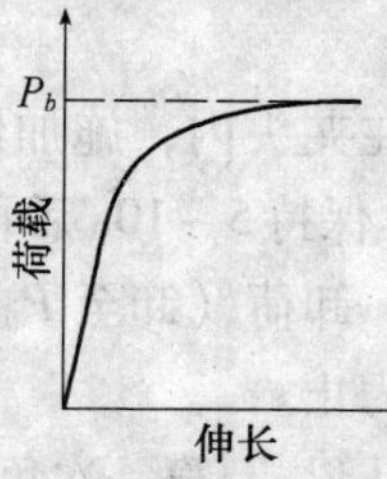

附图 A-11　无屈服平台的应力应变曲线

屈服强度 $\sigma_{0.2}$——试样在拉伸过程中标距部分残余伸长达到原标距长度的0.2%时之应力。

屈服强度可用图解法或引伸计法测定。

（1）图解法

1）试样制备：同抗拉强度的测定。

2）仪器设备：同抗拉强度的测定。

3）试验步骤

①将制备好的试样安装于夹头中，试样标距部分不得夹入钳口中，试样被夹长部分不小于钳口的三分之二。

②试样被夹紧后，并把自动绘图装置或电子引伸计调整好，处于工作状态。然后向试

样连续均匀而无冲击地施加荷载。此时自动记录装置或电子引伸计绘出拉伸曲线。达到规定的要求时停止试验，卸去试样关闭机器。

4）计算与评定

①在自动记录装置（配合电子引伸计）绘出的或根据在荷载下活动夹头移动距离；或根据从测力度盘与示值引伸计读得的荷载与伸长值而绘出的拉伸曲线［附图 A-12（a）负荷—伸长］或［附图 A-12（b）负荷—夹头位移］上，自初始弹性直线段与横坐标轴的交点 O 起截取一等于规定残余伸长的距离 OD，再从 D 点作平行于弹性直线段的 DB 线交拉伸曲线于 B 点，对应于此点的荷载即为所求规定残余伸长应力荷载 $P_{0.2}$。此时对于上述两种曲线应分别在引伸计基础长度 l_e 及试样平行长度 l 上求得规定残余伸长。前一种曲线的伸长放大倍数应不低于 50 倍，后者的夹头位移放大倍数可适当放低。而荷载坐标轴每 1mm 所代表的应力不大于 10MPa。

②屈服强度 $\sigma_{0.2}$ 按下式计算：

$$\sigma_{0.2}=\frac{P_{0.2}}{F_0}$$

式中　$P_{0.2}$——屈服强度的荷载（N）；

F_0——试样标距原横截面积（mm^2）；

$\sigma_{0.2}$——条件屈服强度（MPa）。

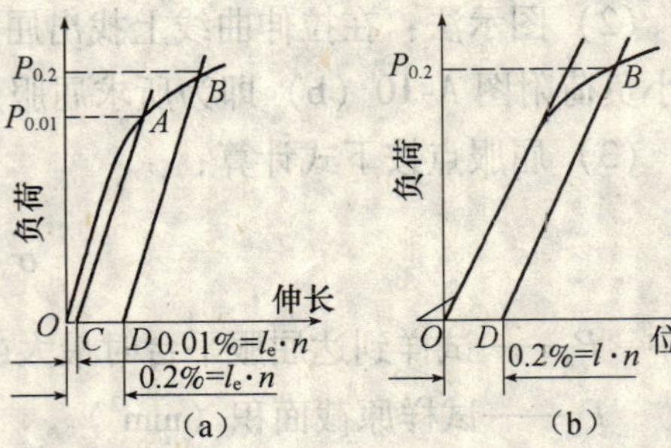

附图 A-12　拉伸曲线

（a）负荷—伸长；（b）负荷—夹头位移

n—伸长或位移放大倍数

（2）引伸计法

1）试样制备：同抗拉强度。

2）仪器设备：同抗拉强度。

3）试验步骤

将试样固定在夹头内，施加约相当于预期屈服强度 10% 的初负荷 P_0，安装引伸计。继续施荷至 $2P_0$，保持 5～10s 后再卸荷至 P_0，记下引伸计读数作为条件零点。以后按如下两种方法往复加、卸荷（卸至 P_0）或连续施荷，直至实测或计算的残余伸长等于或大于规定残余伸长值为止。

①卸荷法：从 P_0 起第一次负荷加至使试样在引伸计基础长度内的部分产生的总伸长为 $0.2\% \cdot l_e \cdot n+(1\sim2)$ 分格。式中第一项为规定残余伸长，第二项为弹性伸长。在引伸计上读出首次卸荷至 P_0 时的残余伸长。以后每次加荷应使试样产生的总伸长为：前一次总伸长加上规定残余伸长与该次残余伸长（卸荷至 P_0）之差，再加上 1～2 分格的弹性伸长增量。

在检验中，如掌握试验材料的屈服强度所对应之总伸长的大致范围，则可使第一次加荷的总伸长接近预计值，以便迅速求得 $P_{0.2}$。

②直接加荷法：从 P_0 起按测定 σ_P 所述方法等级施荷，求出弹性直线段相应于小等级负荷的平均伸长增量，由此计算出偏离直线段后的各级负荷的弹性伸长。从总伸长中减去弹性伸长即为残余伸长。

4）屈服强度按下式计算：

$$\sigma_{0.2}=\frac{P_{0.2}}{F_0}$$

式中　$P_{0.2}$——试样在拉伸过程中标距部分残余伸长达到原标距长度的 0.2% 时之荷载（N）；

F_0——试样标距部分原始的最小横截面积（mm^2）。

3. 抗拉强度的测定

向试样连续施荷直至拉断，由测力度盘或拉伸曲线上读出最大负荷 P_b，并按下式计算抗拉强度：

$$\sigma_b = \frac{P_b}{F_0}$$

式中　P_b——试样拉断后最大荷载值（N）；

F_0——试样原横截面积（mm^2）；

σ_b——抗拉强度（MPa）。

4. 伸长率的测定

（1）断后标距部分长度 l_1 的测量

将试样拉断后的两段在拉断处紧密对接起来，尽量使其轴线位于一条线上。如拉断处由于各种原因形成缝隙，则此缝隙应计入试样拉断后的标距部分长度内。l_1 用下述方法之一测定。

1）直测法

如拉断处到邻近标距端点的距离大于 $\frac{1}{3}l_0$ 时，可直接测量两端点间的距离。

2）移位法

如拉断处到邻近的标距端点的距离小于或等于 $\frac{1}{3}l_0$ 时，则可按下面方法确定 l_1。

在长段上从拉断处 O 取基本等于短段格数，得 B 点，接着取等于长段所余格数〔偶数，附图 A-13（a）〕之半，得 C 点；或者取所余格数〔奇数，附图 A-13（b）〕减 1 与加 1 之半，得 C 与 C_1 点。移位后的 l_1 分别为 $AO + OB + 2BC$ 或者 $AO + OB + BC + BC_1$。

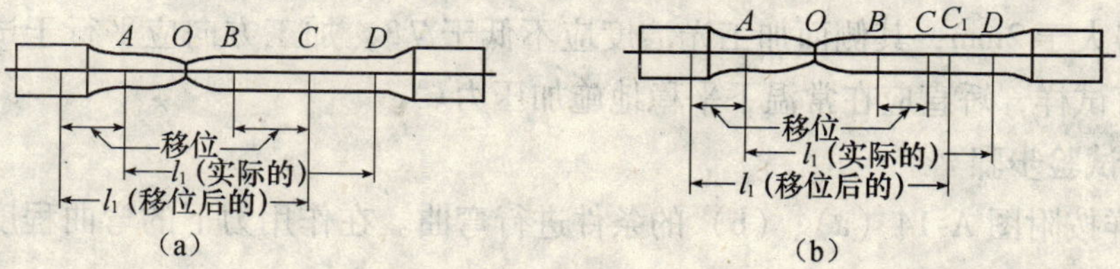

附图 A-13　伸长率断后标距部分长度用移位法确定 l_1

（a）长段所余格数为偶数；（b）长段所余格数为奇数

注：试样拉断于移位法所述位置，但如用直测法求得的伸长率能达到技术条件之规定值，则可不采用移位法。

（2）伸长率的计算

伸长率 δ 是试样在拉断后，其标距部分所增加的长度与原标距长度的百分比。

伸长率 δ 按下式计算：

$$\delta = \frac{l_1 - l_0}{l_0} \times 100\%$$

式中 l_0——试样原标距长度（mm）；

l_1——试样拉断后标距长度（mm）。

短、长比例试样的伸长率分别以 δ_5、δ_{10}表示。定标距试样的伸长率应附以该标距长度数值的角注，如 $l_0=100$mm 或 200mm，则伸长率分别以 δ_{100}或 δ_{200}表示之。

三、金属弯曲试验

本试验方法用以检验金属承受规定弯曲程度的弯曲变形性能，并显示其缺陷。

（一）试样的尺寸和形状

1. 材料为各种尺寸的板材、各种尺寸的型材（角形、槽形等）、宽度等于或大于100mm 的带材（矩形截面）时，试样的厚度 a 应等于原来材料的厚度（即保留表面层），试样的宽度 $b=2a\pm2$mm，但不得小于 10mm，试样的长度 $L\approx5a+150$mm。

2. 材料为宽度小于 100mm 的带材（矩形截面）及条材（圆形、方形等）时，试样的横截面应等于原来材料的横截面，试样的长度 $L\approx5a+150$mm（式中 a 为试样的厚度或直径）。

3. 对厚度大于 30mm 的板材或扁材以及厚度大于 35mm 的型材或异型材料，采用厚度为 20mm，宽度不小于 30mm 的板状试样；对直径大于 35mm 的条材，应制成 25mm 的圆形试样，但有关标准另有规定时，则按规定执行。加工时在试样的一面或一侧必须保留原轧制面，试验时该面应是弯曲外面。

（二）样坯和试样的制备

1. 用于制作试样的样坯，通常可用任何方法由板材的边缘及带材或条材的端部切取。必要时也可用气割法，但此时切割线必须距制成试样的边缘有一定距离，该距离不得小于原来材料的厚度，但在任何情况下不得小于 20mm。在试样中央三分之一的一段内，不允许有錾子、冲子及中心锥等工具所造成的任何伤痕以及由于锤击所造成的压痕。

2. 试样应在常温下用锯、铣、刨或车的方法制备。板状试样的尖锐棱边应锉圆，但圆半径不得大于 2mm，其侧面加工光洁度应不低于 ∇3，加工方向应平行于试样纵轴。必要时可矫直试样，矫直应在常温下平稳地施加压力。

（三）试验步骤

1. 试样按附图 A-14（a）、（b）的条件进行弯曲。在作用力下的弯曲程度可分为下列三种类型。

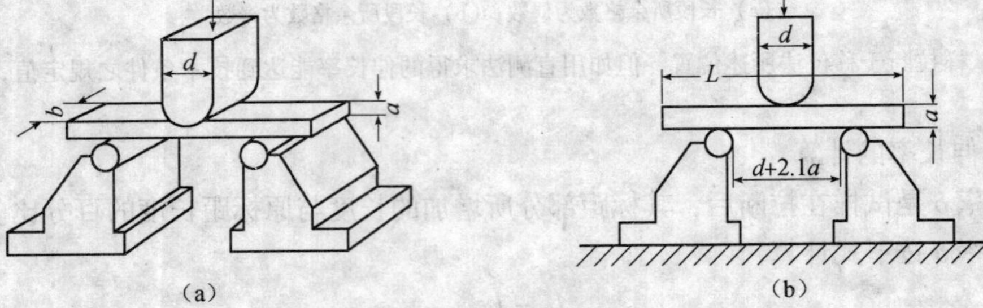

附图 A-14　金属弯曲试验示意图

（1）达到某规定角度（α）的弯曲，如附图 A-15 所示。

（2）绕着弯心弯到两面平行的弯曲，如附图 A-16 所示。

此时弯心直径（d）必须符合有关标准的规定，其长度必须大于试样的宽度。两支持辊间的距离应约等于 $d+2.1a$［附图 A-14（b）］。

（3）弯到两面接触的重合弯曲，如附图 A-17 所示。

上述任一类型的弯曲，必须在有关标准中规定。

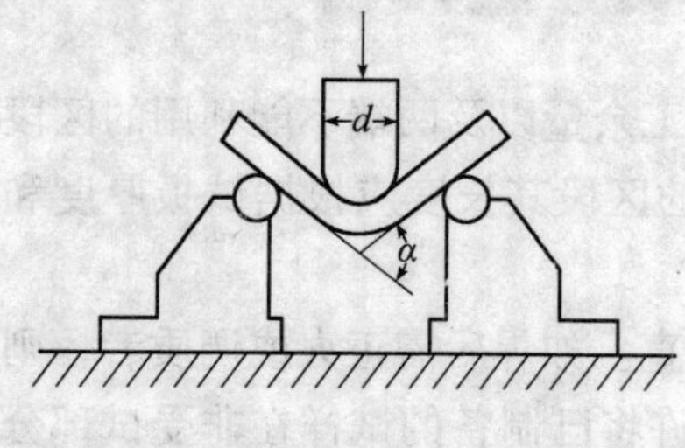

附图 A-15　达到角度 α 的弯曲

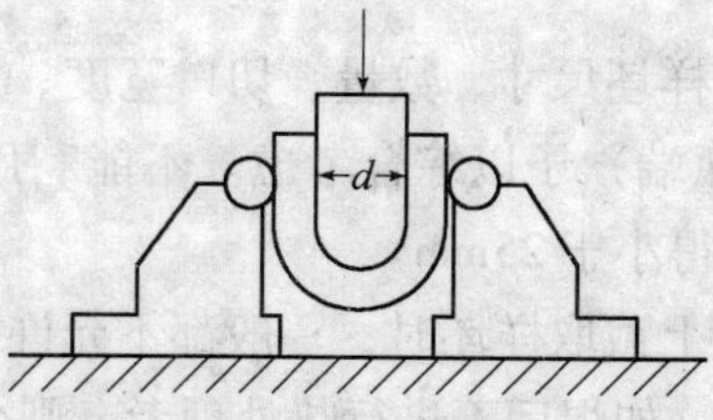

附图 A-16　两面平行的弯曲

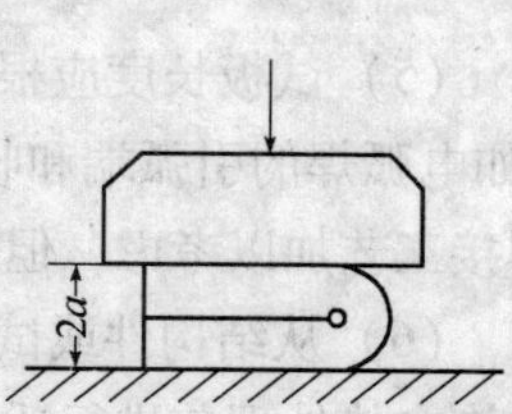

附图 A-17　两面重合弯曲

2. 弯曲试验可用压力机、特殊试验机、万能试验机或圆口老虎钳等设备进行。试验过程中应平稳地对试样施加压力。

3. 重合弯曲时，应先将试样弯曲到附图 A-15 或附图 A-16 的形状（建议弯心直径 $d\approx a$）；然后在两平行面间继续以平稳的压力弯曲到两面重合。两压板平行面的长度或直径应不小于试样重叠后的长度。

注：如无适当设备，经双方协议许可用手锤、机械锤或弯钩机进行弯曲。

4. 试验在室温或热状态下进行。进行热弯曲试验时，试样应缓慢均匀地加热使其透烧，加热速度及保温时间应根据具体情况按材料及试样尺寸不同而定，其试验温度必须符合有关标准的规定。

注：如在有关标准中规定试样须经退火，则退火程序应按有关热处理规范进行；在其他情况下试样则从交货状态的材料上取制。

（四）试验结果评定

弯曲后检查试样弯曲处的外面及侧面，在有关标准未作具体规定的情况下，一般如无裂缝、裂断或起层即认为试样合格。

四、焊接接头机械性能试验方法

（一）试验取样

1. 试板的制备

（1）试验用样坯应当从专门焊接的试板接头中截取，在特殊情况下亦可以从结构上直接截取。

（2）焊接前试板的截取方位应符合相应的产品制造技术条件或冶金产品技术条件的规定。

（3）试板用母材、焊接材料、焊接条件以及焊后热处理均应与相应产品或构件的制造条件相同，或者符合有关试验条件的规定。

（4）熔化焊和压力焊的试板尺寸，其焊前每侧宽度应符合附表 A-7 的规定。

附表 A-7　熔化焊和压力焊的试板焊前每侧宽度

试板厚度（mm）	试板每侧宽度（mm）
≤10	≥80
>10～24	≥100
>24～50	≥150
>50	≥200

（5）试板长度应根据样坯尺寸、数量、切口宽度、加工余量以及两端不能利用的区段（如电弧焊的引弧端和收弧端）予以综合考虑。不能利用的区段其长度应根据试板厚度和焊接工艺加以考虑，但不得小于25mm。

（6）从结构件或试板上截取样坯时，一般都不允许矫直。如焊后需正火或调质者，则允许在热处理前进行矫直。如焊后不进行热处理者，则允许将已制备的试样在非受试部分矫直。

（7）试板挠度 f（附图 A-18）在 200mm 长度内不应超过板厚的 10%，且不得大于 4mm。对接接头平板错位 h（附图 A-19）不应超过板厚的 15%，且不得大于 4mm。

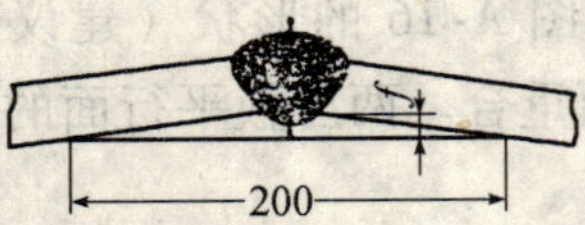

附图 A-18　试板挠度

附图 A-19　对接接头平板错位

2. 样坯截取

（1）从试板中截取样坯时，一般采用机械切削的方法。亦可用剪床、等离子或火焰切割的方法截取，但均应考虑其加工余量，保证受试部分金属性能不受影响。

（2）从结构件中截取的试板尺寸应根据试样数量和切口宽度来决定。如直接从结构件中用火焰切割截取样坯时，除考虑加工余量外，还需保证试样上不得留有火焰切割的热影响区。

（3）各种试验法的样坯截取方位应符合下列规定。

1）焊缝金属拉伸样坯截取方位如附表 A-8 所示。

附表 A-8　焊缝金属拉伸样坯截取方位

试板厚度（mm）	焊接方法	样坯方位	说　明
焊缝直角边大于 6×6	电弧焊	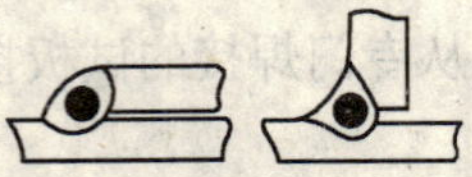	样坯位于焊缝中心
5～16	气焊或电弧焊	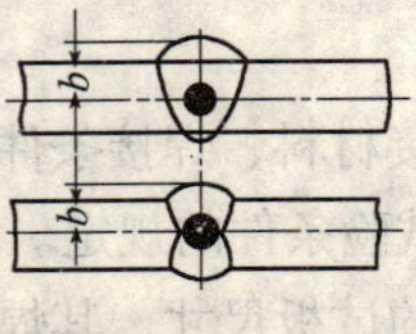	b 不大于 $D/2+2$

续表

试板厚度（mm）	焊接方法	样坯方位	说　明
>16~36	气焊或电弧焊		b 不大于 D/2+2
	电渣焊		
>36~60	电弧焊	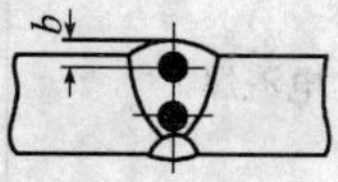	b 不大于 D/2+2
	电渣焊		b 不大 D/2+4
H>36~60	电弧焊	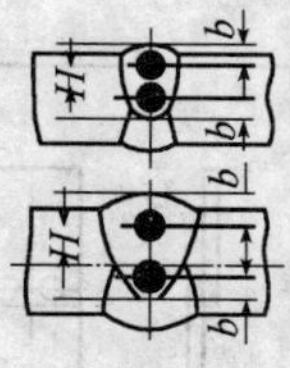	1. b 不大于 D/2+2； 2. 样坯均从后焊一侧截取

2）多层焊缝的样坯截取方位如无特殊要求时，应尽量靠近焊缝表层截取。

3）当试板厚度或焊道熔深 H 大于 60mm，样坯截取方位按有关规定执行。

4）焊接接头冲击样坯截取方位如附表 A-9 所示。

5）接头拉伸、弯曲、疲劳样坯截取方位如附表 A-10 所示。

6）点焊接头抗剪样坯截取位置如附图 A-20 所示。

附表 A-9　焊接接头冲击样坯截取方位

试板厚度（mm）	焊接方法	样坯方位	说　明
5~16	压力焊 电弧焊或气焊	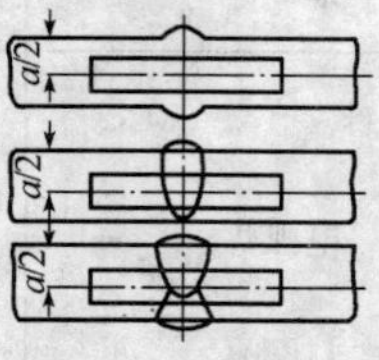	
>16~40	压力焊		c=1~3
	电弧焊		c=1~3
	电渣焊		
>40~60	电弧焊		c=1~3
	电渣焊		c≥8

续表

试板厚度（mm）	焊接方法	样坯方位	说明
>60~100	电弧焊	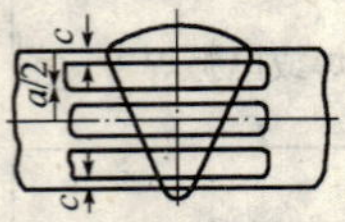	$c=1\sim3$
	电渣焊	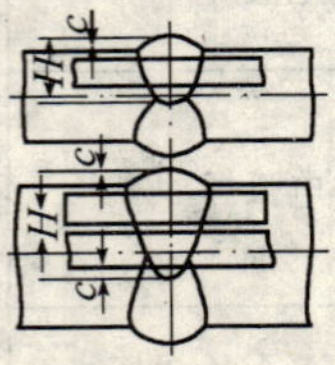	$c\geqslant8$
$H=18\sim40$ $H>40\sim60$	电弧焊	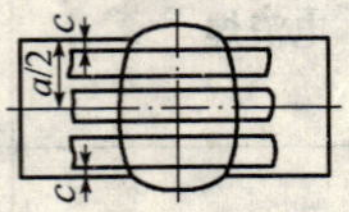	1. $c=1\sim3$； 2. 样坯均从后焊一侧截取

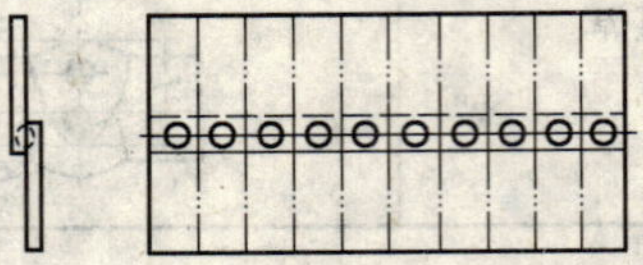

附图 A-20　点焊接头抗剪样坯截取位置

附表 A-10　接头拉伸、弯曲、疲劳样坯截取方位

试板厚度（mm）	焊接方法	样坯方位	说明
≤36	电弧焊 电渣焊	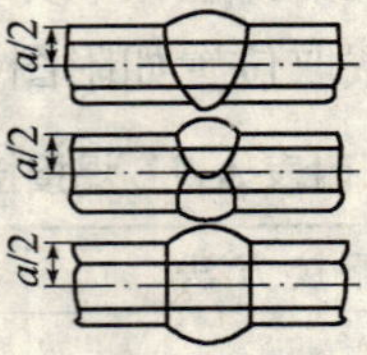	
>36~100	电弧焊	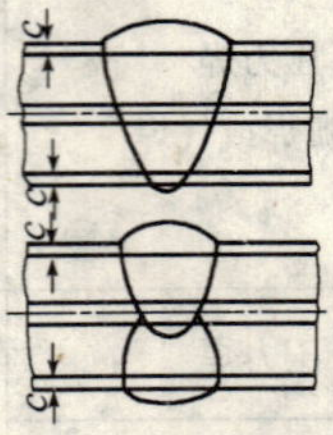	$c=1\sim3$
	电渣焊		$c\geqslant8$

注：附表 A-8 至附表 A-10 中：

a——试板厚度（mm）；

D——试样端头直径（mm）；

b——从焊缝表面至样坯中心的距离（mm）；

H——后焊一侧焊道熔深（mm）。

3. 样坯数量及截取位置

（1）各种试验方法的样坯数量（附表 A-11）。

附表 A-11 各种试验方法的样坯数量（个）

接头拉伸	焊缝金属拉伸	点焊接头抗剪	疲劳	压扁	接头冲击	冷作时效敏感性冲击	各区域硬度测点
不少于							
2	2	5	6	1	3	3	3（点）

（2）样坯截取位置根据焊缝外形及无损探伤结果在试板的有效利用长度内作适当分布。样坯从试板上的截取位置如附图 A-21 所示。

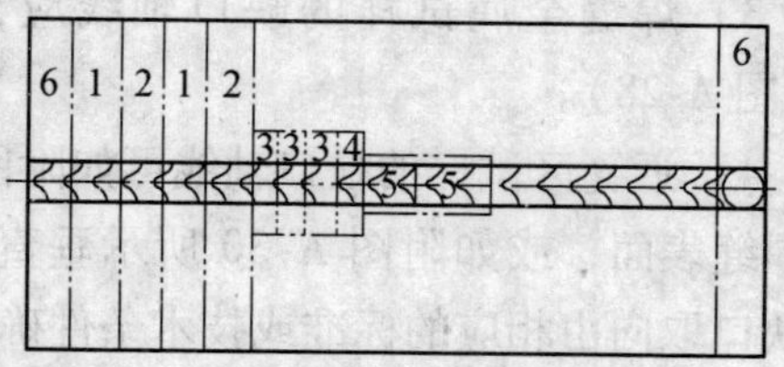

附图 A-21 熔化焊试板样坯截取位置

1—拉伸；2—弯曲；3—冲击；4—硬度；5—焊缝拉伸；6—舍弃

（二）试验方法

1. 焊接接头冲击试验法

（1）试样的型式和尺寸

1）试样型式和尺寸应符合附图 A-22、附图 A-23（标准试样），或附图 A-24 至附图 A-27（非标准试样）。各种不同缺口型式试样的冲击韧性或破断吸收能不能相互换算，采用何种型式试样，均由技术条件规定。

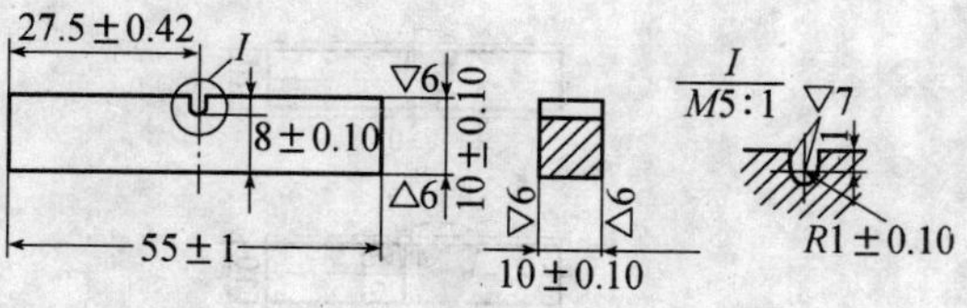

附图 A-22 标准试样型式和尺寸（一）

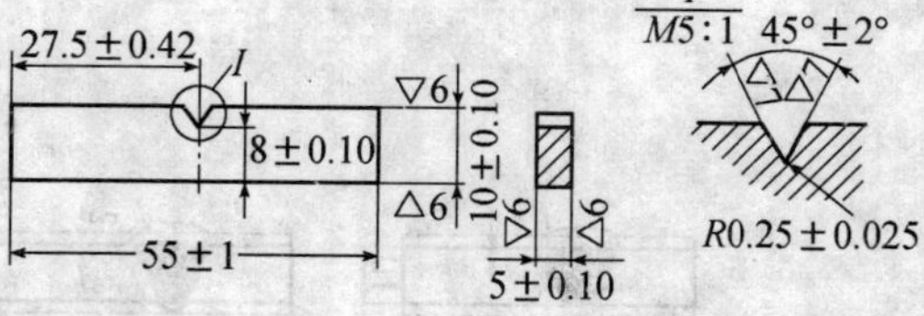

附图 A-23 标准试样型式和尺寸（二）

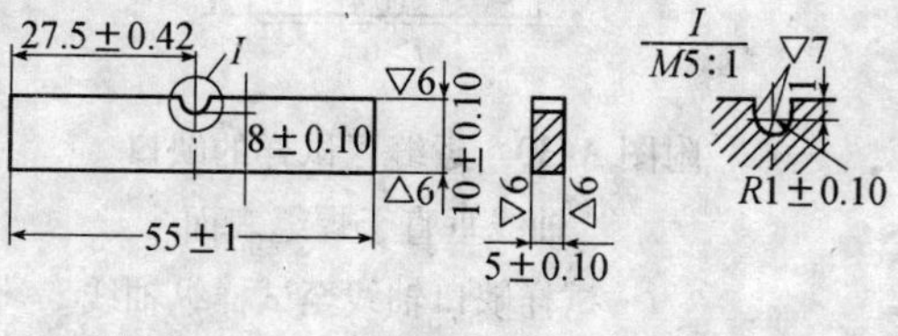

附图 A-24 非标准试样型式和尺寸（一）

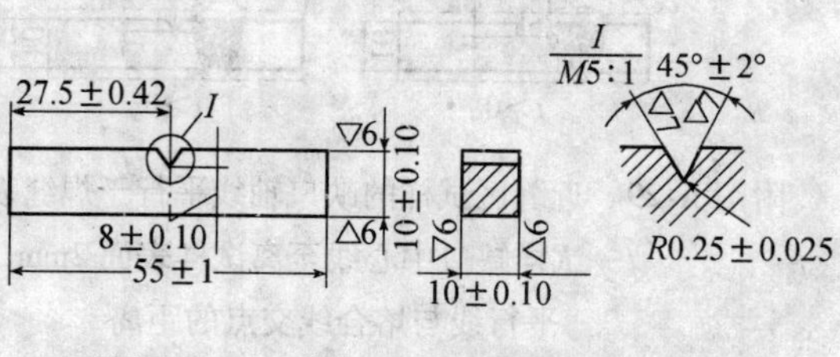

附图 A-25 非标准试样型式和尺寸（二）

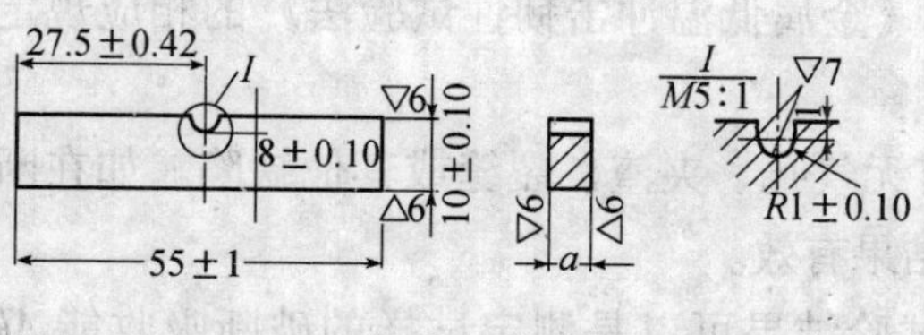

附图 A-26 非标准试样型式和尺寸（三）

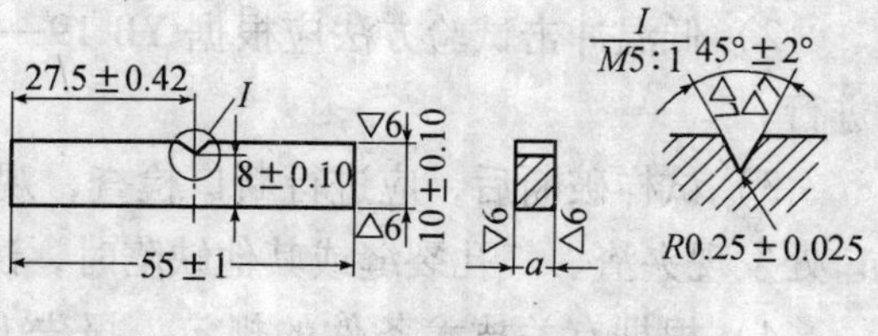

附图 A-27 非标准试样型式和尺寸（四）

2）试样的加工和热处理及其标志按 GB 229—1963《金属常温冲击韧性试验法》有关规定进行。

3）试样表面如发现有肉眼可见的气孔、夹渣、裂缝或其他缺陷，不再用作试样进行试验。

4）在同样试验条件下，同一部位所取试样数量应不少于三个。

（2）样坯的截取和试样缺口的方位

1）样坯截取部位应符合 GB 2649—1981《焊接接头机械性能试验取样法》的规定。

2）试样缺口开在焊缝金属或开在近缝区，由试验要求规定。

3）焊缝金属试样的缺口轴线应当垂直焊缝表面（附图 A-28）。

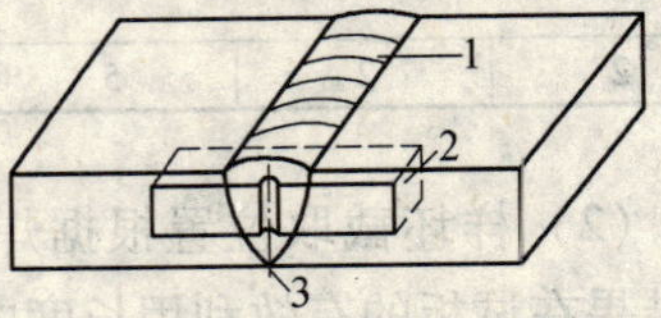

附图 A-28　焊缝金属试样的缺口轴线垂直焊缝表面

1—焊缝表面；2—冲击试样；3—试样缺口轴线

4）近缝区试样的缺口轴线可如附图 A-29 所示平行于焊缝表面，或如附图 A-30 所示垂直于焊缝表面。试样缺口取向由相应的标准或技术条件确定。

开在近缝区的试样缺口轴线与熔合线的距离 t 由技术条件规定。

5）开缺口前，试样应经过浸蚀，在很清楚地显示出焊缝后，按要求进行画线。

（3）试验、检验和报告内容

1）试验机、试验温度、试样度量和试验方法，应符合 GB 229—1963《金属常温冲击韧性试验法》的有关规定。

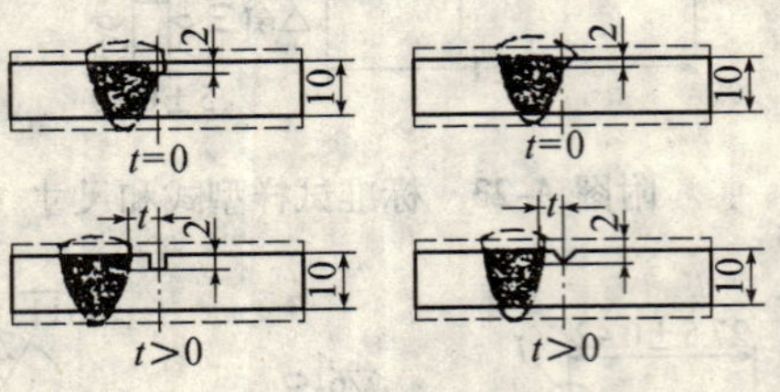

附图 A-29　近缝区试样的缺口轴线平行于焊缝表面

t—试样缺口中心线至离试样表面 2mm 平行线与熔合线交点的距离

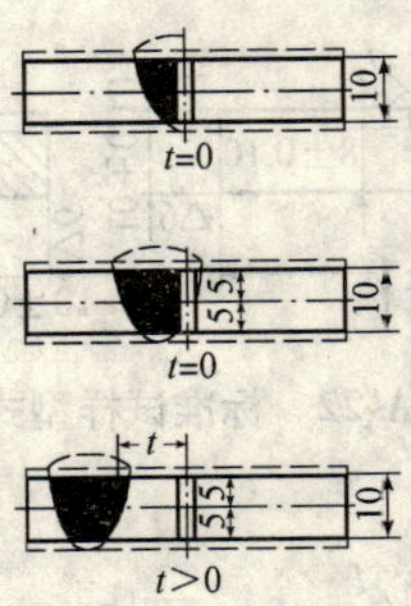

附图 A-30　近缝区试样的缺口轴线垂直于焊缝表面

t—试样缺口轴线至试样纵轴线与熔合线交点的距离

2）低温冲击试验方法应根据 YB 19—1964《金属低温冲击韧性试验法》的相应规定进行。

3）试样破断后，应进行断口检查，观察有无气孔、夹渣、裂缝或其他缺陷。如在断口处发现夹渣、气孔裂缝或其他缺陷时，试验结果有效。

4）根据有关技术条件的规定，报告上的试验结果可以是测定试样的破断吸收能 Ak 值，也可以是测定冲击韧性 a_k 值。

当采用 V 形缺口试样时，用 AkV 或 a_kV 表示；采用 U 形试样时，则用 AkU 或 a_kU 表示。

5）试验报告应记录下列内容：

试样的型式及缺口的方位；

试验温度；

试样破断吸收能 Ak 值或冲击韧性 a_k 值；

如果试样经冲击试验后没有折断，则应注明“未折断”字样；

断口上发现的缺陷种类；

当采用 V 形试样进行试验时，应注明试验机的种类和型号。

2. 焊接接头拉伸试验法

（1）试样的形状及尺寸

1）接头拉伸试样的形式分为板形（条形）和圆形两种。根据试板的截面尺寸和试验要求予以选用。

2）板形试样的宽度，根据试板厚度之不同可采用 10mm、15mm 和 25mm 三种。试样各部位尺寸及表面光洁度，应符合附图 A-31、附图 A-32、附图 A-33 和附表 A-12 的规定。

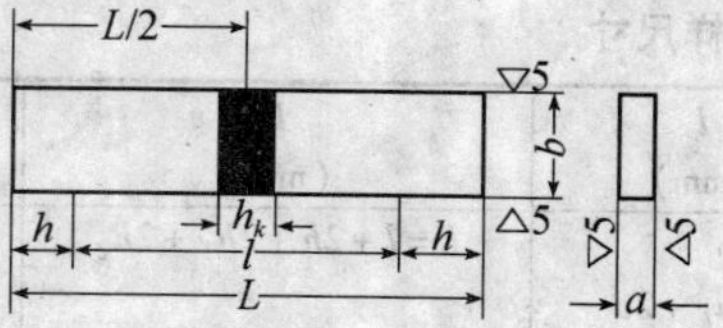

附图 A-31　板形试样

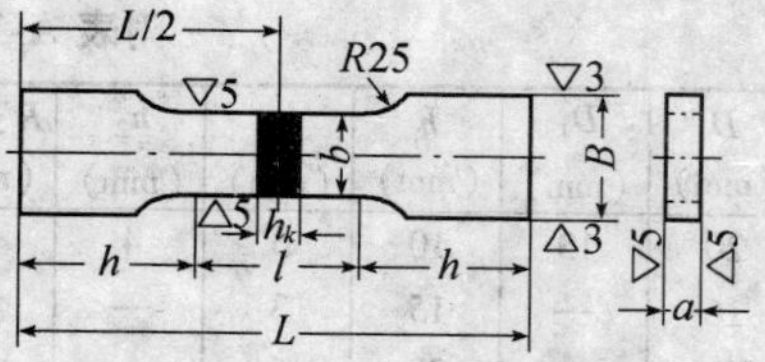

附图 A-32　带肩板形试样

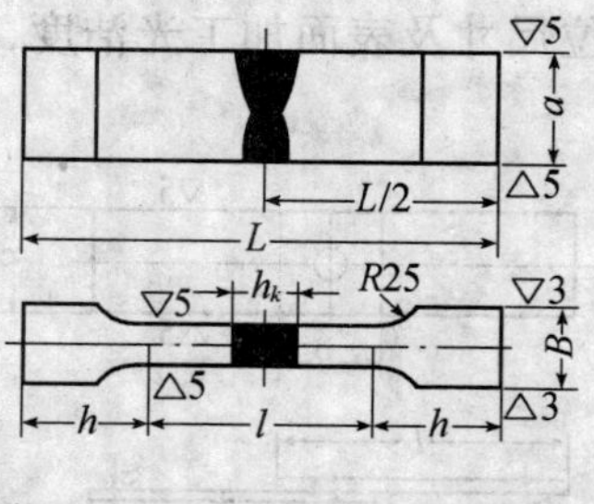

附图 A-33　厚板带肩板形试样

附表 A-12　板形试样尺寸

a（mm）	b（mm）	B（mm）	l（mm）	L（mm）	试样图号
≤6	10 ±0.2	—			10~45
>6~12	15 ±0.2	—	$l=h_k+2a$		10~45
>12~24	25 ±0.2	35		$L=l+2h$	10~46
>24~50	15 ±0.2	25	（不小于20）		10~47
>50~80	10 ±0.2	20			10~47

注：h_k——焊缝宽度（应在最大焊缝一侧测定）（mm）；

a——试样厚度（mm）；

h——单向过渡和夹持部分总长度，根据试验机夹具而定（mm）。

3）圆形试样一般取 d_0 等于 10mm，其形状尺寸及表面光洁度应符合附图 A-34、附图 A-35、附图 A-36 和附表 A-13 规定。对软金属，经双方协议可采用较低加工光洁度。

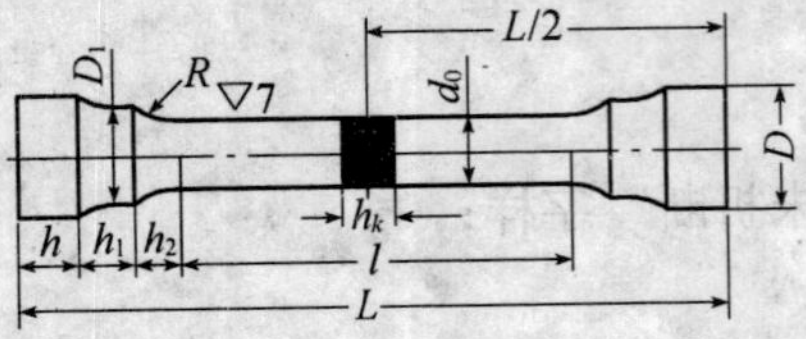

附图 A-34　双肩圆形试样

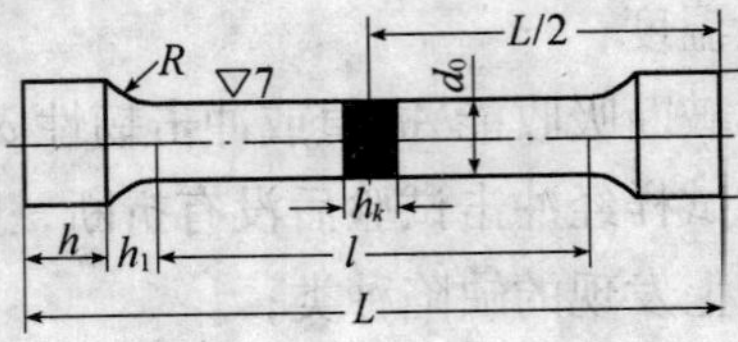

附图 A-35　单肩圆形试样

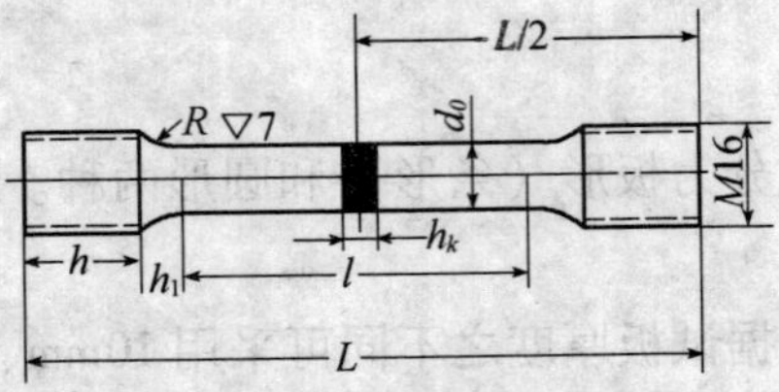

附图 A-36　短时高温圆形试样

附表 A-13　圆形试样尺寸

d_0 (mm)	D (mm)	D_1 (mm)	h (mm)	h_1 (mm)	h_2 (mm)	R 最小 (mm)	l (mm)	L (mm)	试样图号
10 ±0.2	20	13	10	5	4	4	$l=h_k+2a$	$L=l+2h+2h_1+2h_2$	10～48
10 ±0.2	16	—	15	3	—	3			10～49
10 ±0.2	$M16$	—	30	5	—	5		$L=l+2h+2h_1$	10～50

4）点焊接头抗剪试样各部位尺寸及表面加工光洁度，应符合附图 A-37 和附表 A-14 规定。

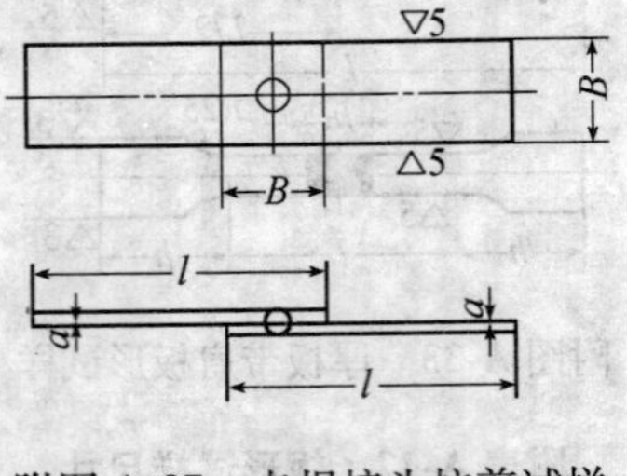

附图 A-37　点焊接头抗剪试样

附表 A-14　点焊接头抗剪试样尺寸

a (mm)	B (mm)	l (mm)	试样图号
≤1.0	20	≥100	10～51
>1.0～2.5	25		
>2.5～3.0	30		
>3.0～4.0	35		
>4.0～5.0	40		

注：a——试样厚度（mm）；

B——试样宽度等于搭接长度（mm）。

（2）样坯的截取及试样制备

1）样坯截取方位、数量、方法及有关事项，按 GB 2649—1981《焊接接头机械性能试验取样法》的规定。

2）试样的焊缝加强采用机械方法去除，使与母材齐平，加工刀痕应与焊缝轴线垂直（允许在试样工作部分的每一面上加工掉母材厚度的 15%，但不得大于 4mm），试样尖锐棱边应倒圆，圆弧半径不大于 1mm。

3）根据技术条件要求，允许用不去掉焊缝加强的试样进行试验，但此时，应以试样受试部位的母材作为最小横截面积。

4）试样表面有显著横向刀痕、机械损伤或有明显的焊接缺陷时，不再用作试样进行试验。

（3）试验及数据处理

1）常温拉伸试验所涉及的试验仪器、试样尺寸测定、试验条件和性能测定等事项均按 GB 228—1976《金属拉力试验法》的规定。

2）短时高温拉伸试验按 YB 941—1978《金属高温拉力试验法》的规定。

3）如果操作不当或设备仪器发生故障而影响试验结果准确性时，应补作试验。

4）试样断口处发现气孔、夹渣或裂缝等焊接缺陷时，试验结果仍有效。

5）试验后试样的断裂位置（焊缝、熔合线、热影响区、母材）以及断口处出现的焊接缺陷，均应在试验记录及报告中注明。

3. *焊接接头弯曲试验法*

（1）试样的形状及尺寸

1）横弯试样的各部位尺寸及表面光洁度，应符合附图 A-38 至附图 A-40 和附表 A-15 的规定。

横弯：弯轴的加荷方向垂直于焊缝轴线，并产生垂直于焊缝轴线的应力（如图 A-46）的弯曲。

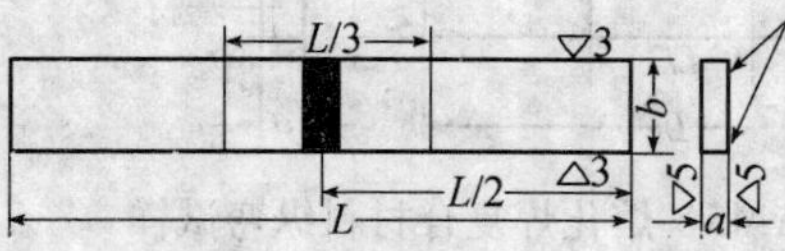

附图 A-38　熔化焊横弯试样

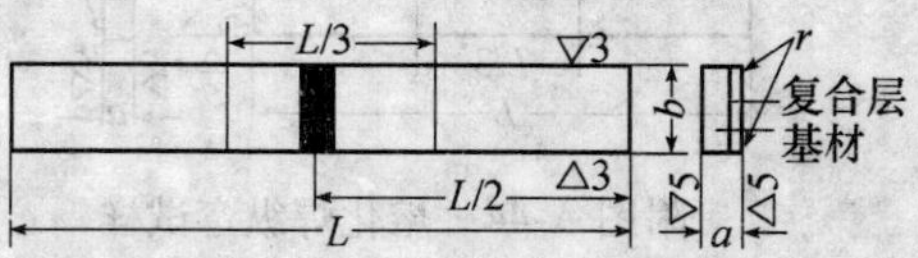

附图 A-39　熔化焊复合材料横弯试样

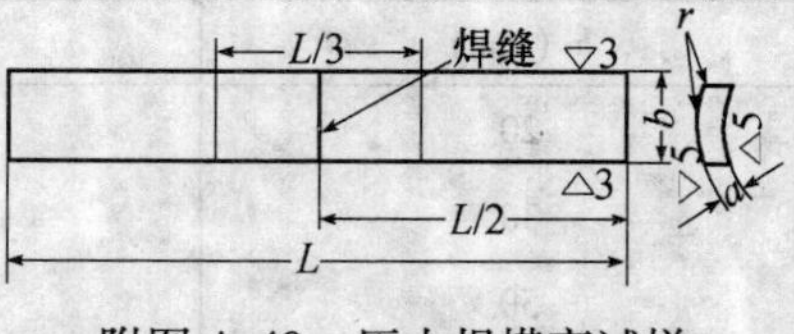

附图 A-40　压力焊横弯试样

附表 A-15　横弯试样尺寸

a（mm）	b（mm）	L（$d/a=3$）（mm）	r（mm）
≤6	10	180	≤1.0
$6<a\leq10$	$1.5a$	200	≤1.5
$10<a\leq20$	$1.5a$	250	≤2.0

注：1. d——弯轴直径（mm）。

2. d/a 比值大于 3.0 时，L 值可比本表适当增加。

3. $L/3$ 长度内的尖锐棱边应锉圆并符合本表的 r 值。

2）侧弯试样的各部位尺寸及表面光洁度，应符合附图 A-41 至附图 A-43 和附表 A-16 的规定。

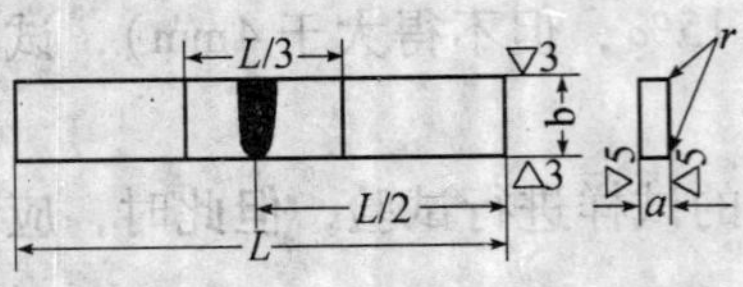

附图 A-41　熔化焊侧弯试样

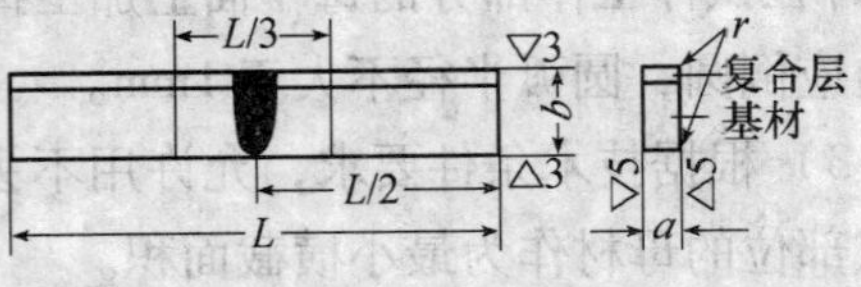

附图 A-42　熔化焊复合材料侧弯试样

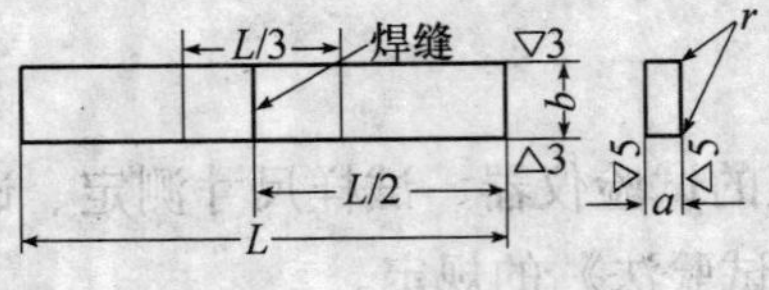

附图 A-43　压力焊侧弯试样

附表 A-16　侧弯试样尺寸

a（mm）	b（mm）	L（d/a=3）（mm）	r（mm）
10	等于试板厚度	150	≤1.0

侧弯：弯轴的加荷方向平行于焊缝轴线，并产生垂直于焊缝轴线的应力（见附图 A-44）的弯曲。

3）纵弯试样的各部位尺寸及表面光洁度应符合附图 A-44、附图 A-45 和附表 A-17 的规定。

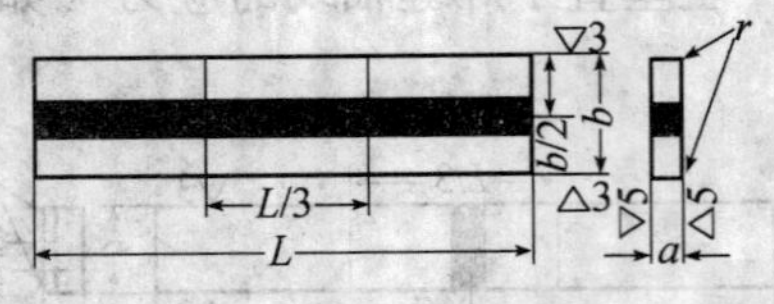

附图 A-44　熔化焊纵弯试样

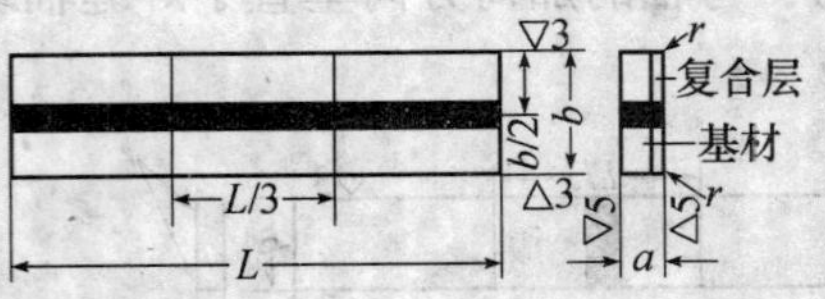

附图 A-45　熔化焊复合材料纵弯试样

附图 A-17　纵弯试样尺寸

a（mm）	b（mm）	L（mm）	r（mm）
≤6	20	180	≤1.0
6 < a≤10	30	200	≤1.5
>10～20	50	250	≤2.0

纵弯：弯曲的加荷方向垂直于焊缝轴线，并产生平行于焊缝轴线的应力（如图 A-48）的弯曲。

（2）样坯的截取及试样制备

1）样坯截取方位、数量、方法及有关事项，按 GB 2649—1981《焊接接头机械性能试验取样法》的规定。

2）试样的焊缝加强采用机械方法去除，使与母材齐平，加工刀痕与试样的纵轴相平行（允许在试样工作部位每一面上加工掉母材厚度的 15%，但不得大于 4mm）。

3）除侧弯试样需保留试板原厚度外，横弯及纵弯试样的试板厚度如大于 20mm 或试验机能量不够时，则可在试样受压面一侧加工至 20mm。

4）试样表面有显著横向刀痕、机械损伤或有明显的焊接缺陷时，不进行试验。

（3）试验及数据处理

1）弯曲试验装置如附图 A-46 至附图 A-48 所示。

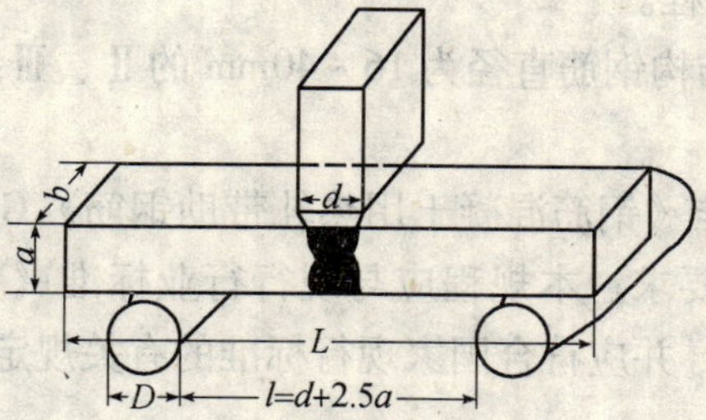

附图 A-46　横弯示意图

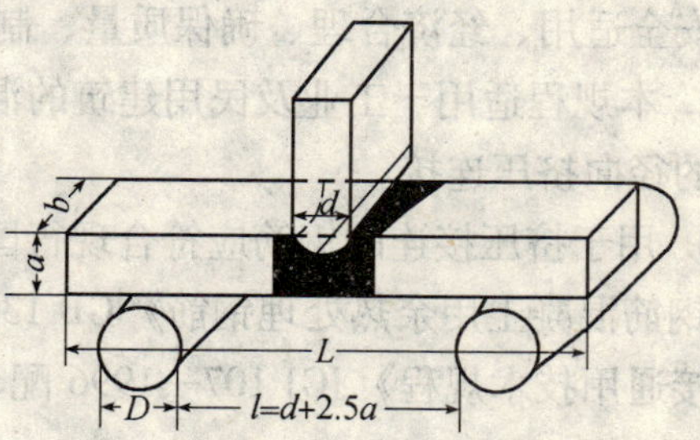

附图 A-47　侧弯示意图

2）弯轴直径 d，根据试验材质的相应冶金产品技术条件规定。支持辊及弯轴长度必须大于试样宽度。

3）试样为单面焊缝时，其拉伸面应位于焊缝表面；试样为双面焊缝时，其拉伸面应位于后焊的焊缝表面（横向反弯不受此限）。

4）试样卸载后按附图 A-49 测定弯曲角度 α。当试样围绕弯轴直径通过两支持辊被弯曲成接近 U 形时，则认为弯曲角达到了 180°。

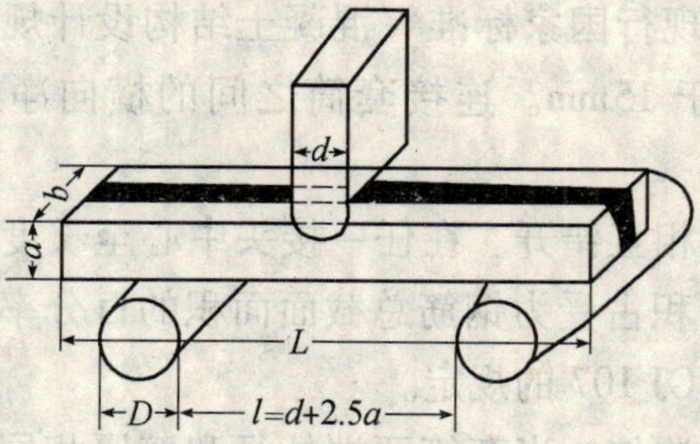

附图 A-48　纵弯示意图

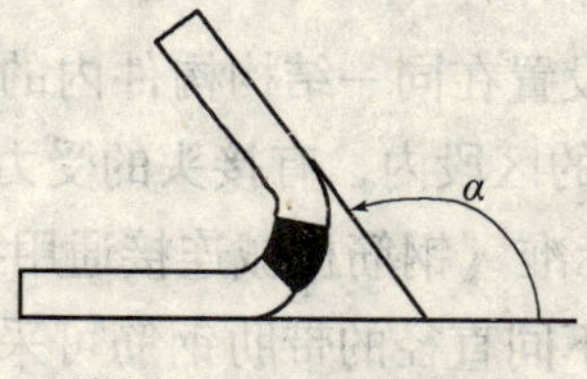

附图 A-49　弯曲角度

5）如果接头弯曲的试验速度在相应标准或技术条件无规定时，则应控制试验机平台上升速度不大于 60mm/min。

6）如果操作不当或设备仪器发生故障而影响试验结果准确性时，应补作试验。

7）弯曲试验可根据试样拉伸部位出现第一条裂纹时测定其弯曲角度；也可以将试样弯至规定弯曲角度后检查有无裂纹，以评定接头区域的塑性变形性能。

沿试样拉伸部位出现的裂纹尺寸按有关技术条件规定。如无相应规定时，则裂纹长度在不超过试样宽度的 15% 时所对应的弯曲角度有效。

8）试验后试样的断裂位置（焊缝、熔合线、热影响区）以及断裂纹长度等均应在试验记录和报告中注明。

附录B　带肋钢筋套筒挤压连接技术规程

一、总则

1. 为在混凝土结构中使用带肋钢筋套筒挤压接头（以下简称挤压接头），做到技术先进、安全适用、经济合理、确保质量，制定本规程。

2. 本规程适用于工业及民用建筑的混凝土结构钢筋直径为 16～40mm 的Ⅱ、Ⅲ级带肋钢筋的径向挤压连接。

3. 用于挤压接连的钢筋应符合现行国家标准《钢筋混凝土用热轧带助钢筋》GB 1499 及《钢筋混凝土用余热处理钢筋》GB 13014 的要求。本规程应与现行行业标准《钢筋机械连接通用技术规程》JGJ 107—1996 配套使用，并应符合国家现行标准的有关规定。

二、挤压接头的性能等级与应用

1. 挤压接头应按静力单向拉伸性能以及高应力和大变形条件下反复拉压性能划分为 A、B 两个性能等级。

2. A 级、B 级挤压接头的性能应符合现行行业标准《钢筋机械连接通用技术规程》JCJ 107 的规定。

3. A 级、B 级挤压接头的应用范围应符合现行行业标准《钢筋机械连接通用技术规程》JGJ 107 的规定。

4. 挤压接头的混凝土保护层厚度宜满足现行国家标准《混凝土结构设计规范》中受力钢筋保护层最小厚度的要求，且不得小于 15mm。连接套筒之间的横向净距不宜小于 25mm。

5. 设置在同一结构构件内的挤压接头宜相互错开。在任一接头中心至长度为钢筋直径 35 倍的区段内，有接头的受力钢筋截面面积占受力钢筋总截面面积的百分率应符合现行行业标准《钢筋机械连接通用技术规程》JGJ 107 的规定。

6. 不同直径的带肋钢筋可采用挤压接头连接。当套筒两端外径和壁厚相同时，被连接钢筋的直径相差不应大于 5mm。

7. 对直接承受动力荷载的结构，其接头应满足设计要求的抗疲劳性能。

当无专门要求时，其疲劳性能应符合现行行业标准《钢筋机械连接通用技术规程》JGJ 107 的规定。

8. 当混凝土结构中挤压接头部位的温度低于 -20℃时，宜进行专门的试验。

三、套筒

1. 对Ⅱ、Ⅲ级带肋钢筋挤压接头所用套筒材料应选用适于压延加工的钢材，其实测力学性能应符合附表 B-1 的要求。

附表 B-1　套筒材料的力学性能

项　目	力学性能指标
屈服强度（N/mm^2）	225～350
抗拉强度（N/mm^2）	375～500
延伸率 δ_5	≥20
硬度（HRB）	60～80
或（HB）	102～133

2. 设计连接套筒时，套筒的承载力应符合下列要求：

$$f_{slyk}A_{S_1} \geqslant 1.10 f_{yk}A_S \tag{2-1}$$

$$f_{sltk}A_{S_1} \geqslant 1.10 f_{tk}A_S \tag{2-2}$$

式中　f_{slyk}——套筒屈服强度标准值；

f_{sltk}——套筒抗拉强度标准值；

f_{yk}——钢筋屈服强度标准值；

f_{tk}——钢筋抗拉强度标准值；

A_{S_1}——套筒的横截面面积；

A_S——钢筋的横截面面积。

3. 套筒的尺寸偏差宜符合附表 B-2 要求。

附表 B-2　套筒尺寸的允许偏差　mm

套筒外径 D	外径允许偏差	壁厚 t 允许偏差	长度允许偏差
≤50	±0.5	$+0.12t$ $-0.10t$	±2
>50	±0.01D	$+0.12t$ $-0.10t$	±2

4. 套筒应有出厂合格证。套筒在运输和储存中，应按不同规格分别堆放整齐，不得露天堆放，防止锈蚀和玷污。

四、挤压接头的施工

1. 挤压设备

（1）有下列情况之一时，应对挤压机的挤压力进行标定：

①新挤压设备使用前；

②旧挤压设备大修后；

③油压表受损或强烈振动后；

④套筒压痕异常且查不出其他原因时；

⑤挤压设备使用超过1年；

⑥挤压的接头数超过5000个。

（2）压模、套筒与钢筋应相互配套使用，压模上应有相对应的连接钢筋规格标记。

（3）高压泵应采用液压油。油液应过滤，保持清洁，油箱应密封，防止雨水、灰尘混入油箱。

2. 施工操作

（1）操作人员必须持证上岗。

（2）挤压操作时采用的挤压力，压模宽度，压痕直径或挤压后套筒长度的波动范围以及挤压道数，均应符合经型式检验确定的技术参数要求。

（3）挤压前应做下列准备工作：

①钢筋端头的锈皮、泥砂、油污等杂物应清理干净；

②应对套筒做外观尺寸检查；

③应对钢筋与套筒进行试套，如钢筋有马蹄形、弯折或纵肋尺寸过大者，应预先矫正或用砂轮打磨；对不同直径钢筋的套筒不得相互串用；

④钢筋连接端应画出明显定位标记，确保在挤压时和挤压后可按定位标记检查钢筋伸入套筒内的长度；

⑤检查挤压设备情况，并进行试压，待符合要求后方可作业。

（4）挤压操作应符合下列要求：

①应按标记检查钢筋插入套筒内深度，钢筋端头离套筒长度中点不宜超过10mm；

②挤压时挤压机与钢筋轴线应保持垂直；

③挤压宜从套筒中央开始，并依次向两端挤压；

④宜先挤压一端套筒，在施工作业区插入待接钢筋后再挤压另一端套筒。

3. 安全措施

（1）在高处进行挤压操作，必须遵守国家现行标准《建筑施工高处作业安全技术规范》JGJ 80的规定。

（2）高压胶管应防止负重拖拉、弯折和尖利物体的刻划。

（3）油泵与挤压机的应用应严格按操作规程进行。

（4）施工现场用电必须符合国家现行标准《施工现场临时用电安全技术规范》（JGJ 46）的规定。

五、挤压接头的型式检验

挤压接头的型式检验应符合现行行业标准《钢筋机械连接通用技术规程》（JGJ 107）中第5章中的各项规定。

六、挤压接头的施工现场检验与验收

（1）工程中应用带肋钢筋套筒挤压接头时，应由该技术提供单位提交有效的型式检验报告。

（2）钢筋连接工程开始前及施工过程中，应对每批进场钢筋进行挤压连接工艺检验，工艺检验应符合下列要求：

①每种规格钢筋的接头试件不应少于3根；

②接头试件的钢筋母材应进行抗拉强度试验；

③3根接头试件的抗拉强度均应符合现行行业标准《钢筋机械连接通用技术规程》（JGJ 107）的强度要求；对于A级接头，试件抗拉强度尚应大于等于0.9钢筋母材的实际抗拉强度f_{st}^0。计算实际抗拉强度时，应采用钢筋的实际横截面面积。

（3）现场检验应对挤压接头进行外观质量检查和单向拉伸试验。对挤压接头有特殊要求的结构，应在设计图纸中另行注明相应的检验项目。

（4）挤压接头的现场检验按验收批进行。同一施工条件下采用同一批材料的同等级、同型式、同规格接头，以500个为一个验收批进行检验与验收，不足500个也作为一个验收批。

（5）对每一验收批，均应按设计要求的接头性能等级，在工程中随机抽3个试件做单向拉伸试验。按附录A的格式记录，并作出评定。

当3个试件检验结果均符合现行行业标准《钢筋机械连接通用技术规程》（JGJ 107）的强度要求时，该验收批为合格。

如有一个试件的抗拉强度不符合要求，应再取6个试件进行复检。复检中如仍有一个试件检验结果不符合要求，则该验收批单向拉伸检验为不合格。

（6）挤压接头的外观质量检验应符合下列要求：

①外形尺寸：挤压后套筒长度应为原套筒长度的1.10~1.615倍；或压痕处套筒的外径波动范围为原套筒外径的0.8~0.90倍；

②挤压接头的压痕道数应符合型式检验确定的道数；

③接头处弯折不得大于4℃；

④挤压后的套筒不得有肉眼可见裂缝。

（7）每一验收批中应随机抽取10%的挤压接头做外观质量检验，如外观质量不合格数少于抽检数的10%，则该批挤压接头外观质量评为合格。当不合格数超过抽检数的10%时，应对该批挤压接头逐个进行复检，对外观不合格的挤压接头采取补救措施；不能补救的挤压接头应作标记，在外观不合格的接头中抽取6个试件做抗拉强度试验，若有一个试件的抗拉强度低于规定值，则该批外观不合格的挤压接头，应会同设计单位商定处理，并记录存档。

（8）在现场连续检验10个验收批，全部单向拉伸试验一次抽样均合格时，验收批接头数量可扩大1倍。

七、施工现场的单向拉伸试验

施工现场的单向拉伸检验记录宜采用附表B-3的格式。

附表 B-3　挤压接头单向拉伸性能试验报告

工程名称						楼层号		构件类型	
设计要求接头性能等级			A 级　　B 级			检验批接头数量			
试件编号	钢筋公称直径 D（mm）	实测钢筋截面积 A_s^0（mm^2）	钢筋母材屈服强度标准值 f_{yk}（N/mm^2）	钢筋母材抗拉强度标准值 f_{tk}（N/mm^2）	钢筋母材抗拉强度实测值 f_{sl}^0（N/mm^2）	接头试件极限拉力 P（kN）	接头试件抗拉强度实测值 $f_{mst}^0=P/A_s^0$（N/mm^2）	接头破坏形态	评定结果
评定结论									
备　注	1. $f_{mst}^0 \geqslant f_{tk}$ 为 A 级接头；$f_{mst}^0 \geqslant 1.35 f_{tk}$ 为 B 级接头； 2. 实测钢筋横截面面积 A_s^0 用称重法确定； 3. 破坏形态仅作记录备查，不作为评定依据。								

试验单位＿＿＿＿＿＿＿＿＿＿＿＿（盖章）负责＿＿＿＿＿＿＿＿＿＿ 校核＿＿＿＿＿＿＿＿＿＿

日期＿＿＿＿＿＿＿＿＿＿＿＿＿＿＿ 抽样＿＿＿＿＿＿＿＿＿＿ 试验＿＿＿＿＿＿＿＿＿＿

八、施工现场挤压接头外观检查记录

施工现场挤压接头外观检查记录宜采用附表 B-4 的格式。

附表 B-4　施工现场挤压接头外观检查记录

工程名称				楼层号			构件类型		
验收批号			验收批数量				抽检数量		
连接钢筋直径（mm）				套筒外径（或长度）（mm）					
外观检查内容		压痕处套筒外径（或挤压后套筒长度）		规定挤压道次		接头弯折≤4°		套筒无肉眼可见裂缝	
		合　格	不合格	合　格	不合格	合　格	不合格	合　格	不合格
外观检查不合格接头之编号	1								
	2								
	3								
	4								
	5								
	6								
	7								
	8								
	9								
	10								
评定结论									

备注：①接头外观检查抽检数量应不少于验收批接头数量的 10%。

②外观检查内容共四项，其中压痕处套筒外径（或挤压后套筒长度），挤压道次，二项的合格标准由产品供应单位根据型式检验结果提供。接头弯折≤4°为合格，套筒表面有无裂缝以无肉眼可见裂缝为合格。

③仅要求对外观检查不合格接头作记录，四项外观检查内容中，任一项不合格即为不合格，记录时可在合格与不合格栏中打"√"。

④外观检查不合格接头数超过抽检数的 10% 时，该验收批外观质量评为不合格。

检查人：＿＿＿＿＿＿＿＿＿＿负责人：＿＿＿＿＿＿＿＿＿＿日期：＿＿＿＿＿＿＿＿＿＿

附录C 钢筋锥螺纹接头技术规程

一、总则

1. 为了在混凝土结构中采用钢筋锥螺纹接头（简称接头）做到经济合理，确保质量，制定本规程。

2. 本规程适用于工业与民用建筑的混凝土结构中，钢筋直径为16~40mm的Ⅱ、Ⅲ级钢筋连接。

3. 用钢筋锥螺纹接头连接的钢筋，应符合现行国家标准《钢筋混凝土用热带肋筋》（GB 1499）及《钢筋混凝土用余热处理钢筋》（GB 13014）的要求。执行本规程时，尚应符合国家现行标准的有关规定。

二、术语

1. 钢筋锥螺纹接头（Taper threaded splices of rebar）

把钢筋的连接端加工成锥形螺纹（简称丝头），通过锥纹连接套把两根带丝头的钢筋，按规定的力矩值连接成一体的钢筋接头。

2. 力矩扳手（Foreue wrench）

连接和检查钢筋接头紧固程度的扭力扳手。

3. 完整丝扣（One complete screwthredad）

连续一圈的标准牙形。

三、接头性能等级

1. 锥螺纹连接套的材料宜用45号优质碳素结构钢或其他经试验确认符合要求的钢材。锥螺纹连接套的受拉承载力不应小于被连接钢筋的受拉承载力标准值的1.10倍。

2. 接头应根据静力单向拉伸性能以及高应力和大变形条件下反复拉压性能的差异划分为A、B两个性能等级。

3. A、B级接头的性能应符合现行行业标准《钢筋机械连接通用技术规程》（JGJ 107）的规定。

4. 对直接承受动力荷载的结构，其接头应满足设计要求的抗疲劳性能。当无专门要求时，其疲劳性能应符合现行行业标准《钢筋机械连接通用技术规程》（JGJ 107）的规定。

四、接头应用

1. 钢筋锥螺纹接头性能等级的选用应符合下列规定：

（1）混凝土结构中要求充分发挥钢筋强度或对接头延性要求较高的部位应采用A级接头。

（2）混凝土结构中钢筋受力较小对接头延性要求不高的部位可采用B级接头。

2. 设置在同一构件内同一截面受力钢筋的接头位置应相互错开。在任一接头中心至长度为钢筋直径的35倍的区段范围内，有接头的受力钢筋截面积占受力钢筋总截面面积的百分率应符合下列规定：

（1）受拉区的受力钢筋接头百分率不宜超过50%。

（2）在受拉区的钢筋受力小部位，A级接头百分率不受限制。

（3）接头宜避开有抗震设防要求的框架梁端和柱端的箍筋加密区；当无法避开时，接头应采用A级接头，且接头百分率不应超过50%。

（4）受压区和装配式构件中钢筋受力较小部位，A级和B级接头百分率可不受限制。

3. 接头端头距钢筋弯曲点不得小于钢筋直径的10倍。

4. 不同直径钢筋连接时，一次连接钢筋直径规格不宜超过二级。

5. 钢筋连接套的混凝土保护层厚度宜满足现行国家标准《混凝土结构设计规范》中受力钢筋混凝土保护层最小厚度的要求，且不得小于15mm。连接套之间的横向净距不宜小于25mm。

五、施工规定

1. 施工准备

（1）凡参与接头施工的操作工人、技术管理和质量管理人员，均应参加技术规程培训；操作工人应经考核合格后持证上岗。

（2）钢筋先调直再下料。切口端面应与钢筋轴线垂直，不得有马蹄形或翘曲。不得用气割下料。

（3）提供锥螺纹连接套应有产品合格证；两端锥孔应有密封盖；套筒表面应有规格标记。进场时，施工单位应进行复检。

2. 钢筋锥螺纹加工

（1）加工的钢筋锥螺纹丝头的锥度、牙形、螺距等必须与连接套的锥度、牙形、螺距一致，且经配套的量规检测合格。

（2）加工钢筋锥螺纹时，应采用水溶性切削润滑液；当气温低于0℃时，应掺入15%～20%亚硝酸钠。不得用机油作润滑液或不加润滑液套丝。

（3）操作工人应按附录A要求逐个检查钢筋丝头的外观质量。

（4）经自检合格的钢筋丝头，应按附录A的要求对每种规格加工批量随机抽检10%，且不少于10个，并按附录C表填写钢筋锥螺纹加工检验记录。如有一个丝头不合格，即应对该加工批全数检查，不合格丝头应重新加工经再次检验合格方可使用。

（5）已检验合格的丝头应加以保护。钢筋一端丝头应戴上保护帽，另一端可按附表C-1规定的力矩值拧紧连接套，并按规格分类堆放整齐待用。

3. 钢筋连接

（1）连接钢筋时，钢筋规格和连接套的规格应一致，并确保钢筋和连接套的丝扣干净完好无损。

（2）采用预埋接头时，连接套的位置、规格和数量应符合设计要求。带连接套的钢筋应定牢，连接套的外露端应有密封盖。

（3）必须用力矩扳手拧紧接头。

（4）力矩扳手的精度为 ±5%，要求每半年用扭力仪检定一次。

（5）连接钢筋时，应对正轴线将钢筋拧入连接套，然后用力矩扳手拧紧。接头拧紧值应满足附表 C-1 规定的力矩值，不得超拧。拧紧后的接头应做上标记。

附表 C-1　接头拧紧力矩值

钢筋直径（mm）	16	18	20	22	25～28	32	36～40
拧紧力矩（N·m）	118	145	177	216	275	314	343

（6）质量检验与施工安装用的力矩扳手应分开使用，不得混用。

六、接头型式检验

钢筋锥螺纹接头的型式检验应符合现行行业标准《钢筋机械连接通用技术规程》（JGJ 107）中第 5 章的各项规定。

七、接头施工现场检验与验收

1. 工程中应用钢筋锥螺纹接头时，该技术提供单位应提供有效的型式检验报告。

2. 连接钢筋时，应检查连接套出厂合格证、钢筋锥螺纹加工检验记录。

3. 钢筋连接工程开始前及施工过程中，应对每批进场钢筋和接头进行工艺检验：

（1）每种规格钢筋母材进行抗拉强度试验；

（2）每种规格钢筋接头的试件数量不应少于三根；

（3）接头试件应达到现行行业标准《钢筋机械连接通用技术规程》（JGJ 107）相应等级的强度要求。计算钢筋实际抗拉强度时，应采用钢筋的实际横截面面积计算。

4. 随机抽取同规格接头数的 10% 进行外观检查。应满足钢筋与连接套的规格一致，接头丝扣无完整丝扣外露。

5. 用质检的力矩扳手，按附表 C-1 规定的接头拧紧值抽检接头的连接质量。抽验数量：梁、柱构件按接头数的 15%，且每个构件接头抽验数不得少于一个接头；基础、墙、板构件按各自接头数，每 100 个接头作为一个验收批，不足 100 个也作为一个验收批，每批抽检 3 个接头。抽检的接头应全部合格，如有一个接头不合格，则该验收批接头应逐个检查，对查出的不合格接头应进行补强，并按附录 C 表附 C-4 填写接头质量检查记录。

6. 接头的现场检验按验收批进行。同一施工条件下的同一批材料的同等级、同规格接头，以 500 个为一个验收批进行检验与验收，不足 500 个也作为一个验收批。

7. 对接头的每一验收批，应在工程结构中随机截取 3 个试件做单向拉伸试验，按设计要求的接头性能等级进行检验与评定，并按附录 C 表附 C-2 填写接头拉伸试验报告。

8. 在现场连续检验 10 个验收批，全部单向拉伸试件一次抽样均合格时，验收批接头数量可扩大 1 倍。

八、加工质量检验方法

1. 锥螺纹丝头牙形检验

牙形饱满，无断牙、秃牙缺陷，且与牙形规的牙形吻合，牙齿表面光洁的为合格品（附图 C-1）

2. 锥螺纹丝头锥度与小端直径检验

丝头锥度与卡规或环规吻合，小端直径在卡规或环规的允许误差之内为合格（附图 C-2）。牙形规、卡规或环规、塞规应由钢筋连接技术提供单位配套提供。

3. 连接套质量检验

锥螺纹塞规拧入连接套后，连接套的大端边缘在锥螺纹塞规大端的缺口范围内为合格（附图 C-3）。

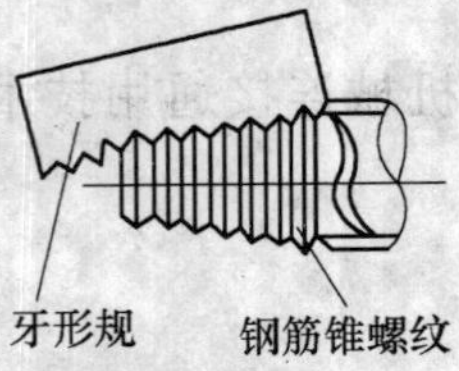

附图 C-1　牙形检验

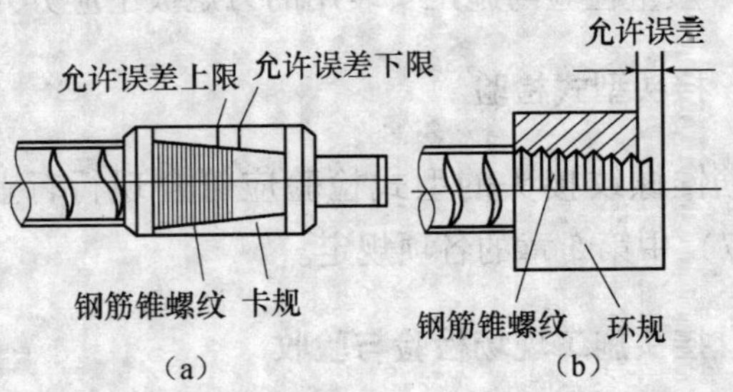

附图 C-2　锥度与小端直径检验

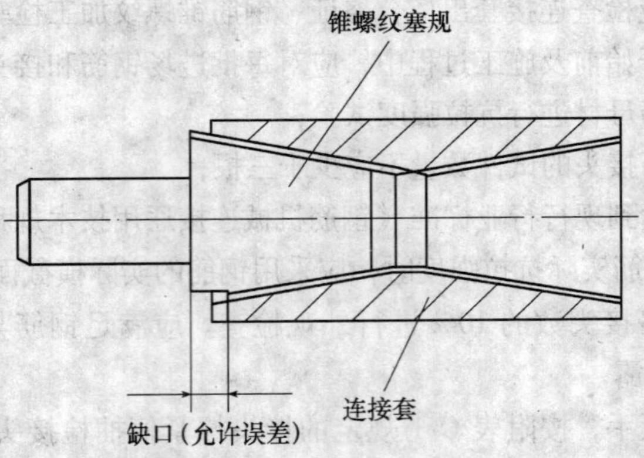

附图 C-3　连接套检验

九、常用接头连接方法

1. 同径或异径普通接头

分别用力矩扳手将①与②、②与③拧到规定的力矩值（附图 C-4）。

2. 单向可调接头

分别用力矩扳手将①与②、③与④拧到规定的力矩值，再把⑤与②拧紧（附图 C-5）。

3. 双向可调接头

分别用力矩扳手将①与②、③与④拧到规定的力矩值，且保持②、③的外露丝扣数相等，然后分别夹住②与③，把⑤拧紧（附图 C-6）。

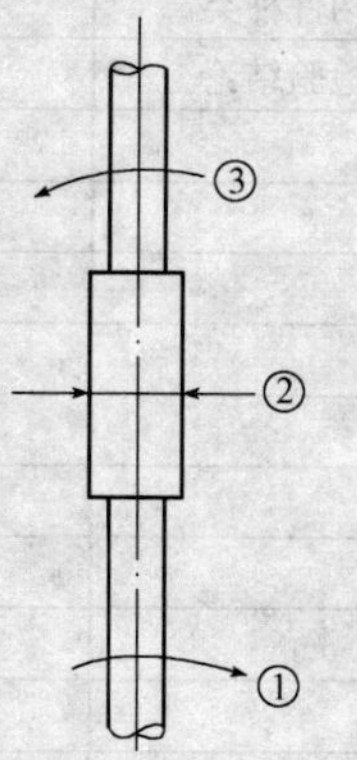

附图 C-4　同径或异径普通接头

①—钢筋；②—连接套；③—钢筋

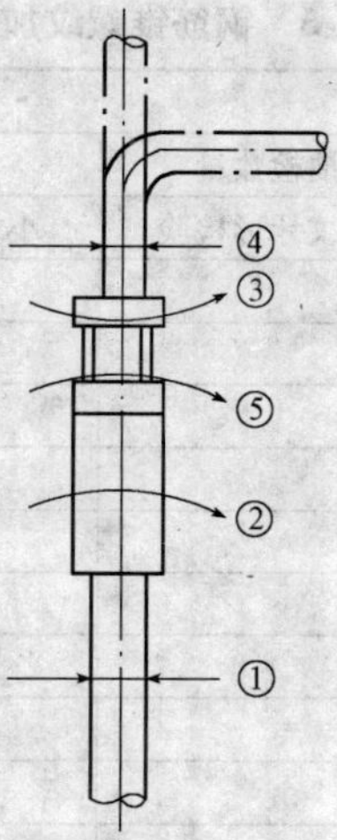

附图 C-5　单向可调接头

①—钢筋；②—连接套；③—可调连接器；④—钢筋；⑤—锁母

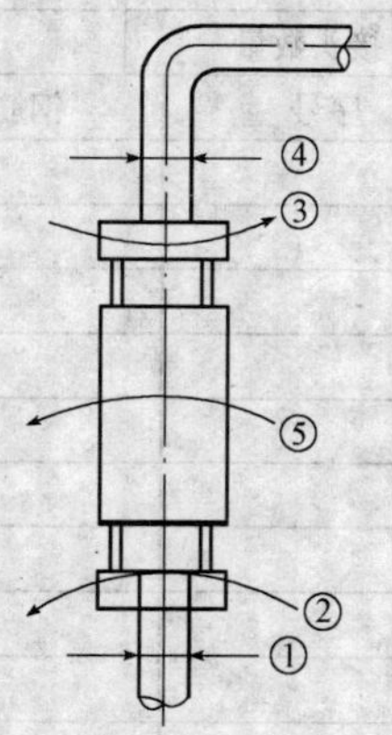

附图 C-6　双向可调接头

①—钢筋；②、③—可调连接器；④—钢筋；⑤—连接套

十、施工记录

1. 钢筋锥螺纹接头拉伸试验（附表 C-2）

附表 C-2　钢筋锥螺纹接头拉伸试验报告

工程名称			结构层数	构件名称		接头等级	
试件编号	钢筋规格 d (mm)	横截面积 A (mm^2)	屈服强度标准值 f_{yk} (N/mm^2)	抗拉强度标准值 f_{tk} (N/mm^2)	极限拉力实测值 P (kN)	抗拉强度实测值 $f^0_{mst}=P/A$ (N/mm^2)	评定结果
评定结论							
备　注	①$f^0_{mst}\geqslant f_{yk}$且$f^0_{mst}$为 A 级接头； ②$f^0_{mst}\geqslant 1.35f_{yk}$为 B 级接头； ③$f^0_{st}$—钢筋母材抗拉强度实测值。						

试验单位：　　　　（盖章）　　负责人：　　　　试验员：　　　　试验日期：

2. 钢筋锥螺纹加工检验（附表 C-3）

附表 C-3　钢筋锥螺纹加工检验记录

工程名称				所在层数	
接头数量		抽检数量		构件种类	
序号	钢筋规格	螺纹牙形检验	小端直径检验	检验结论	

注：①按每批加工钢筋锥螺纹丝头数的 10% 检验；

②牙形合格、小端直径合格的打“√”；否的打“×”。

检查单位：　　　　　　　　　检查人员：

日　　期：　　　　　　　　　负责人：

3. 钢筋锥螺纹接头质量检查（附表 C-4）

附表 C-4　钢筋锥螺纹接头质量检查记录

工程名称					检验日期	
结构所在层数					构件种类	
钢筋规格	接头位置	无完整丝扣外露	规定力矩值（N·m）	施工力矩值（N·m）	检验力矩值（N·m）	检验结论

注：①检验结论：合格打“√”；不合格打“×”。

检查单位：　　　　　　　　　检查人员：

检验日期：　　　　　　　　　负责人：

附录D　钢筋机械连接通用技术规程

一、总则

1. 为在混凝土结构中使用钢筋机械连接，做到技术先进、安全适用、经济合理，确保质量，制定本规程。

2. 本规程适用于工业与民用建筑的混凝土结构中受力钢筋机械连接接头（简称接头）的设计、应用与验收。各类机械连接接头均应遵守本规程的规定。

3. 用于机械连接的钢筋应符合现行国家标准《钢筋混凝土用热轧带肋钢筋》（GB 1499）及《钢筋混凝土用余热处理钢筋》（GB 13014）的要求。执行本规程时，尚应符合国家现行标准的有关规定。

二、术语和符号

1. 术语

（1）钢筋机械连接（Rebar Mechanical Splicing）

通过连接件的机构咬合作用或钢筋端面的承压作用，将一根钢筋中的力传递至另一根钢筋的连接方法。

（2）接头抗拉强度（Tensile Strength of Splicing）

接头试件在拉伸试验过程中所达到的最大拉应力值。

（3）接头残余变形（Residual Deformation of Splicing）

接头试件按附录A加载制度加载后，在规定标距内所测得的变形。

（4）接头极限应变：（Ultimate Strain of Splicing）

接头试件在规定标距内测得的最大拉应力下的应变值。

2. 主要符号

主要符号列于附表D-1。

附表D-1　主要符号

编　号	符　号	单　位	含　义
1	E_m^0	N/mm²	钢筋弹性模量实测值
2	$E_{0.7}$，$E_{0.9}$	N/mm²	接头在0.7、0.9倍钢筋屈服强度标准值下的割线模量
3	E_1，E_{20}	N/mm²	接头在第1、20次加载至0.9倍钢筋屈服强度标准值时的割线模量
4	ε_u		受拉接头试件极限应变
5	ε_{yk}		钢筋在屈服强度标准值的应变
6	u	mm	接头单向拉伸的残余变形
7	u_4，u_8，u_{20}	mm	接头反复拉压4、8、20次后的残余变形
8	f_{mst}^0，$f_{mst}^{0'}$	N/mm²	机械连接接头的抗拉、抗压强度实测值
9	f_{st}^0	N/mm²	钢筋抗拉强度实测值
10	f_{tk}^0，f'_{tk}	N/mm²	钢筋抗拉、抗压强度标准值

3. 接头的设计原则与性能等级

（1）钢筋机械连接接头的设计应满足接头强度（屈服强度及抗拉强度）及变形性能的要求。

（2）钢筋机械连接件的屈服承载力的抗拉承载力的标准值不应小于被连接钢筋的屈服承载力的抗拉承载力标准值的 1.10 倍。

（3）钢筋接头应根据接头的性能等级和应用场合，对静力单向拉伸性能、高应力反复拉压、大变形反复拉压、抗疲劳、耐低温等各项性能确定相应的检验项目。

（4）接头应根据静力单向拉伸性能以及高应力和大变形条件下反复拉、压性能的差异，分下列三个性能等级。

A 级：接头抗拉强度达到或超过母材抗拉强度标准值，并具有高延性及反复拉压性能。

B 级：接头抗拉强度达到或超过母材屈服强度标准值的 1.35 倍，具有一定的延性及反复拉压性能。

C 级：接头仅能承受压力。

（5）A 级、B 级、C 级的接头性能应符合附表 D-2 的规定。

附表 D-2　机械连接接头性能检验指标

等　级		A　级	B　级	C　级
单向拉伸	强　　度	$f^0_{mst} \geqslant f_{tk}$	$f^0_{mst} \geqslant 1.35 f_{tk}$	单向受压 $f^{0'}_{mst}$
	割线模量	$E_{0.7} \geqslant E^0_s$ 且 $E_{0.9} \geqslant 0.9E^0_s$	$E_{0.7} \geqslant 0.9E^0_k$ 且 $E_{0.9} \geqslant 0.7E^0_n$	
	极限应变	$\varepsilon_u \geqslant 0.04$	$\varepsilon_u \geqslant 0.02$	—
	残余变形	$u \leqslant 0.03$mm	$u \leqslant 0.3$mm	
高应力反复拉压	强　　度	$f^0_{mst} \geqslant f_{tk}$	$f^0_{mst} \geqslant 1.35 f_{yk}$	—
	割线模量	$E_{20} \geqslant 0.85E_1$	$E_{20} \geqslant 0.5E_1$	—
	残余变形	$u_{20} \leqslant 0.3$mm	$u_{20} \leqslant 0.3$mm	—
大变形反复拉压	强　　度	$f^0_{mst} \geqslant f_{tk}$	$f^0_{mst} \geqslant 1.35 f_{tk}$	—
	残余变形	$u_4 \leqslant 0.3$mm 且 $u_8 \leqslant 0.6$mm	$u_4 \leqslant 0.6$mm	—

（6）对直接承受动力荷载的结构，其接头应满足设计要求的抗疲劳性能。

当无专门要求时，对连接Ⅱ级钢筋的接头，其疲劳性能应以经受应力幅为 100N/mm^2，上限应为 180N/mm^2 的 200 万次循环加载。对连接Ⅲ级钢筋的接头，其疲劳性能应能经受应力幅为 100N/mm^2，上限应力为 190N/mm^2 的 200 万次循环加载。

（7）当混凝土结构中钢筋接头部位的温度低于 -10℃时，应进行专门的试验。

三、接头的应用

1. 接头性能等级的选定应符合下列规定：

（1）混凝土结构中要求充分发挥钢筋强度或对接头延性要求较高的部位，应采用 A

级接头；

（2）混凝土结构中钢筋受力小或对接头延性要求不高的部门，可采用B级接头；

（3）非抗震设防和不承受动力荷载的混凝土结构中钢筋只承受压力的部位，可采用C级接头。

2. 钢筋连接件的混凝土保护层厚度宜满足国家现行标准《混凝土结构设计规范》中受力钢筋混凝土保护层最小厚度的要求，且不得小于15mm。连接件之间的横向净距不宜小于25mm。

3. 受力钢筋机械连接接头的位置应相互错开。在任一接头中心至长度为钢筋直径35倍的区段范围内，有接头的受力钢筋截面面积占受力钢筋总截面面积的百分率，应符合下列规定：

（1）受拉区的受力钢筋接头百分率不宜超过50%；

（2）在受拉区的钢筋受力小的部位，A级接头百分率可不受限制；

（3）接头宜避开有抗震设防要求的框架的梁端和柱端的箍筋加密区；当无法避开时，接头应采用A级，且接头百分率不应超过50%；

（4）受压区和装配式构件中钢筋受力较小部位，A级和B级接头百分率可不受限制。

4. 当对具有钢筋接头的构件进行试验并取得可靠数据时，接头的应用范围可根据工程实际情况进行适当调整。

四、接头的型式检验

1. 在下列情况时应进行型式检验：

（1）确定接头性能等级时；

（2）材料、工艺、规格进行改动时；

（3）质量监督部门提出专门要求时。

2. 用于型式检验的钢筋母材的性能除应符合有关标准的规定外，其屈服强度及抗拉强度实测值不宜大于相应屈服强度和抗拉强度标准值的1.10倍。当大于1.10倍时，对A级接头，接头的单向拉伸强度实测值尚应大于等于0.9倍钢筋实际抗拉强度。

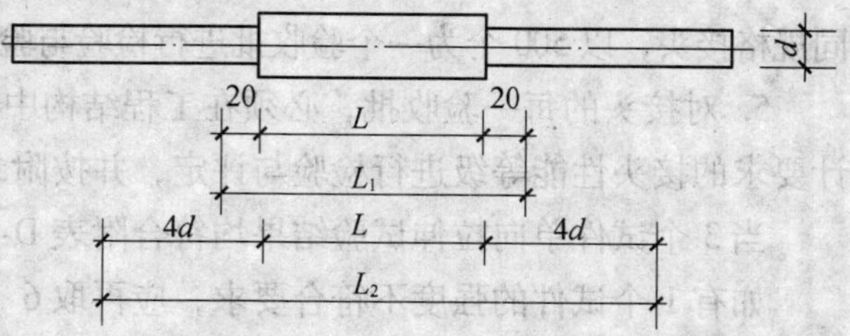

附图D-1　试件尺寸

3. 型式检验的接头试件尺寸（附图D-1）应符合附表D-3的要求。

附表D-3　型式检验接头试件尺寸

编　号	符　号	含　义	尺寸（mm）
1	L	接头试件连接件长度	实测
2	L_1	接头试件割线模量及残余变形的量测标距	$L+40$
3	L_2	接头试件极限应变的量测标距	$L+8d$
4	d	钢筋直径	公称直径

4. 对每种型式、级别、规格、材料、工艺的机械连接接头，型式检验试件不应少于12个：其中单向拉伸试件不应少于6个，高应力反复拉压试件不应少于3个，大变形反复拉压试件不应少于3个。同时，尚应取3根同批、同规格钢筋试件做力学性能试验。

5. 型式检验的加载制度应按附录A的规定进行，其合格条件为：

（1）强度检验：每个试件的实测值均应符合附表D-2规定的相应性能等级的检验指标；

（2）割线模量、极限应变，残余变形检验：每组试件的实测平均值均应符合附表D-2规定的相应性能等级的检验指标。

6. 型式检验应由国家、省部级主管部门认可的检测机构进行，并应按附表D-5的格式出具试验报告和评定结论。

五、接头的施工现场检验与验收

1. 工程中应用钢筋机械连接时，应由该技术提供单位提交有效的型式检验报告。

2. 钢筋连接工程开始前及施工过程中，应对每批进场钢筋进行接头工艺检验，工艺检验应符合下列要求：

（1）每种规格钢筋的接头试件不应少于3根；

（2）对接头试件的钢筋母材应进行抗拉强度试验；

（3）3根接头试件的抗拉强度均应满足本规程附表D-2的强度要求；对于A级接头，试件抗拉强度尚应大于等于0.9倍钢筋母材的实际抗拉强度f_{st}^0。计算实际抗拉强度时，应采用钢筋的实际横截面面积。

3. 现场检验应进行外观质量检查和单向拉伸试验。对接头有特殊要求的结构，应在设计图纸中另行注明相应的检验项目。

4. 接头的现场检验按验收批进行。同一施工条件下采用同一批材料的同等级、同型式、同规格接头，以500个为一个验收批进行检验与验收，不足500个也作为一个验收批。

5. 对接头的每一验收批，必须在工程结构中随机截取3个试件做单向拉伸试验，按设计要求的接头性能等级进行检验与评定，并按附录B规定的格式记录。

当3个试件单向拉伸试验结果均符合附表D-2的强度要求时，该验收批评为合格。

如有1个试件的强度不符合要求，应再取6个试件进行复检。复检中如仍有1个试件试验结果不符合要求，则该验收批评为不合格。

6. 在现场连续检验10个验收批，其全部单向拉伸试件一次抽样均合格时，验收批接头数量可扩大1倍。

7. 外观质量检验的质量要求、抽样数量、检验方法及合格标准由各类型接头的技术规程确定。

六、接头性能检验的加载制度

1. 接头型式检验的试验方法应按附表D-4及附图D-2、附图D-3、附图D-4所示的加载制度进行。

附表 D-4　接头型式检验的加载制度

试验项目		加载制度
单向拉伸试验		$0 \to 0.9f_{yk} \to 0.02f_{yk} \to$ 破坏
高应力反复拉压试验		$0 \to (0.9f_{yk} \to -0.50f_{yk}) \to$ 破坏（反复 20 次）
大变形反复拉压试验	A 级	$0 \to (2\varepsilon_{yk} \to -0.50f_{yk}) \to (5\varepsilon_{yk} \to -0.50f_{yk}) \to$ 破坏（反复 4 次）　（反复 4 次）
	B 级	$0 \to (2\varepsilon_{yk} \to -0.50f_{yk}) \to$ 破坏（反复 4 次）

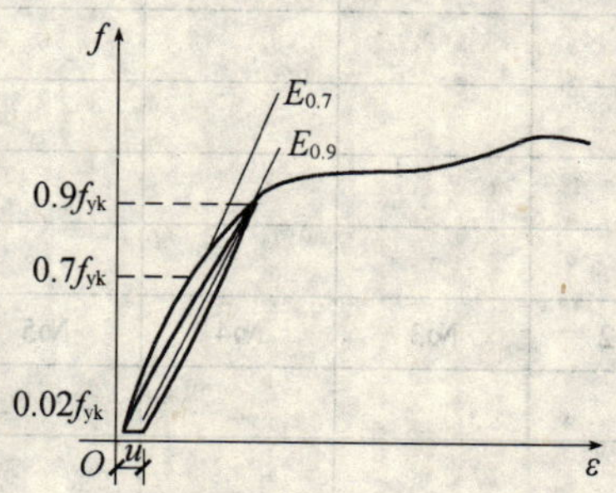

附图 D-2　单向拉伸试验

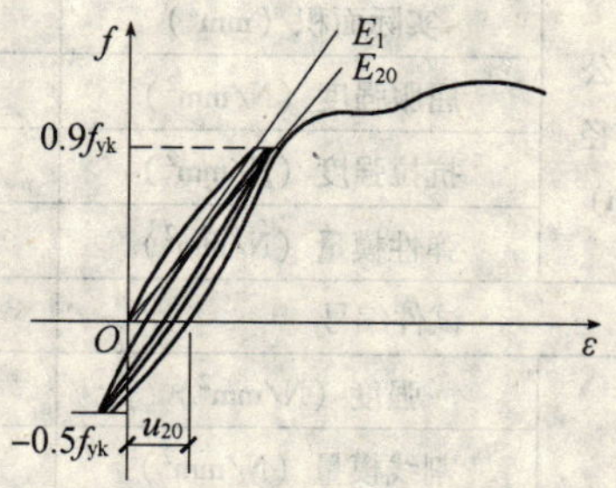

附图 D-3　高应力反复拉压试验

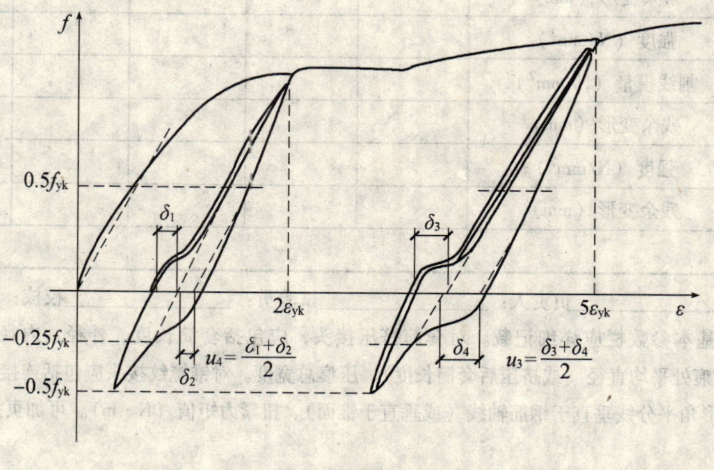

附图 D-4　大变形反复拉压试验

注：①δ_1 为 $2\varepsilon_{yk}$ 反复加载 4 次后，在加载应力水平为 $0.5f_{yk}$ 及反向卸载应力水平为 $-0.25f_{yk}$ 处作 $E_{0.7}$ 平行线与横坐标交点之间的距离所代表的应变值。

②δ_2 为 $2\varepsilon_{yk}$ 反复加载 4 次后，在卸载应力水平为 $0.5f_{yk}$ 及反向加载应力水平为 $-0.25f_{yk}$ 处作 $E_{0.7}$ 平行线与横坐标交点之间的距离所代表的应变值。

③δ_3、δ_4 为在 $5\varepsilon_{yk}$ 反复加载 4 次后，按与 δ_1、δ_2 相同方法所得的应变值。

2. 接头现场单向拉伸试验可采用零到破坏的一次加载制度。

七、接头试件型式检验试验报告

接头试件型式检验试验报告应包括试件基本参数和试验结果两部分。宜按附表 D-5 的格式汇总试验记录。

附表 D-5　接头试件型式检验试验报告

<table>
<tr><td colspan="3">接头名称</td><td colspan="2"></td><td colspan="2">送检验试件数量</td><td></td><td colspan="2">送检日期</td><td></td></tr>
<tr><td colspan="3">送检单位</td><td colspan="5"></td><td colspan="2">设计接头等级</td><td>A级　B级</td></tr>
<tr><td rowspan="8">接头试件基本参数</td><td colspan="7" rowspan="3">连接件示意图</td><td colspan="2">连接件各部位尺寸（mm）</td><td></td></tr>
<tr><td colspan="2">连接件原材料</td><td></td></tr>
<tr><td colspan="2">连接工艺参数</td><td></td></tr>
<tr><td colspan="2">钢筋母材编号</td><td>1</td><td>2</td><td>3</td><td>4</td><td>5</td><td>6</td></tr>
<tr><td rowspan="4">钢筋公称直径（mm）</td><td>实际面积（mm^2）</td><td></td><td></td><td></td><td></td><td></td><td></td></tr>
<tr><td>屈服强度（N/mm^2）</td><td></td><td></td><td></td><td></td><td></td><td></td></tr>
<tr><td>抗拉强度（N/mm^2）</td><td></td><td></td><td></td><td></td><td></td><td></td></tr>
<tr><td>弹性模量（N/mm^2）</td><td></td><td></td><td></td><td></td><td></td><td></td></tr>
<tr><td rowspan="10">试验结果</td><td colspan="2">试件编号</td><td>№1</td><td>№2</td><td>№3</td><td>№4</td><td>№5</td><td>№6</td></tr>
<tr><td rowspan="4">单向拉伸</td><td>强度（N/mm^2）</td><td></td><td></td><td></td><td></td><td></td><td></td></tr>
<tr><td>割线模量（N/mm^2）</td><td></td><td></td><td></td><td></td><td></td><td></td></tr>
<tr><td>极限应变（%）</td><td></td><td></td><td></td><td></td><td></td><td></td></tr>
<tr><td>残余变形（mm）</td><td></td><td></td><td></td><td></td><td></td><td></td></tr>
<tr><td rowspan="3">高应力反复拉压</td><td>强度（N/mm^2）</td><td></td><td></td><td></td><td></td><td></td><td></td></tr>
<tr><td>割线模量（N/mm^2）</td><td></td><td></td><td></td><td></td><td></td><td></td></tr>
<tr><td>残余变形（mm）</td><td></td><td></td><td></td><td></td><td></td><td></td></tr>
<tr><td rowspan="2">大变形反复拉压</td><td>强度（N/mm^2）</td><td></td><td></td><td></td><td></td><td></td><td></td></tr>
<tr><td>残余变形（mm）</td><td></td><td></td><td></td><td></td><td></td><td></td></tr>
<tr><td colspan="3">评定结论</td><td colspan="6"></td></tr>
</table>

试验单位：__________负责人：__________试验员：__________校核：__________

注：接头试件基本参数栏应详细记载。对套筒挤压接头，应包括套筒长度、外径、内径、挤压道次、挤压力（kN）、压痕处平均直径（或挤压后套筒长度）、压痕总宽度。对锥螺纹接头应包括连接套长度、外径、内径、锥度、牙形角平分线垂直于钢筋轴线（或垂直于锥面）、扭紧力矩值（N·m）。可加页描述，盖章有效。

参 考 文 献

1. 巢元凯等. 实用建筑设计手册 [M]. 北京：中国建筑工业出版社，1999.
2. 江正荣. 建筑施工计算手册 [M]. 北京：中国建筑工业出版社，2004.
3. 中国建筑工程总公司. 建筑工程施工工艺标准 [M]. 北京：中国建筑工业出版社，2003.
4. 混凝土结构施工图平面整体表示施工方法制图规则和构造详图. 北京：中国建筑标准设计研究院，2004.